淮河流域(河南段)河流生态修复范式

于鲁冀　王　莉　吕晓燕　等著

黄河水利出版社

·郑　州·

图书在版编目(CIP)数据

淮河流域(河南段)河流生态修复范式/于鲁冀等
著.—郑州:黄河水利出版社,2023.9
ISBN 978-7-5509-3754-3

Ⅰ.①淮…　Ⅱ.①于…　Ⅲ.①淮河流域- 河流-生态
恢复-研究-河南　Ⅳ.①X522.06

中国国家版本馆 CIP 数据核字(2023)第 191818 号

策划编辑　杨雯惠　电话:0371-66020903　E-mail:yangwenhui923@163.com

责任编辑	杨雯惠	责任校对	杨秀英
封面设计	黄瑞宁	责任监制	常红昕

出版发行　黄河水利出版社
　　　　　地址:河南省郑州市顺河路49号　邮政编码:450003
　　　　　网址:www.yrcp.com　E-mail:hhslcbs@126.com
　　　　　发行部电话:0371-66020550
承印单位　河南田源印务有限公司
开　　本　787 mm×1 092 mm　1/16
印　　张　19.25
字　　数　445 千字
版次印次　2023 年 9 月第 1 版　　　2023 年 9 月第 1 次印刷
定　　价　120.00 元

前　言

　　河流是生命之源,河流生态系统与人类福祉息息相关,是人类生存与现代文明的基础。淮河流域(河南段)位于淮河流域上游,涉及河南省内 11 个省辖市 82 个县(市、区),流域面积 8.83 万 km²,占淮河流域总面积的 32.7%,占河南省总面积的 52.9%。随着流域内社会、经济发展,流域水污染问题也越来越严重。因此,淮河被列入国家"九五""十五"重点治理的"三河三湖"之首,是我国最早进行水污染综合治理的重点河流之一。

　　经多年治理,淮河流域水污染恶化已经得到有效控制,总体水质显著改善,部分河段水体功能得到一定恢复,但与国家水污染防治目标和水生态系统承载能力之间仍有较大差距,远不能达到人们对生态环境的需求,同时"十二五"期间随着河南省中原经济区的发展、粮食核心区的建设、工业项目的快速集聚、城市人口的快速增长,流域内水资源供需矛盾进一步凸显,水生态环境面临新的问题和挑战。

　　本书研究中的河流生态修复范式,是在对流域生态系统现状调查与监测的基础上,从地貌状况、水文水质状况、水生生物状况和河流功能状况综合诊断河流生态系统的退化状态;然后结合流域水环境改善需求,判断河流水生态修复等级;最后结合河流退化类型分析,充分发挥河流生态系统的自修复功能,遵循自然规律,选择合适的修复模式,通过适度人工干预措施,改善地貌条件、水文条件、水质条件,构建多样化生境,以维持生物多样性,改善河流生态系统的结构和功能,促使河流生态系统恢复到近自然状态,从而有效改善其生态系统的完整性和可持续性。

　　本书撰写目的是为淮河流域(河南段)河流生态退化程度诊断、修复等级判别和修复模式选择提供理论基础和方法。本书系统地汇集了淮河流域(河南段)水生态系统退化与修复科研和实践中取得的主要成果,共分为 10 章:第 1~3 章概述了研究区域概况、研究背景、河流生态修复的国内外相关研究进展,相关基础理论研究及概念界定;第 4~8 章通过对流域水生态系统调查,分析流域水生态系统存在的问题,分析水生态–水资源和水生态–水环境的响应关系,并介绍流域水生态系统退化程度诊断、修复阈值等级划分、修复模式构建等的相关研究成果;第 9、10 章介绍了淮河流域(河南段)典型河流生态系统的修复案例、修复范式构建。

　　本书的撰写和出版得到了国家水体污染控制与治理科技重大专项"淮河流域(河南段)水生态修复关键技术研究与示范"课题的子课题"退化水生态系统修复阈值与修复范式研究"(编号:2012ZX07204004-001)的资助。本书由郑州大学及相关单位的研究人员撰写完成,各章撰写人员如下:前言、第 1 章由于鲁冀撰写,第 2 章由徐艳红、王燕鹏撰写,第 3 章由于鲁冀撰写,第 4 章由王莉、吕晓燕和李廷梅撰写,第 5 章由王莉、范鹏宇和梁静撰写,第 6 章由王莉和王小青撰写,第 7 章由吕晓燕和王燕鹏撰写,第 8 章由徐艳红撰写,第 9 章由郝子垚和李瑶瑶撰写,第 10 章由于鲁冀撰写。

　　除上述主要撰写人员外,参与完成本书研究成果的科研人员还有贾佳、栗晓燕、晋凯迪、陈慧敏、张茜、郝明辉、李阳阳等,在此一并表示感谢,敬请未能列入名单的参与者给予谅解。

本书可供从事水生态环境保护和水生态系统修复、建设及相关领域的技术人员、管理人员参考使用。

限于写作水平和时间,书中难免存在不足之处,敬请广大读者批评指正。

作 者

2023 年 7 月

目　录

第 1 章　绪　论

1.1　区域概况

淮河流域地处我国东部地区,介于长江和黄河两流域之间,位于东经 111°55′~121°25′,北纬 30°55′~36°36′。淮河流域面积大,人口多,居我国各大流域人口密度之首,经济欠发达,但在我国农业生产中占有举足轻重的地位。改革开放以来,淮河流域内的社会、经济得到了一定发展,但淮河的水污染问题也越来越严重,特别是在改革开放初期曾发生过多次严重的水污染事故。因此,淮河被列入国家"九五""十五"重点治理的"三河三湖"之首,是我国最早进行水污染综合治理的重点河流之一。

淮河干流发源于河南省桐柏县境内桐柏山主峰太白顶下,流域总面积 27 万 km²,主要流经河南、安徽、江苏、山东 4 省 40 个地(市),于江苏省汇入黄海。河南省地处淮河流域上游,河南省境内干流长 340 km,流域面积 8.83 万 km²,流经信阳、周口、漯河、许昌、平顶山、开封、商丘 7 个省辖市及郑州、洛阳、南阳、驻马店 4 个省辖市的部分地区,共涉及 11 个省辖市 82 个县(市、区),占淮河流域总面积的 32.7%,占河南省总面积的 52.9%。

河南省淮河流域[简称淮河流域(河南段)]属于严重缺水区域,流域内水资源分布极为不均,水资源的地区分布与土地及人口分布很不平衡,总体趋势是从流域南部的淮干水系所在地信阳向北递减,同时地表水资源在一年内分配高度集中,汛期地表径流量占全年总径流量的 60%~80%,由于水资源时空分布不均匀,大部分城市水体无天然径流,如贾鲁河、惠济河、黑河等,接纳的生活污水和工业废水成为河道径流的主要组成部分,成为城市的主要纳污河,河道自身净化能力较小,严重制约了河流水环境质量的改善及城市社会经济的可持续发展,最终导致水生态结构严重受损、水生态功能全面退化。

1.2　研究概述

本书为国家水体污染控制与治理科技重大专项"淮河流域(河南段)水生态修复关键技术研究与示范"课题的子课题"退化水生态系统修复阈值与修复范式研究"(编号: 2012ZX07204004-001)的主要成果,主要在综述国内外河流水生态修复相关研究的基础上,开展研究区域河流水生态系统现状调查,分析淮河流域(河南段)水生态系统存在的问题;开展水生态-水资源和水生态-水环境响应关系、河流退化程度诊断、河流修复等级划分、河流修复模式及效果评估等技术研究,探索河流水生态修复技术体系;开展典型河流生态状况调查及分析,确定不同类型河流生态修复模式,并开展修复后效果评估,完善河流修复模式;总结上述成果,整体形成一套淮河流域(河南段)河流生态修复范式,指导研究区域开展河流水生态修复工程。

本书主要介绍以下8个方面研究内容：

(1)相关基础理论研究及概念界定。

开展河流生态系统基础理论研究，并结合相关研究进行总结，提出河流生态系统退化、河流生态修复阈值及河流生态修复范式概念界定。包括：①河流生态系统基础理论研究；②河流生态系统退化概念界定；③河流生态修复阈值概念界定；④河流生态修复范式概念界定。

(2)淮河流域(河南段)水生态系统现状调查分析。

调查研究区域河流水文状况、水质状况、底泥状况、水生生物状况及河岸带状况等，并开展区域社会经济、水资源、水环境及污染物排放相关资料收集，整体分析河流水生态系统状况及存在问题。包括：①河流水生态系统调查及分析；②河流水生态系统存在问题。

(3)水生态–水资源、水生态–水环境响应关系研究。

在研究区域社会经济、水资源、水环境现状分析和河流水生态系统特征调查的基础上，从生态需水量、生态需水保证率开展水生态–水资源响应关系研究；从水生生物与水环境因子开展水生态–水环境响应关系研究，为下一步河流生态系统退化诊断及修复等级划分提供理论依据。包括：①区域社会经济、水资源、水环境现状分析；②水生态–水资源响应关系研究；③水生态–水环境响应关系研究。

(4)河流生态系统退化诊断研究。

基于研究区域河流水生态系统特征调查以及水生态–水资源、水生态–水环境响应关系研究，开展河流生态系统类型划分研究、退化诊断途径、指标体系、方法体系及研究区域退化诊断，识别河流退化关键约束因子，划分河流退化类型。包括：①河流生态系统类型划分；②河流生态系统退化诊断途径；③河流生态系统退化诊断指标体系；④河流生态系统退化诊断方法体系；⑤研究区域河流生态系统退化诊断。

(5)河流生态修复阈值等级划分研究。

根据河流生态系统类型划分及退化关键约束因子识别，开展研究区域河流生态修复阈值指标体系、修复阈值确定方法、修复等级划分研究，确定研究区域河流修复等级。包括：①河流生态修复阈值指标体系；②河流生态修复阈值确定方法；③研究区域河流生态修复等级划分；④河流生态修复阈值与水质关系。

(6)河流生态修复模式研究。

针对研究区域河流水生态系统存在的问题，分析不同类型修复技术特点及使用范围，并根据区域河流生态系统退化类型及修复等级，提出不同退化类型河流生态系统修复模式，指导河流开展生态修复，并进一步开展包含评估指标体系、评级方法和评价标准的河流生态修复效果评估研究。包括：①河流生态修复技术适用性分析；②河流生态修复模式研究；③河流生态修复效果评估方法研究。

(7)典型案例分析。

根据研究区域不同类型河流划分，从典型河流生态系统状况及修复需求分析、生态修复模式确定、修复效果评估开展生态修复案例分析。包括：①正常流态河流贾鲁河(京港澳高速—陇海铁路桥段)生态修复案例；②极端流态河流清潩河(许昌段)生态修复案例；③极端流态河流索须河(丁店水库—楚楼水库段)生态修复案例。

(8)淮河流域(河南段)河流生态修复范式。

总结河流生态修复的框架、实施路径及构建,可供其他区域开展河流生态修复参考和借鉴。包括:①河流生态修复范式框架;②河流生态修复实施路径;③河流生态修复范式构建。

第 2 章　国内外河流生态修复相关研究进展

2.1　国内外河流生态系统退化研究进展

河流生态系统具有自然、社会和经济多组分耦合的复杂性,同时又因其特殊的发育条件与演化进程,受到人类活动的长期干扰。河流生态系统的退化是流域内人口增加、城市化进程加快、人类活动不断向滨水区推进、工农业粗放型快速发展等造成的污染超过河流生态系统的环境受力,进而引起生态系统结构破坏的结果。结构的破坏,进一步影响其生态过程及生态功能的发挥,降低了其环境承载力,此时如果不降低干扰的负荷,将使得组成生态系统的生物要素与非生命环境要素变化加剧,从而推动生态系统逆向演替,也就是退化。黄奕龙等[1]对深圳市 1986~2004 年的长期水质监测数据进行了分析,从而得出深圳市河流水质退化的主要驱动机制是工业化、城市化、人口增长和土地利用格局的变化等。黄凯等[2]通过对河岸带生态系统退化机制的研究表明,对河岸带生态系统的影响主要表现在河流水文特征改变、河岸带直接干扰和流域尺度干扰 3 个方面,分别具有不同的影响机制。

2.1.1　退化概念相关研究进展

退化的概念最早出现在生物学中,即生物体在进化的过程中,其某处器官变小,构造逐渐简化,机能不断减退甚至完全消失。目前,退化已广泛应用于生态学的研究领域,其中生态系统退化研究最早应用于陆地生态系统,其概念和评价方法主要来源于森林、草地生态系统等研究。国内众多学者对此进行了研究,并提出了生态退化、生态系统退化、生态环境退化、淡水生态系统退化等概念。

念宇[3]认为生态退化表现为一种逆向的演替过程,是生态系统物质循环和能量流动在相互匹配的过程中出现一些不协调,或触及生态退变的临界点;包维楷等[4]、冯海云等[5]提出,生态系统退化是指生态系统受到自然或人为干扰而偏离原始自然状态的系统,这是因为系统内部的组分及其相互作用的过程发生了不良变化;刘国华等[6]认为,生态环境退化是指人类对大自然中资源的不合理利用,使得生态系统结构受损、功能减退、生物多样性锐减、生物生产力下降等一系列的生态环境恶化现象发生;念宇[3]提出,淡水生态系统退化是指在自然演替过程中,自然和人类对其干扰后,水生态系统的结构和功能被破坏并逐步丧失退化的过程,河流生态系统退化主要体现在结构和功能两个方面,其中结构退化主要表现为河流水文物理形态退化、水生生物群落多样性降低和水质恶化,功能退化主要表现在水体自净能力降低、渔业资源衰退和景观服务功能丧失等方面。

目前,国内外关于退化程度诊断的研究主要集中在森林、草原、湿地等方面,鲜少见到应用在河流生态系统上。由于森林、草原等系统的特征与本书研究的河流生态系统特征区别较大,但湿地生态系统与河流生态系统密切相关,且在许多方面都有一定的相似性,而目前对河流生态系统研究较多的是在河流健康评价方面,河流生态系统退化程度诊断方面的研究还处于起步阶段,因此相关研究在很大程度上需要借鉴湿地生态系统退化研究以及河流生态系统健康评价研究的内容。

2.1.2　国内外退化程度诊断研究进展

2.1.2.1　国外退化程度研究进展

退化的概念自 20 世纪 70 年代就已在湿地研究中被提出,Mitsch 等[7]最早在其提出的湿地快速评价模型指导下开展湿地退化等级定量评价工作,80 年代之后湿地退化研究开始兴起。Seilheimer 等[8]在研究加拿大劳伦森大湖湿地时提出了比较系统和完整的定量评价指标体系,包括水质指数、湿地鱼类指数和水生植物指数等;Johnston 等[9]采用水深、草丛高度、纬度、经度、草本枯落物、木本植物枯落物、浮木、裸地、褐苔和开阔水域共 10 个指标对美国滨海湿地植被退化状况进行评价。但关于河流生态系统退化的研究几乎很少见到,而河流生态系统健康评价的研究却已广泛开展。

国外河流健康状况评价于 20 世纪 90 年代在很多国家开展,其中美国、英国、澳大利亚和南非的评价和实践最具代表性。1989 年美国环保署提出了基于水生生物数据的快速生物监测协议,并于 1999 年推出新版 BPRS 运用多指标评价方法,涵盖了水上附着生物、两栖动物、鱼类及栖息地等,提供了大型无脊椎动物、藻类、鱼类的监测方法和评价标准;南非在 1994 年提出“河流健康计划”,选用河流水质水文、生物(鱼类、无脊椎动物)、河岸的植被、生境完整性等河流生境的指标用于河流健康评价;英国在 1997 年提出了河流生态环境调查,调查内容包括河流背景、河道的相关数据、河岸带特征、沉积物、土地利用方式等,用这些指标进行生态环境评价;澳大利亚在 1999 年提出“溪流健康指数”(简称“ISC”),并构建了评价河流健康状况的指标体系,包括表征河流水文学、水质、水生生物、形态特征、河岸带状况 5 个方面的指标。

进入 21 世纪,国外在河流健康评价方面开展了新研究。南非 An 等[10]采用鱼类完整性指数、栖息地评价指数和化学分析的相关定性指标对温带河流健康状况进行评价;Young 等[11]提出了评价河流生态系统健康的功能性指标,包括有机质分解和生态系统新陈代谢两个方面;Pinto 等[12]选用厌氧条件、微生物质量和富营养化 3 类指标,用来对城郊景观河流健康进行评价。

总体来看,国外对河流生态系统在健康评价方面已经进行了相当成熟的研究,尽管各种方法都有其局限性,但各种方法都有自己明显的优势,总体上包含了对河流生物(藻类、两栖动物、鱼类、河岸植被)、河流生境(栖息地)、河道数据(水质、水文)、沉积物特征、河岸侵蚀、河岸带特征、土地利用、生境完整性等方面指标的选择、各指标具体的调查方法、计算方法等详细内容,为河流生态系统退化评价指标体系构建研究提供了理论和方法的支撑。

2.1.2.2　国内退化程度研究进展

关于退化评价,我国湿地退化评价工作开展较晚,目前湿地退化评价指标与指标体系在不断完善中,但近年来也取得了许多新进展。现有评价指标主要包括生物指标、土壤指标、水体指标和景观指标等,社会经济指标也不断被应用。陈颖等[13]对中国滨海的10个重要湿地和内陆的22个重要湿地退化状况开展了评价,采用的评价指标包括水源补给状况、湿地面积变化率、地表水水质、濒危物种数、种群数量变化率和植被覆盖变化率等,将湿地退化程度划分为未退化、轻度退化、重度退化和极度退化共4个等级;王笛[14]在研究湿地退化状况时,从植物群落、土壤微生物群落、土壤酶活性、物质生产和土壤条件5个方面选取生物多样性指数、细菌数量、过氧化氢酶、生物量、有机质、含盐量等指标构建了退化评价指标体系。

吴阿娜等[15]、张可刚等[16]、张远等[17]在对我国城市河流生态系统的健康状况开展评价时,均考虑从表征河流生态系统的结构和功能的理化参数(或水体污染状况)、生物指标(或生物体)、形态结构(或物理构造等)、水文特征(或水量)、河岸带状况(或河岸带)5个方面对河流生态系统健康状况进行评价,但在选用具体表征指标时各有侧重;杨文慧[18]以河流健康的含义为出发点,基于河流生态系统的非生物部分和生物部分,建立起了以结构、生态环境功能和社会服务功能健康指数为准则层,以平滩流量、水资源开发利用率等28个指标为具体指标的指标体系;郭坤荣[19]在研究大汶河生态健康评价时,不仅从河岸带状况、水文状况、水环境状况和水生生物状况4个方面筛选指标,而且考虑了社会经济状况,包括人口密度、万元GDP水耗、人均水资源量和公众环境满意率等指标;刘昌明等[20]以黄河为例,充分结合黄河泥沙特性,提出健康评价的指示性因子主要有水沙通道、生物多样性等;念宇[3]从水质途径、生物途径、生境途径选取水质、浮游藻类密度、蓝绿藻指数等指标,并充分考虑了生物指标;董哲仁等[21]提出河流生态系统健康的评价指标应包括水文、水质、地貌、生物和社会经济5个方面。

我国通常采用河流水文学、形态特征、河岸带状况、水质及水生生物5个方面的指标评价河流生态系统的健康状况,同时也会包含河流生态系统服务功能方面的指标或与人类社会经济发展相关的指标,从而构建评价河流生态系统健康的指标体系。对于退化河流生态系统的评价来说,和河流生态系统健康评价相比,研究对象同样是河流生态系统,因此以上提出的评价指标在河流生态系统退化评价时也是必须考虑的。通过国外与国内河流生态系统退化评价研究现状的对比可以看出,国外相关研究很少将河流生态系统功能这方面的指标纳入评价河流生态系统的指标体系中,而国内的相关研究又是根据我国当地特征,结合河流生态系统相关理论得出的适合我国河流生态系统评价的研究成果。所以在进行这方面研究时,要注重国内外有关河流生态系统评价研究成果的有机结合,这样才能得出一个更全面、更有效、操作性更强的适合我国河流生态系统退化程度诊断的方法。

总体来说,国内外在植被、土地、区域生态系统等不同领域退化程度诊断研究已有历史,在河流生态系统健康评价方面的研究也具有一定的深度,并逐渐从定性阶段上升到科学定量阶段的研究,但关于河流生态系统退化的研究目前鲜少见到。同时,已有的退化程度诊断途径、方法和标准体系缺乏系统性,也不易量化。多数研究以单因素评价为主,如仅对底栖动物、浮游植物展开评价,或以河岸带为研究对象进行评价,缺乏以河流生态系统为整体的综合、定量化的评价,因此无法判断和衡量河流生态系统到底处于什么样的退化程度,这就制约了后续水生态修复的研究。

2.1.3　研究区域河流水生态系统退化机理研究

虽然退化生态系统的类型多种多样,但归纳起来这些退化生态系统都具有以下几种共同的特性:

(1)相对性。退化生态系统的相对性指系统中某些生态因子超出其正常波动或者干扰范围,造成生态系统某些方面功能的退化,但其他因子并没有超出其正常波动范围,对生态系统没有造成负面影响,生态系统的功能没有完全退化。现实中许多退化生态系统并不是一个崩溃的生态系统,其之所以退化只是由于生态系统的某一因子或某些因子,遭受长期或毁灭性打击后产生的。比如由于植被长期被破坏而引起土壤侵蚀型的生态退化等。

(2)不稳定性。退化生态系统由于其结构或功能缺陷,当其再次受到外界因子干扰时,就会产生进一步退化的特性,此时生态系统的生产力将进一步降低。

(3)可逆性。退化生态系统可以在对引起生态退化的因素进行修复后,回到原来生态系统的稳定状态,这种特性被充分运用于退化生态系统的恢复与重建中。

(4)可控性。退化生态系统可以在人类的干预下朝着一定的生态发展方向发展,并达到另一种稳定状态。

(5)时间性。引起生态退化到形成退化生态系统需要一定的时间。反过来,对退化生态系统的恢复和重建也需要一定的时间。

2.2　国内外生态阈值研究进展

2.2.1　国外生态阈值研究与实践进展

生态阈值是针对生态系统阈值提出的概念。20 世纪 70 年代 Robert[22]指出生态系统的特征、功能等具有多个稳定态,稳定态之间存在"阈值和断点",这就是最初生态阈值的概念。此后的 30 多年里,生态阈值作为资源保护及可持续生态系统管理的概念基础,不断受到生态学界和经济学界的关注,其概念、研究方法及实践应用也在不断完善。

其中,Friedel[23]认为生态阈值是生态系统两种不同的状态在时间和空间上的界限;Muradian[24]认为生态阈值为独立生态变量的关键值,在此关键值前后生态系统发生一种状态向另一种状态的转变;Bachelet 等[25]采用生物地理模型和动态全球植被模型相结合,模拟得出的使美国主要生态系统面临干旱威胁的温度值,并将此值定为温度影响生态系统的生态阈值。生态弹性学术联盟(2003)将生态阈值作为生态系统的不同生态特性、功能状态之间的分歧点,当超出分歧点时,生态系统就会发生状态的跃变。Bennett 和 Radford[26]认为生态阈值是生态系统从一种状态快速转变为另一种状态的某个点或一段区间,推动这种转变的动力来自某个或多个关键生态因子微弱的附加改变。纳米比亚学者 Larsson[27]在 2003 年研究草地水资源时引入生态阈值的概念,指出生态阈值取决于环境质量、生物数量和物种数目。在阈值内,生态系统能承受一定程度的外界压力和冲击,具有一定的自我调节能力;超过阈值,自我调节能力不再起作用,系统也就难以恢复原始平衡状态。美国 Woodrow Wilson 国际学术中心和澳大利亚生态学家分别于 2002 年和 2003 年专门就生态阈值问题进行了学术讨论。Cooper 等提出了草地生态系统连续阈值的概念,并以草地生态系统的生态因子及社会经济因素相互作用为关联基础,用数学模型评价了草地生态系统在保持连续放牧条件下得以维持基本生态功能的生态阈值。美国学者 Brown 等[28]在森林和草地生态系统管理研究中提出生态阈值概念,旨在低投入的条件下能够可持续地发展管理森林、灌木和草地,从而获取最大的生态效益和经济效益。Larsson 在研究草地水资源分配时引入"生态阈值"的概念,指出生态阈值取决于环境质量、生物数量与物种数目。在阈值内,生态系统能承受一定的外界压力和冲击,具有一定程度的自我调节能力;超过阈值,系统自我调节能力不再起作用,系统难以恢复原始的平衡状态。Groffman 等[29]、Scheffer 等[30]认为生态阈值是在复杂生态系统中生态系统发生崩溃或向积极方向改变的临界点;Hoffmann 等[31]在对森林林木变化及其影响因素研究中,分别通过建立不同的数学模型等求解出系统中某一因子的生态阈值;Martin 等[32]在美国东北部湿地生态系统中,通过试验研究确定湿地中草本植物群落预防火灾的生态阈值。Daily 等[33]在河流底栖动物变化研究中,采用分位数回归分析模型(PQR)、非参数变点回归分析和混合分析的方法,分别确定生态阈值的突变点位,并指出了几种方法的优缺点及影响生态阈值点位的因素。

由于不同的生态系统对于不同生态因子都存在生态阈值现象,其研究已经在森林、草原、湖泊、海洋等生态系统类型中广泛开展。生态阈值主要有两种类型:生态阈值点和生态阈值带。在生态阈值点前后,生态系统的特性、功能或过程发生迅速的改变。生态阈值带暗含了生态系统从一种稳定状态到另一种稳定状态逐渐转换的过程,而不像点型阈值那样发生突然的转变,这种类型的生态阈值在自然界中更为普遍。

2.2.2　国内生态阈值研究与实践进展

国内在生态阈值方面的研究较少,仅在杂草与农作物复合生态系统及林业中有所报道。骆有庆等[34]在研究杨树天牛的危害时探索性地提出了生态阈值的概念,即引起林木枯梢的有害生物种群密度或非生物有害指标为生态阈值。白全江等[35]从生态学角度研究了杂草对农作物损害的经济阈值,指出杂草在保持水土、提高光能利用率、增加土壤有机质方面对农作物生态系统做出了贡献,据此在小麦地制定出适合当地杂草藜和野燕麦的生态经济阈值。温广玉等[36]根据著名的林火理论,建立了一系列林火生态数学模型,通过计算机随机模拟,研究了兴安落叶松林火灾变的生态阈值。李和平等[37]基于水资源-草地生态-社会经济复合系统耦合机理建立区域性"水-草-畜"系统平衡优化决策数学模型,提出了研究草地生态系统管理的阈值水平。张艳芳等[38]从生态安全评价的角度,提出基于景观生态安全评价和尺度转换的区域生态安全评价体系与方法,并确定区域生态安全阈值的基本思路。

在森林生态系统中,骆有庆等[34]首次提出了防护林生态阈值的概念,对宁夏青铜峡市防护林中杨树天牛生态阈值进行了初步的研究,并总结计算出杨树天牛生态阈值是4.8 个羽化孔,其区间值为[4,6];付文斌等[39]在云杉幼林地中华鼢鼠防治阈值研究中,根据甘肃山区的云杉造林密度、成林密度、年限和鼢鼠密度与危害株率的相关模型计算中华鼢鼠的防治生态阈值,指出生态阈值在危及成林密度时才进行处治;曾照芳等[40]用多元统计分析方法对大兴安岭林区林火灾变的有关观测数据进行综合分析,提出了影响林火灾变生态阈值数学模拟的潜在因子数学模型;韩崇选等[41]在林区啮齿动物群落管理的生态阈值研究中,以国家及地方标准的最大允许损失指标偶联求得林区啮齿动物群落管理的生态阈值模型。

在草原生态系统中,柳新伟等[42]指出利用面积的 5% 就是供应畜牧取食的阈值;卢辉[43]在内蒙古典型草原亚洲小车蝗防治经济阈值和生态阈值研究中引入盖度和补偿能力两个参数,在传统经济阈值模型的基础上建立不同盖度下的生态阈值模型;李和平等[37]应用目标规划法建立区域性"水-草-畜"系统平衡优化决策数学模型,定量化分析研究区域草地生态系统管理阈值水平;余鸣[44]通过在不同盖度草场的生态阈值模型上增加干旱因子和允许受害指数,进一步完善生态阈值模型,求出保证草原系统可持续发展的阈值。

在湿地生态系统中,刘振乾等[45]利用系统动力学模型对沼泽湿地蓄水量进行仿真模拟,计算沼泽的安全阈值;崔保山等[46]利用高斯模型回归分析了黄河三角洲翅碱蓬种群生态阈值;侯栋[47]在黄河三角洲湿地生态系统阈值研究中指出,确定生态阈值的关键是指标体系的建立,并从生态系统组成结构、生态系统功能、生境条件 3 个方面建立了黄河三角洲天然湿地生态系统演替指标体系,采用数学模型对现状数据进行分析,求出其生态阈值。

在湖泊生态系统中,叶建春在太湖流域水生态阈值研究中,将水生态系统阈值的研究基于湖泊的生态系统服务功能,采用水文频率分析和湖泊内水生生物调查分析相结合的方法确定水生态阈值。在河流生态系统中,King 等[48]采用一种广泛应用的水体污染物总磷的数量变化和生物学中生物完整性指数之间的相应关系,得出总磷浓度为 12~15 μg/L 时很可能导致大型底栖动物群聚结构和功能退化,以此得出了水质标准的生态阈值;倪晋仁等[49]在河流生态修复研究中根据确定的河流系统功能,建立了河流健康诊断指标体系,并确定出每个指标的阈值计算方法;胡孟春等[50]在城市河道修复研究中,建立近自然河道的评价指标,并通过国内外相关研究及标准确定指标的阈值。董哲仁在河流健康调查评估研究中也提出了需要定量确定河流开发利用阈值和河流生态系统严重退化阈值。河流开发利用阈值是指超过这个阈值说明人们的开发利用程度已经超过河流生态系统的承载能力,河流将失去可持续利用的功能;河流生态系统退化阈值是指超过这个阈值河流生态系统的恢复力明显下降,在这种情况下,就需要进行适度人工干预,进行河流生态修复。

通过上述生态阈值在不同生态系统中的概念研究与应用分析发现,多数研究者主要是针对生态系统中某一要素进行生态阈值的研究,针对整个生态系统开展生态阈值的研究较少,并且在水生态系统中开展阈值的研究多数为关于水资源管理方面的研究,针对水生态修复方面开展的研究寥寥无几,关于水生态修复阈值指标体系的研究尚未出现。因此,本书在总结生态阈值理论研究的基础上,阐述了阈值在水生态修复中的重要性,根据水生态修复目标提出水生态修复阈值概念,建立水生态修复阈值指标体系与阈值计算方法体系。

2.3 国内外河流生态修复研究进展

2.3.1 生态修复理论与技术研究

生态修复研究可追溯到 19 世纪 30 年代,自 1980 年 Cairns 主编的《受损生态系统的恢复过程》一书出版以来,生态修复开始作为生态学的一个分支被系统研究,目前已成为全球水生态系统研究的前瞻性研究领域。生态修复是指根据生态学原理,利用一定的生物、生态及工程技术与方法,人为地改变或切断生态系统退化的主导因子或过程,调整、配置和优化系统内部及其与外界的物质、能量和信息的流动过程及时空秩序,使生态系统的结构、功能和生态学潜力尽快成功恢复到一定或原有甚至更高的水平[51]。按照国际生态恢复学会(Society of Ecological Restoration)对生态系统的定义,生态修复是帮助研究和管理原生生态系统的完整性过程,这种完整性包括生物多样性的临界变化范围、生态系统的结构和过程、区域和历史状况以及可持续的社会实践。对河流生态系统的修复,就是试图通过各种措施,修复水生态系统结构,恢复河流生态系统功能,使河流生态系统趋于健康、稳定和完善。

2.3.1.1 国外研究

1938 年,德国学者 Seifert[52]首先提出了"近自然河溪治理"的概念,以贴近自然、经济实用、美观自然作为河道治理的主要理念。20 世纪 50 年代德国正式创立了"近自然河道治理工程学",2009 年 Laub 和 Palmer 提出河流的整治要符合植物化和生命化的原理,以河流自然的健康状态作为修复目标,通过人为控制和河流的自我设计相结合开展河流生态修复,形成了河流生态修复主要基础理论。1962 年,美国著名生态学家 Odum 提出了著名的生态系统自组织原理,将生态工程定义为"运用少量辅助能而对那种以自然能为主的系统进行的环境控制"[53],并应用到工程领域中,完善了生态工程的基础理论,使其更加坚实,并促进了生态工程技术的应用。

20 世纪 70 年代以来,为减缓和防治自然生态系统的退化,受损生态系统的恢复和重建越来越受到国际社会的广泛关注和重视。1971 年,Schlueter 提出"近自然治理"就是在满足人类对河流需求的同时,维护或创造河流的生态多样性。1975 年,在美国召开了主题为"受损生态系统的恢复"的国际会议,第一次专门讨论了受损生态系统的恢复与重建等生态学问题,并呼吁要加强对受害生态系统基础数据的收集和生态恢复技术措施等方面的研究,并建议建立国际实施计划[54]。1983 年,Bidner 提出河流整治需要综合考虑河道的水力学特征、地貌学特点与河流生态环境多样性、物种多样性及其河流生态系统平衡。1989 年,生态学家 Mitsch 及 Jorgenson 正式探讨"生态工程"的概念[55-56],强调生态修复要以"自我设计"为基础,最终达到人为环境与自然环境的统一与协调,将其定义为"为了人类设备和其自然环境两方面利益而对人类社会和自然环境的设计",生态工程理论正式诞生。

随着生态学理论的迅速发展,河流修复从单纯的结构性修复发展到生态系统整体的结构、功能与动力学过程的综合修复,产生了环境水力学这一新兴交叉学科(董哲仁等称之为"生态水工学",Ecological-Hydraulic Engineering,简称 Eco-Hydraulic Engineering)。河流生态修复研究逐渐完善,修复工程实践逐步系统化。1991 年,日本开始实施"创造多自然型河川计划",并兴建了 600 多处试验工程[57]。1994 年在挪威第一次召开了 HABITAT-HYDRAULICS 的专题研讨会,1996 年在加拿大召开了第二次 ECO-HYDRAUUCS 专题研讨会,两次会议的目的均在于用水力学的观点,探究河流流动与生物生存环境之间的关系,并通过对物理、化学、生态过程的观测和统计分析来定性或定量地描述河流生态系统的修复过程。虽然该学科还处于探索和发展中,但在以既能防洪又适于生物栖息为目的的生态河流建设中,必将发挥巨大的作用。

1992 年和 1998 年美国分别出版了《水域生态系统的修复》与《河流廊道修复》,用于指导河流修复工作,美国地质勘探局和美国农业部也制订了详细的河流修复计划,使河流的生态系统得到一定程度的恢复。澳大利亚水和河流委员会于 2001 年 4 月出版了《河流修复》一书,为河流修复工作提供技术指导。2000 年在英国召开了主题为"以创新理论深入推进恢复生态学的自然与社会实践"的恢复生态学会国际大会,2001 年召开了主题为"跨越边界的生态恢复"的国际恢复生态学大会。这一系列河流修复专著的出版和学术会议的召开,表明生态修复的研究迈上了一个新的台阶。

2.3.1.2　国内研究

我国河流生态修复研究起步较晚,早期的研究主要集中基于水污染治理的生态修复以及基于河岸带稳定性和景观性的恢复。近年来,国家和公众对河流生态健康问题越来越重视,河流生态修复成为水利学和生态学领域学术讨论的热点问题,相关方面的研究也越来越多,开始从不同角度积极阐明开展河流生态修复研究的重要性。

我国河流生态修复研究中,刘树坤[58]最早提出了"大水利"理论[59],并在其访日报告中根据发达国家的河流生态修复实践,提出了基于河流整治的生态修复,为之后的河流修复工作提供了参考。2003 年董哲仁[60]提出了"生态水工学"的理论框架,认为河流生态修复应在水工学的基础上,吸收、融合生态学理论,强调修复工程的人为控制与河流的自我设计相结合,在满足防洪安全的前提下,充分考虑到河流是条具有生命的生态系统。在该理论的基础上,董哲仁出版了《生态水利工程原理与技术》[61]、《河流生态修复》[62]等书籍,为我国河流生态修复研究与工程开展提供了重要的理论指导。

2004 年,杨海军教授借鉴日本河流生态修复方面的经验,提出河流生态修复应将生态学原理融入传统的土木工程中[63-65],并出版了《河流生态修复的理论与技术》(2005)一书,指出受损河流生态修复的主要内容应包括适于生物生存的生境缀块构建和生态修复材料的研究,以及河岸生态系统恢复过程中的自组织机理研究,并提出河流生态修复应该以工程安全性、生态系统功能强化、亲水文化空间重建、景观优化提升的理念为基本出发点。

2005 年 10 月,水利部国际合作与科技司在浙江组织召开"河流生态修复技术"研讨会,将科研单位、高等院校、流域机构及有关省市生产应用部门的专家、学者和技术人员等 100 余人聚集在一起,有力地加快了我国河流生态修复的研究步伐。

在相关理论研究的基础上,不同学者结合区域河流退化的特点,针对河流生态修复提出了各自的见解:谷勇峰等[66]认为城市河道修复工作仍需以污染治理为主;陈兴茹[67]提出河流生态修复不仅包括水体内修复,还应包括水体外修复;庄需印等[68]认为河道生态修复不仅是针对某一个部分的修复,而且是针对不同部分采取不同的技术措施进行系统化、综合化治理;覃璀淞[69]认为河流生态退化的主要问题是生物多样性的破坏、河流防洪防涝系统的变化等,并建议从河流形态、河床断面、水质3个方面去修复。

赵倩[70]根据河流的综合功能状况将大连市复州河划分为5类功能区,并依据各功能区的特点,对河流防洪、水质改善、形态多样性等采取针对性的修复措施设计;阳晓娟[71]针对观澜河的河流淤积现象、水环境恶化、生物种类减少等退化状况,通过构建多样化生境、生物修复等措施修复河流生态系统;涂安国等[72]根据江西省的水环境问题,提出"高强度治污—自然生态恢复—流域水环境综合管理"的生态修复技术路线,利用水生生态系统中生物间的相互作用增强水体的自我净化能力,达到根本性改善河流水质的目的;王兵[73]根据阜阳市水质恶化、河流生态湿地萎缩、生物多样性下降等问题,结合河流水功能定位、河道特点及相关规划,分别采取针对性的修复措施;胡昱玲[74]针对塘西河河道淤积阻水严重、防洪标准较低、河岸带破坏、河流水质恶化等生态环境失衡的现状,提出通过河道清淤、污水截流、河岸带修复等方式,逐步修复河道的生态功能;贾云辉[75]针对马仲河流域劣V类水质状况及水资源短缺现象,提出通过河岸带整治、污染底泥清淤、生态净化等修复措施,改善河流水质、增加河道水环境容量,最大限度恢复流域内水体生态功能;廖平安[76]结合北京市中小河流防洪标准低、河道硬化、渠道化,水质严重恶化的现状,提出应从平面形态、断面形态、岸坡防护对河流进行修复。

根据以上研究,河流生态修复不仅仅是开展污染治理,同时也包括对河流生态系统结构和功能的恢复。同时,越来越多的学者意识到了生态学和水利学相结合对于河流修复的重要性,基于水利学的生态修复技术研究也愈加深入。淮河流域(河南段)河流闸坝分布广泛,在一定程度上影响了河流生态系统的健康、持续发展。因此,考虑水利因素的生态修复研究对解决淮河流域(河南段)退化河流生态系统问题具有重要的作用。

2.3.2　生态修复模式研究

在河流生态修复模式研究中,根据学者们的生态修复思路,生态修复模式可针对某一退化特征要素、生态系统整体退化特征和河流自身及所在区域需求等3类因素构建。

2.3.2.1　针对某一退化特征要素的修复模式

考虑河流生态系统的某一退化特征或退化要素,从而提出针对某一类退化特征的修复模式。例如,针对水量较少的干涸河道,戚蓝等[77]提出了适合干涸河道的修复模式——以绿代水、湿润河道的生态修复模式;针对富营养化类型的水体,齐姗姗和杨雄[78]提出应清除库区浮游植物和库底过多的有机物,恢复库区水域水生植物种群,若是由于网箱养鱼造成的水体富营养化问题,则需对水域进行分类管理,划分网箱养鱼禁止区和控制区,并对水域开展动态监控及管理。董军[79]在以往河流生态治理模式的基础上,提出针对多数因农业开发造成河滩地土质板结、硬化的平原区河流,可采用自然封育式生态修复模式;针对生境和植被单一的硬质化河流,可采用有限人为干预式生态修复模式;针对自然生态环境极度恶化、生态系统濒临崩溃的河流,可采用生态工程治理及初期保育式修复模式。

2.3.2.2　针对生态系统整体退化特征的修复模式

从河流生态系统的整体出发,考虑河流生态系统的各个退化要素特点,构建河流生态系统的综合修复模式。例如,金桂琴和郑凡东[80]针对北京经济技术开发区水体存在的河道硬化、水质恶化、水面缩窄、河道淤积问题,提出生态护坡、截污治污、微生物净化、湿地生态净化及河道清淤等生态修复措施相结合的城市污染河道生态修复模式;贺金红[81]根据渭河水环境质量恶劣、生态用水严重不足、两岸绿化带少且缺乏连续性、河道和湿地日渐萎缩的现状,初步构建了开源节流、治污增容、清淤拓岸、筑绿造景、护湿营栖的水生态修复模式;李文君等[82]在分析了海河流域特点和河流生态现状的基础上,基于河流水体连通、水质净化、景观环境、生境维持4种生态功能,提出生态补水型、水质改善型、生境修复型、以绿代水型和维持保护型5种生态修复基本模式;马新萍[83]基于国内外流域生态技术及 KOYAM 的生态修复模式,提出了水土保持型精耕细作和种植业集约经营型生态修复模式,农、林、牧协调发展的立体生态修复模式,种养加密切结合的复合生态修复模式,转移农村剩余劳力的生态修复模式,生态移民搬迁生态修复模式,农业生态旅游生态修复模式等6种适用我国河流生态环境现状的生态修复模式。

2.3.2.3　针对河流自身及所在区域需求的修复模式

部分修复模式的构建是考虑区域的退化特征、社会经济状况以及当地的需求而构建的。例如,齐安国等[84]基于甘肃天水藉河区域退化特征及功能差异较大的特征,提出分别对上游、中游、下游进行河道修复;薛联青等[85]根据虞河不同河段的退化特点,并以健康生态系统为目标,构建了生态滤水河床、岸边渗流式河床、净化氧化塘、造流景观生态塘、人工湿地、河岸带修复等6种修复模式;汪雯等[86]综合考虑海河流域平原河流水质与生境现状,提出管理保护、直接修复、补水修复和生态系统替代等4种生态修复模式体系;郑良勇等[87]结合洙赵新河流域的生态现状、社会经济发展需求和生态修复要求,在综合考虑河道水系的"六性五结合"的基础上,提出"四带、三区、两湖、一通"的生态修复模式;陈秀端[88]提出西安市水环境的生态修复应当进行整体生态规划与设计,以水体生态服务功能的修复为最终目标,通过景观格局的恢复、功能分区的优化、自然生态的良性循环等途径,达到自然生态、经济与社会三者和谐统一的目的。

综上来看,大多学者是基于河流的退化特征来构建修复模式的,部分修复模式虽然考虑区域的社会经济状况和水功能差异对于修复的重要性,但缺乏从社会需求的紧迫性和经济的可行性来考虑不同退化状态下河流生态系统的修复强度,且一般都是针对流域出现的问题,采取统一的修复方案,在修复措施制定时缺乏对主导退化因子修复的重视。本书将针对以上问题开展深入研究。

2.3.3　生态修复效果评价研究

2.3.3.1　国外河流生态修复效果评价研究进展

国外河流生态修复起步较早,自 20 世纪 60 年代起,一些发达国家如瑞士、德国、美国、日本等相继开展河流生态修复工程,这些工程均利用生态学理论,采用生态技术修复受污染的水体,恢复了水体自净能力,具有工程造价低、修复效果显著等特点,积累了大量的先进实践经验。然而,仅有部分案例进行了修复效果评价工作,故缺少修复效果的有效监测、评价标准。

Bain 等[89]提出早期的水生态系统评估仅针对群落的结构和功能,而现在的评估将生态系统结构的评估纳入,更为全面。

Tompkins 等[90]基于国际综合河流恢复科学组织中的 7 个河道重建工程对河流的后评估进行了系统的研究,分别从地貌、栖息地及水体流速 3 个方面对这 7 个工程的实施效果进行研究,同时根据修复目标的完成程度将恢复效果分为已完成、还需一定的时间(短期)才有可能完成、不能完成 3 类。其中,好的地貌恢复效果一般具有多样性及可持续性的断面,无侵蚀迹象,水体连续性好等;好的栖息地恢复效果一般具有多样的河岸及湿地植被,洪泛区及低流量区的连续性等。

Comiti 等[91]针对以石块、岩床等为主山区河流的侵蚀及水土流失现象,提出不适宜以闸坝来控制,而应借助石块、木块等自然材料。并以布伦塔河为例,通过对比分析自然材料修复河段、闸坝控制河段及未退化河段的粗颗粒有机物保持率、大型无脊椎动物多样性表征、扩展生物指数及河流功能指数的指标值,显示自然材料修复的效果相对于闸坝较好,水力条件对于大型无脊椎动物的多样性、丰富性等都影响较大。可见修复效果的评估对于修复工程设计具有很高的指导意义。

Cui 等[92]针对黄河三角洲湿地的恢复效果评价,提出应从水质、土壤盐度和有机物质、大型植物群落及鸟类种类 4 个方面进行分析,包括非生物系统和生物系统两部分。其中,水的恢复效果由 pH、总氮(TN)及总磷(TP)等指标来表征,土壤由盐度、有机物、Cl^-、K^+、Ca^{2+}、Mg^{2+} 和 Na^+ 来表征。

Luderitza[93]针对德国美因河和罗达赫河上游恢复工程,提出可从水文形态、大型无脊椎动物、鱼类及水生植物 4 个方面进行恢复效果的评估。其中,水文形态的评估指标有河道的蜿蜒度,水体流速,纵向连续性,河床的稳定性及多样性,横断面的类型、深度及宽度,河岸的结构、植物及稳定性,缓冲区的面积、周围环境等。

Buchanan 等[94]认为项目后评估不仅阻碍了河流修复的进步,也限制了适应性管理。针对美国的一个自然河流域设计修复工程(旨在消除河岸侵蚀,同时恢复由河岸侵蚀造成的鱼类减少及栖息地破坏),通过视觉 SVAP、Pfankuch、结构调查、地貌调查、水力模型和质量平衡等一系列方法,分别对渠道的稳定性、栖息地的改善及洪水的减少进行定量或定性的评估。结果显示,与初定目标相比,该项工程勉强成功,但未来的趋势不容乐观。对于修复设计的改善,应从冲刷池深度的设计,避免洪水通道被堵入手。

Kristensen 等[95]基于流域规模,分别从栖息地、河道的稳定性与土地的连续性 3 个方面对斯凯恩河的修复效果进行了评估。通过对比分析修复工程实施 10 年(2001~2011年)间的差异,显示河流水土流失已得到控制,与两岸土地的连续性也有了改善,而栖息地的改变却很小。有必要完善栖息地的修复措施,尽量利用河流的自然优势。其中,栖息地修复效果的评估主要通过水深变异系数、水体流速、水生植物覆盖率、基底组成等指标,借用主要响应曲线来分析;河道的稳定性通过 RTK GPS 设备去分析,而连续性则主要通过 MIKE11 模型。

2.3.3.2　国内河流生态修复效果评价研究进展

我国河流生态修复工作起步较晚,有关河流生态修复效果评价工作开展也较少。但大部分学者选择构建指标体系来评估修复效果。

蔡楠等[96]针对基础资料缺乏的受损河流,以河流污染现状为参照系统,运用层次分析法来解决修复效果评价的定量化。分别从河流水力、水质特征、水生生物、河岸带及物理结构 5 个方面构建了一套指标体系及评估标准。然后采用岐江河的历史监测资料,结合岐江河修复效果的野外调查,围绕岐江河的实际情况及其治理目标,对岐江河的修复效果进行评估。首次在水质评价中采用恶臭、溶解氧及透明度等指标,在水生生物中增加了鱼类 IBI 指标,并在充分考虑指标的构成需要反映城市河流生态修复的特征与规律的基础上,实现了指标数值的可获得性、可计算性和指标的完备性。王献辉等[97]在《关于水生态系统保护与修复的若干意见》的基础上,认为截污、治污是水生态保护和修复的前提,提出从水利工程治理和管理的角度来构建效果评价指标;针对南京市水系水功能区水质不达标,河道渠化、硬质化严重,河流生态廊道被阻断,开发建设活动填埋水系、沟塘,河湖一次清淤厚度等退化特征,从水质、生态廊道、水系完整性、底栖环境及生态状况 5 大类选择了 10 个要素来评估修复效果。于淼等[98]专门针对缺水河流,构建了包含水环境、生态、社会经济 3 个一级指标和 8 个二级指标在内的一整套系统、完整且操作性强的人工补水河流生态修复的综合评价指标体系,并根据指标的重要性调整层次分析法的权重,然后通过实地采样,分析并评估永定河的生态修复效果。

有很多学者选用河流健康的概念对河流的生态治理或修复工程进行评估。韩黎[99]采用河流健康的概念,分别从水利功能、生态需水量、水质、河道生境、生物群落及管理 6 个方面来构建效果评价指标体系,并以旅顺凤河为例进行验证。其中,水利功能主要指河道是否达到河道的防洪设计标准;水质指标为溶解氧(DO)、pH、化学需氧量(CODcr)、氨氮(NH₃-N)、总磷(TP)、大肠杆菌群 6 项指标;河道生境指标则主要是指河道的自然性,选取的指标有河道渠化程度、弯曲程度及护岸形式;管理指标主要从管理组织是否健全、管理制度是否完善、管理措施是否可行 3 个方面衡量。曹丽娜[100]也采用河流健康的概念,分别从水质理化、河流生物、河流形态、河流水文特征及河岸带 5 个方面构建了一套河流健康评价指标体系,并以长春市二道区河流生态修复工程(莲花山河流——河流 A;钱家河流——河流 B)为研究,观察实施修复工程后 3 年(2011~2013 年)的状况,对修复工程的修复效果进行评估。郭维等[101]主要参考河流生态健康的评价指标体系,选取了水质、水文、河槽物理形态、生物多样性、社会服务功能 5 个指标作为准则层来构建指标体系。其中,水质指标包括 DO、pH、氨氮、磷酸盐;水文指标包括气味、流速比和水深比;河槽物理形态包括河岸坡度、坡长、河宽、河岸材质、河床材质;生物多样性包括植物种类和盖度、底栖生物的多样性指数;社会服务功能包括防洪功能、公众满意程度、亲水性。

然而生态修复效果评价并不等同于生态系统健康评价,生态系统的健康评估仅仅是对系统此刻状态的评估,而生态恢复却是一个动态的过程,它所期望达到的是一个动态的健康。

高彦华等[102]认为生态恢复效果的评价应从生态系统健康和生态安全 2 个方面进行,用生态安全的可持续性和动态性去弥补健康评价的缺陷,两者相结合达到一个动态的健康;吴丹丹等[103]综合近年我国生态恢复效果评价的研究结果,将生态修复的评价内容概括为生物及群落、水土保持功能、水土理化性质评价(水质)、小气候评价、景观格局评价、生态价值评价、系统的综合评价。如果单从河流来看就是指水质、水文、生物多样性、景观性、自我维持的能力、生态价值及社会经济价值,也就是生态系统健康和生态安全2个方面的内容。

王华[104]则综合生态安全评价、生态健康评价、水环境质量评价及水环境生物评价,分析了各个评价方法与生态恢复的关系(见图2-1)。生态恢复的评价指标体系应包括水质指标、生物指标、部分生态健康和生态安全指标。但在构建恢复评价指标体系时却仅针对生态健康评估进行了研究,从水质、生物及生境3个方面来构建指标体系。其中,水质指标包括 DO、pH、BOD_5(五日生化需氧量)、COD、TN、TP、NH_3-N 和 SS 等 8 个指标;生物指标包括浮游动物、浮游植物和底栖动物 3 个指标;生境指标包括河流流速、河道水量、河道渠化程度、河道弯曲程度及河道河岸形式 5 个指标。

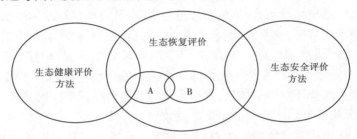

A—水环境生物评价;B—水环境质量评价。

图 2-1　各种评价方法的关系示意图

也有学者尝试引入经济学的概念,从成本、效益的角度来分析修复效果。李传奇等[105]认为评价河流生态修复方案的一个重要步骤是经济分析。为探索河流修复方案的经济可行性,提出了成本效益分析框架,将环境质量影响纳入经济决策中,进行了河流生态修复工程的成本和效益分类。梁晶等[106]提出,城市内河整治的效益按照其作用结果的内部性和外部性可分为内部效益和外部效益。而根据不同效益发生作用的方式,将其分为生态效益、经济效益和社会文化效益,分别从这 3 个方面构建城市内河综合整治工程的综合效益测算体系,并通过秦淮河整治工程进行研究。

而有的学者在社会经济状况、生态状况的基础上,引入公众满意度的概念,通过问卷调查的形式,更为全面、直接地获悉河流的改善效果是否满足人们对于河流的需求,是否令人们感到满意。曾超[107]结合国内外河道治理研究及生态河流评价研究,通过筛选河流的生态环境属性指标和社会经济属性指标,分别从水环境、生物、河岸带、物理结构、河流水力、经济及社会影响 7 个方面来构建汾江河综合治理工程效果评价指标体系,共筛选了 21 项指标,其中生态环境指标 13 项,社会经济指标 8 项。同时引入公众满意度理论,并构建了 PLS 路径模型,对公众满意度进行测算,为河道治理后评价提供了一种新方法和新思路。

2.3.3.3　其他水体修复效果评价研究进展

对于其他水体类型(如江口、湖泊)和土壤的修复效果评价,虽然修复方法差异较大,但会多选择一些易于量化的指标来衡量修复工程的实施修复效果。

针对游荡型河修复效果的评估,张林忠等[108]从河势流路稳定性和河床稳定性方面分析了黄河下游游荡型河道整治对河势的控制效果。结果表明:经采用微弯型整治方案后,游荡型河段的主溜平均摆动范围逐渐减小,河流稳定性明显提高;每处工程稳定靠溜长度不小于 2 300 m、工程长约 4 500 m,可以基本稳定游荡型河道的河势,但主流仍会在一定范围内变化。

针对湖泊修复效果的评估,徐卫东等[109]通过太湖局水文水资源监测局实测数据和历史数据的比较分析,对五里湖水生态系统修复的总体效果进行了评估。主要依据群落多样性指数和生物耐污指数 2 种主要参数对水生态现状和生态修复效果进行评估分析。选取营养状态(透明度、叶绿素 a、高锰酸盐指数、TP、TN 等 5 项主要指标),水生生物群落多样性(水生植物、鸟类);章铭等[110]认为鱼类清除和沉水植被恢复常是富营养化浅水湖泊生态系统修复的重要手段。因此,通过重建沉水植被、引进肉食性鱼类,例如鳜鱼,来控制浮游生物食性鱼类和底栖鱼类生物量,并以生态修复区 TN、TP、叶绿素 a(Chl-a)以及悬浮质(TSS)浓度来衡量修复效果。

针对江口,陈亚瞿等认为生态修复的关键就是保持物种的多样性。考虑到长江口水质恶化、生物多样性下降、生态系统功能衰退的现状,选取双壳贝类牡蛎作为重建生态系统结构的关键物种,并以巨牡蛎密度和生物量,底栖动物物种数、密度和生物量来衡量底栖动物的修复效果。

第3章 相关基础理论研究和概念界定

3.1 河流生态系统基础理论研究

3.1.1 河流生态系统概念和特征

河流生态系统指河流水体的生态系统,属流水生态系统的一种,是陆地与海洋联系的纽带,在生物圈的物质循环中起着主要作用。河流生态系统水的持续流动性,使其中溶解氧比较充足,层次分化不明显。

河流生态系统主要具有以下特点:①具有纵向成带现象,但物种的纵向替换并不是均匀的连续变化,特殊种群可以在整个河流中再出现。②生物大多具有适应急流生境的特殊形态结构。表现在浮游生物较少,底栖生物多具有体形扁平、流线性等形态或吸盘结构,适应性强的鱼类和微生物丰富。③与其他生态系统相互制约关系复杂:一方面表现为气候、植被及人为干扰强度等对河流生态系统都有较大影响;另一方面表现为河流生态系统明显影响沿海(尤其河口、海湾)生态系统的形成和演化。④自净能力强,受干扰后恢复速度较快。

3.1.2 河流生态系统结构和功能

河流生态系统均由生物群落与非生物环境两部分组成。

3.1.2.1 河流生态系统生物群落

河流生态系统中的水生生物,依其生存环境和生活方式,可分为5个生态类群:①浮游生物:借助水的浮力浮游生活,包括浮游植物和浮游动物两大类,前者有硅藻、绿藻和蓝藻等,后者有原生动物、轮虫、枝角类、桡足类等。②游泳生物:能够自由活动的生物,如鱼类、两栖类、游泳昆虫等。③底栖生物:生长或生活在水底沉积物中,包括底生植物和底栖动物,前者有水生高等植物和固着藻类,后者有环节动物、节肢动物、软体动物等。④周丛生物:生长在水中各种基质(石头、木桩、沉水植物等)表面的生物群,如固着藻类。⑤漂浮生物:生活在水体表面的生物,如浮萍、凤眼莲和水生昆虫。

水中的微生物包括细菌、真菌、病毒和放线菌等,分属于上列不同的类群。这类生物数量多、分布广、繁殖快,在水生态系统的物质循环中起着很重要的作用。各种生物在水中分布是长期适应和自然选择的结果。

3.1.2.2 河流生态系统非生物环境

河流生态系统中的非生物组成,主要包括物理要素和化学要素,这些要素包括水力学条件、水文情势、遮阴作用、基质、溶解氧、pH、有机物和营养物。这些物理要素和化学要素并非孤立存在,而是相互作用的[62]。

3.1.2.3 河流生态系统结构和功能

河流生态系统结构和功能整体概括了河流生态系统结构与功能的主要特征,既包括河流生态系统各个组分之间相互联系、相互作用、相互制约的结构关系,也包括与结构关系相对应的生物生产、物质循环、信息流动、生物群落对于各种非生命因子的适应性和自我调节等生态系统功能特征。

20世纪50年代,E. P. 奥德姆等系统地发展了生态系统原理,创立了以生态系统为研究单元的生态系统生态学。河流生态系统的功能是保证系统内的物质循环和能量流动,以及通过信息反馈,维持系统相对稳定与发展,并参与生物圈的物质循环。水生态系统对外来的作用力有一定承受能力,如作用力过大,则会失去平衡,系统即遭到破坏。20世纪60年代以来,由于人类活动的影响,水污染日益加剧,水环境和水生生物资源遭到严重破坏,引起了人们对水生态系统的重视[111]。由于河流生态系统遭受人类活动影响最为严重,因此了解生态系统的结构和功能对水生态系统的保护和恢复具有重要意义。

河流生态系统的功能研究任务,是阐明系统中的物质循环、能量流动、演替和平衡的规律(见图3-1),为加强水质管理、防治水污染、合理开发和利用水生物资源提供科学依据。

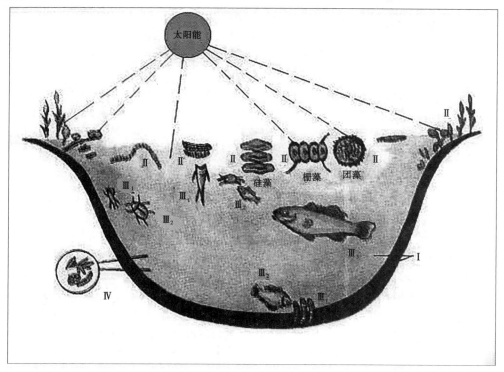

Ⅰ—非生物的物质;Ⅱ—生产者;Ⅲ—消费者;Ⅳ—分解者。

图 3-1 河流生态系统功能图解:能量流动与物质循环

在诸多生境因子中,需要识别对于河流生态系统的结构与功能产生重要影响的生境因子,建立关键生境因子与生态过程相互作用的耦合关系。生物群落随河流水流的连续性变化,呈现出连续性分布特征,沿河流的生物群落遵循连续性分布的规律,这不仅反映在沿河流岸边植被的连续性分布,而且反映在水生动物、无脊椎动物、昆虫、两栖动物、水禽和哺乳动物等都遵循连续性分布的规律。这种连续性的产生是由于在河流生态系统长期的演替过程中,生物群落对于水域生境条件不断进行调整和适应,反映了生物群落与生境的适应性和相关性。

河流生态系统结构主要研究水生生物的区域特征和演变、流域内物种多样性、食物网构成和随时间的变化、负反馈调节等。河流生态系统功能主要包括鱼类、底栖动物、浮游生物和水生高等植物等在内的生物群落对各种非生命因子的适应性,在外界环境驱动下的物质循环、能量流动、信息流动、物种流动的方式,生物生产量与栖息地质量的关系等[112]。图 3-2 表示了水文、水质、地貌等自然过程与生物之间的耦合关系。

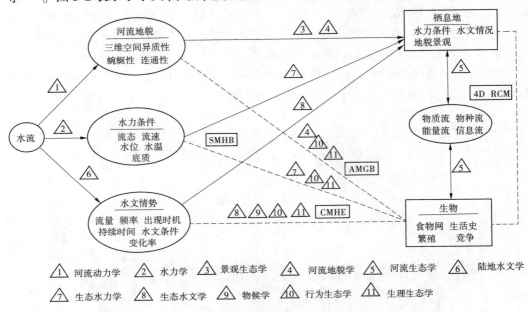

图 3-2　河流生态系统整体性概念示意[112]

3.2　河流生态系统退化概念界定

河流生态系统指在河流中生活的生物群落与其周围的环境组合形成的生态系统,包括生物和非生物环境两个部分。生物部分由生产者、消费者、分解者组成。其中,生产者是自养型生物,能够把无机物加工为有机物,主要包括绿色植物、藻类及某些细菌;消费者是异养型生物,不能把无机物加工为有机物质,主要包括鱼类、浮游动物等水生生物或两栖动物;分解者又称作还原者,为异养型生物,主要包括细菌、放线菌等微生物,也包括原生动物,这些分解者能够把复杂的有机物质分解为无机物后释放到环境中。非生物环境的组成包括河流水体、气候、能源、基质(底泥等)、有机化合物、无机物质等因素,这些是生物生存的必备条件。

全国科学技术名词审定委员会也给出河流生态系统的定义,是指生活在河流中的生物群落与河水、空气及底质之间进行连续的物质交换及能量传递,形成结构上与功能上统一的流水型生态单元。河流中的生物群落是河流生态系统的主体,河流中的生物群落与其生境之间的相互作用关系是主要研究对象,属生态学范畴。与河流相比,河流生态系统则更多关注河流中的生物群落及其对环境的需求。河流生态系统是一种流水生态系统,与其他生态系统相比既有相同点,也具有自身的特点,主要表现为如下几个方面:

(1)水流不停。河流生态系统基本特征的表现,河流在水体流动下输移营养物质,使营养盐和污染物实现迁移和降解。

(2)陆-水交换。河流的水体与缓冲带陆地毗邻,接触面积较大,这说明河流与周围的陆地有较多的联系。河流是一个较为开放的系统,是联系陆地与海洋生态系统的纽带。

(3)氧气丰富。河流中的生物对于溶解氧的需求较大,而水体基于"水流"不停的特性,使得与大气的接触面较大,因此河流中能够保持较为丰富的氧气含量。

(4)水生生物多样性。由于河流具有流态多样性、河床形态的"深潭-浅滩"复杂性,为不同种类的生物提供了满足各自生存条件的多样化的栖息地。河流中的碎屑杂物等初级产品为生物提供了物质来源,从而造成了河流中生物的多样性。

(5)较强的自净作用。水体的流动性增强了河流的富氧能力,丰富的溶解氧使污染物质得到快速降解。流动水体也增加了河流的稀释和净化能力。河流生态系统在污染源切断的情况下,短时间内能够实现自我恢复,从而使整个生态系统维持原有的平衡。

河流生态系统是一个物理、化学和生物的集合体,由河流生态系统的特征可知,一般认为其包含水文、连通性、水质、栖息地环境和水生生物等,河流生态过程基于这些因素的相互影响、相互依存和辅助得以完成,并发挥出多种功能,从而维持河流生态系统的完整性。

综上,本书研究将河流生态系统退化定义为:在自然或人为干扰下,自然河流生态系统的生物与环境之间出现不协调,导致系统完整性受损,出现结构破坏、功能减退乃至丧失的过程。因此,诊断河流生态系统退化程度,首先应从生态系统的基本特征和内涵入手,然后考虑河流生态系统的特点,最后充分结合流域河流生态系统的实际情况,从而选择综合性强、符合实际的诊断途径和诊断指标。

3.3　河流生态修复阈值概念界定

3.3.1　河流生态修复内涵

董哲仁[61]给出河流生态修复的概念:河流生态修复是指在充分发挥河流生态系统自修复功能的基础上,采用工程措施和非工程措施,促使河流生态系统恢复到较为自然的状态,改善其生态完整性和可持续性的一种生态保护行动。其内涵是利用河流生态学的相关理论,采用综合方法,通过改善河流水文、水质与物理结构等,恢复河流因为人类社会扰乱而退化的结构,增加河流生态系统的生物多样性,进而提高河流生态系统的功能,使河流生态系统形成新的动态平衡,重新回到健康可持续的状态。

董世魁等[113]认为,河流生态修复是指使用综合的方法,使河流生态系统恢复因人类干扰而丧失或退化的自然功能。河流生态修复的目标是恢复河流系统的各项功能,从而恢复河流生态系统的健康。

Gordon 给出河流生态修复的广义定义为改善河流功能以满足特定目标的一系列活动。这一定义不区分结构性干预和非结构性干预、岸边带或地下水策略等。其指出河流生态修复是水文学、工程学、地貌学和生态学 4 个学科的交叉,同时其指出社会、经济、历史和法律等影响河流生态修复的类型。

关靖等综合多学科知识,给出河流生态修复概念,即指在遵循自然规律的前提下,利用河流的自我修复能力,采用适当的工程和生物修复等辅助措施,恢复和改善河流生态系统的生态和自然功能,维持河流资源的可再生循环能力,促进河流生态系统的稳定和良性循环。其指出河流生态修复不是将生态系统完全恢复到原始状态,而是通过修复使生态系统的功能不断得到改善,实现河流的健康发展;同时,河流生态修复也不是以牺牲人类基本需求去被动地适应自然,而是在要保证人及其社会合理发展的基础上,实现人与河流的和谐。

关于生态系统中涉及恢复和修复的说法,现在越来越多的学者认为恢复的定义过于严格,对于大部分或多或少受到人类活动影响的生态系统,严格地定义其为自然生态系统是不合适的,将这样的生态系统完全恢复到未受人类干扰的自然的状况是不合适的。生态修复是一种以生态系统健康、完整和自我持续发展为指导、促使和加速修复生态系统的人为活动。生态修复需要更大的外力辅助,由于外力的参与,生态修复的结果可能是一个自然的生态系统,也可以是一个半自然人工的生态系统,甚至是一个人工的生态系统。

由于河流生态系统的演进是不可逆转的,试图把河流恢复到人类大规模干扰前的生态状况是不可能的,现有阶段的河流生态修复应承认被改造的事实,在此基础上采取一定措施实施这种复合型河流的生态修复,谋求生态状况得到一定程度的改善。河流生态修复一方面要实施适度的人工干预;另一方面,也要充分发挥自然界的自我修复功能,促进生态系统向良性方向演进。河流生态修复采取的方式应该是工程措施和非工程措施并重,其中非工程措施包括生态保护立法和执法、流域综合管理及河流生态系统管理等。

根据恢复及人类对修复干预的程度不同,恢复和人工干预修复主要可以划分为以下3 种:低人工干预修复、适度人工干预修复和高度人工干预修复。自然恢复和不同干预修复比较的情况见表 3-1。

表 3-1　自然恢复和不同干预修复的比较

类型	自然恢复	低人工干预修复	适度人工干预修复	高度人工干预修复
恢复时间/a	很长(100~1 000)	长久(50~100)	较短(20~50)	短(5~20)
物种组合陈列	多样而复杂	方式多样	多样或简单	相对较简约
结构连结	多等级层次链网	多等级层次链网	简单或多级链网	相对简单链网
信息积累-复合与功能耦联-整合	连续与离散的交互协同耦合与转换	连续与离散的交互协同耦合与转换	离散主导的交互协同耦合与转换	连续或离散的耦合与转换

由此可见,针对河流生态系统,其现状已经遭受人类活动的大规模的开发、利用,并且建设大量的水利设施、闸坝、堤防和航道等,如若再恢复到其自然原始的状态,拆除这些为社会经济服务的基础设施是完全不现实的。因此,本书认为河流生态修复是指针对已经发生退化的河流生态系统,主要是在河流开发现状的基础上,通过人工干预措施,开展河流的结构和功能的修复,使其恢复到较为自然的状态,实现河流生态修复的生态完整性和可持续性发展。

3.3.2　河流生态修复任务

河流生态修复主要包括以下两个方面的修复内容:

(1)河道内河流生态修复。河道内河流生态系统主要由河道内的水生生物和其周围的生存环境组成,河流生态系统中的生产者是大型水生植物和浮游植物等,消费者是鱼类、浮游动物和大型无脊椎动物等,分解者是细菌、真菌等微生物和原生动物,而其他影响水生生物生存的代谢物质材料、环境因素等造就了河流系统的生境。河道内河流生态系统的修复主要是改变河流生存环境条件以达到保护水生生物、促使其生存的目的。

河流中生物要素是河流生态系统的主体,涉及鱼类、浮游生物、底栖动物和植被等不同物种,生境要素包括水文情势、水质状况、河流地貌等,水文状况是河流生物结构关键的生境条件因子,水文状况与河流生物群落结构和生物生产及生长有明显的关联性;水质主要包括物理化学指标,如色度、浊度、溶解氧、氨氮、总磷等,物化指标对水体中生物的生命活动有重要影响。此外,河流与湿地、湖泊、泛洪区域及池塘间保持良好连通性依赖于河流地貌景观格局,其有效保障了河流能量流、信息流和物质流的畅通。造成水动力学条件改变的原因,不管是人为因素还是自然因素,都会影响水生生物的生物生产过程。

(2)河岸生态系统修复。水流与陆地的交界带为河岸,是河道稳定的主要地域和水体运动的外边界约束。河岸带生态系统由坡岸和上面生长的乔灌草植物、两栖类动物、小型动物和微生物构成。河岸带除对河流的泥沙运输和沉降产生影响、减少河流的侵蚀速度、增强河岸稳态外,还可以通过化学、物理及生物过程调节流入水体的污染物。对河岸带生态修复是河流生态修复中必不可少的一部分。

无论是水生态健康评估,还是水生态修复等,其主要目的都是促进水生态保护和水生态系统的可持续利用与发展。因此,相关学者将河流生态修复划分为 4 大部分:水质改善、水文情势改善、河流地貌修复和生物群落多样性修复。本书根据现有河流生态修复的内涵及任务,确定河流生态修复特征要素主要包括上述 4 个部分。

(1)水质改善。

水质条件的改善是河流生态修复的前提,主要是通过污染物浓度的控制和污染总量的控制,即河流水体的水环境质量达到水(环境)功能区划目标要求,且水体的污染负荷在水体自身的可承载能力范围内。

(2)水文情势改善。

改善水文情势不仅包括生态基流,还要考虑自然水流的流量过程恢复,以满足生物目标生活史。可用相关水文指标(流量、频率、变化率等)表示。

水文情势的改善需要消除和缓解的胁迫因子包括:超量取水引起下游河段径流大幅

度下降甚至干涸、断流;水库径流调节造成径流过程均一化;洪水脉冲效应被削弱;洪水发生时机的改变;洪水持续时间的变化等。

(3)河流地貌修复。

河流地貌修复主要消除和缓解的胁迫因子:水坝导致的生态阻隔作用,河道渠道化、直线化,侵占河漫滩,堤防的生态阻隔等。

河流地貌修复包括河流纵向连续性修复和河流侧向连通性修复;河流形态修复包括平面形态的蜿蜒性、断面几何形态的多样性和护坡材料的透水性等修复。

(4)生物群落多样性修复。

恢复生物群落多样性和物种多样性,其对象包括水生生物和陆生生物的恢复。生物群落恢复任务,主要包括指示物种的恢复,同时生物群落多样性的恢复要考虑相关技术的可实施性,如浮游生物及固着藻类是表征河流水生态系统状况的,其作为生态系统的初级生产者,且随河流水质的变化呈现快速变化,在河流生态修复时则无法考虑具体恢复某种浮游生物或固着藻类,因此应采取具有操作性的方法来恢复濒危、珍稀和特有生物物种,如鱼类。

恢复生物群落多样性和物种多样性关键是河流栖息地的维护和完善。在实施河流生态修复时,既要考虑生态系统的完整性、应采取综合而不是单一的修复措施,又要通过对关键因子的识别,有区别地采取相应的生态修复任务进行优先排序,确定修复工程的重点。

3.3.3　河流生态修复约束

河流生态修复目标的制定是关键,但目标的制定不单单依据河流生态系统的结构和功能的完整性,同时还要考虑相关项目的制约因素,包括投入资金状况、技术可行性、自然条件约束(降雨、气温和水资源禀赋等),以及社会制约因素(居民意愿和移民搬迁等)。

河流生态修复目标的确定,是将各利益相关方协调并满足多种约束条件下得到的,即面临着政治、经济、技术、文化等多种约束。如果脱离当前社会、经济和技术条件,制定不切实际的规划,最终可能导致项目的失败,因此充分研究分析河流生态修复的约束条件十分必要。总体来看,其约束条件可划分为技术性约束和非技术性约束。

3.3.3.1　技术性约束

技术性约束包括以下 4 个方面:

(1)识别生态保护发展的阶段性。我国当前河湖水系严重污染的形势依然严峻,迫切的任务是污染治理和控制,借鉴发达国家河流管理的经验,第一阶段是全面开展水污染控制,在水污染得到基本控制的前提下继续开展河流生态修复。

(2)确定技术手段的可行性。判断现有的技术手段能否解决特定河流的生态退化问题,包括技术方法有效性、新技术和新材料的适用性、技术整合的可能性。

(3)考虑已掌握数据的可靠性和完整性。

(4)现有已建工程对生态修复的约束。主要是包括防洪堤坝、道路、桥涵、市政建筑物、各类管道网络对河流生态修复工程的制约。

3.3.3.2　非技术性约束

非技术性约束包括以下 5 个方面：

(1)当地政府对河流生态修复资金投入的强度和数量,是否满足开展河流生态修复。

(2)河流所在区域居民对河流水环境、水生态状况改变的急迫需求性。

(3)河流修复所在区域内自然、文化遗产保护。

(4)河流美学价值的理解和保护。

(5)国土规划与河流修复工程定位之间的矛盾及当地居民对修复工程的认同程度。

根据上述分析,河流生态修复主要是水质改善、水文情势改善、河流地貌修复和生物群落多样性恢复 4 个方面。但是,针对这 4 个方面的修复,就要识别关键胁迫因子,目的是确定河流生态修复的任务,即确定出水质、水文情势、河流地貌形态等生境要素中更具体的环境胁迫因子,对这些关键胁迫因子进行修复,才会有效地改善栖息地条件,恢复生态系统的完整性和可持续性。同时,这 4 个方面的修复又必须考虑河流修复的约束性,即技术约束性和非技术约束性。

3.3.4　河流生态修复阈值概念界定

根据第 2 章 2.2 节中生态阈值概念的总结与分析可知,生态阈值是要找出生态系统发生突然变化的临界点或临界区段,研究河流生态系统是要实现水生态的可持续发展。根据上述关于河流生态修复内涵及表征分析可知,河流生态修复主要恢复发生退化河流生态系统的结构和功能,进而使河流生态系统恢复健康,实现人与河流的和谐相处。因此,河流生态修复主要是针对退化的河流系统,河流水生态环境质量受诸多因素的影响,河流的生态修复实际上是一个多目标、多层次、多约束条件的综合问题,需要多方面共同协调,形成生态修复体系。

根据上述生态阈值的概念研究及河流水生态修复的目的,本书研究界定河流生态修复阈值是指针对已退化河流生态系统,依据其自然属性、功能需求、区域需求性及社会经济发展等约束因素,确定开展河流生态修复的不同优先修复等级的临界值。

3.4　河流生态修复范式概念界定

3.4.1　范式概念的发展

3.4.1.1　范式

范式的英文为“Paradigm”,源自古希腊文“Paradeiknunai”,有“共同显示”之意。15 世纪转变为拉丁文“Paradeigma”,并由此引申出范式、规范(norm)、模式(pattern)和范例(example)等含义。

在科学研究中,“范式”这一术语最早是由美国著名科学家、哲学家托马斯·库恩于 1959 年在《必要的张力》中提出的,但当时只是将其作为“一致意见”的另一种说法,并未正式使用。直到 1962 年,库恩在《科学革命的结构》的后记中对“范式”涵义作了进一步系统的解释,提出“范式”的概念可以归为两类:第一类“范式”代表着一个特定共同体的成员所共有的信念、价值、技术等构成的整体;第二类"范式"指的是整体的一种元素,即具体的谜题解答,把它们当作模型和范例,可以取代明确的规则以作为常规科学中其他谜题解答的基础,包含了定律、理论、应用和仪器所构成的一个整体。

范式的概念一经提出,就被广泛地应用于自然和社会各个领域,而不仅仅局限于哲学范畴,成为当前科学研究中一个极其重要的概念。在库恩的"范式论"里,范式归根到底是一种理论体系,范式的突破导致科学革命,从而使科学获得一个全新的面貌,也就是所谓的"范式变迁"。意大利经济学家多西提出了技术范式的概念,他认为技术范式指根据一定的物质技术、根据从自然科学中得来的一定原理,解决一定技术问题的"模型"和"模式";瑞泽尔提出范式是存在于某一科学领域内研究对象的基本意向,是一科学领域内获得最广泛共识的单位,可以用以区分不同的科学家共同体或亚共同体;邬建国[114]指出范式是某一领域内科学家们所共识并运用的世界观、置信系统;张森等[115]提出通常意义上的范式是一个时代提供给社会参考的、在典型问题及其解决方法方面被普遍认识的科学成就,突出了范式的公认性、阶段性、模范性及指导性。

可见,与库恩的"范式论"相似,科学研究中"范式"的概念也主要有两层含义:首先,"范式"代表着某一阶段某些特定共同体的成员所共有的理念、价值、技术等;其次,可将这一共同理念、价值、技术等作为模式和范例,用于指导并解决该阶段同一或类似问题。

然而,需要注意的是,范式不仅仅是一种方法,而是一套从问题识别到提出解决方法和方法实施等在内的理论体系。它的存在不仅给科学家提供了一个研究纲领,还为科学研究提供了可模仿的成功先例,而且对如何来制作这些路线图起着重要指导意义。另外,任一科学范式都是具有时效的,可能只适用于某一阶段。

范式作为一个理论体系,由多个方面组成。虽然范式概念的提出较早,但对于范式的构建研究仍然较少,且大多停留在"模式"的水平上,以模式作为范式的基本单元开展研究,如陈雪、王学强、毕华兴等的研究。

3.4.1.2　模式

模式是某种事物的标准形式或使人可以照着做的标准样式,是从不断重复出现的事件中发现和抽象出的规律,是人们在生产生活实践当中通过积累而得到的经验的抽象和升华,是解决某一类问题的方法论,是一种参照性指导方略,有助于高效完成任务,有助于按照既定思路快速作出一个优良的设计方案,达到事半功倍的效果。只要是一再重复出现的事物,就可能存在某种模式。

1985 年 Koya 等[116]提出了生态修复模式的定义,认为生态修复模式是人们在生态修复活动中所采用的定性修复方式、生态要素的组织形式、生态演替所遵循的理论以及经济状况和政策等的总称,并具有稳定性、完整性和系统性的特点。此定义在生态修复领域得到了广泛认可。

结合金家琪等[117]、马新萍[118]、刘建林等[119]的相关应用研究,生态修复模式更趋向于是解决某一问题的方法,基于以往生态修复活动经验而提炼出来的解决方法。基于此,可将本书研究的河流生态修复模式定义为基于人们在河流生态修复活动经验而提炼出来的解决某一问题的方法。

3.4.2　范式的内涵

范式和模式之间有着密切的联系,范式是多种模式的集合,模式是范式的具体形式,模式之间相互独立而存在。范式的构建是在模式构建的基础上进行的。本书在对河流生态系统现状退化状况研究的基础上,针对不同类型、不同退化状态和不同修复等级的河流生态系统,结合生态修复技术的研究和总结,提炼出的一套有效可行、可推广的包括技术原理及修复技术在内的河流生态修复模式体系。

因此,根据本书研究的目的,结合范式相关概念和研究,将河流生态修复范式定义为用于指导区域不同社会发展要求、不同退化类型的河流生态系统修复的修复模式体系。

3.4.3　范式的结构和功能

科学研究领域的范式,可以认为是一套理论、方法或模式,同时也可以看作是一套研究体系,因此一套完整的体系就必须有它的结构和功能。

河流生态系统修复范式不仅是一个理论,还是一个体系,包括许许多多的方面,从修复面积上来说,整个淮河流域(河南段)有总的修复范式,但根据本书的研究目的,要得到这样的修复范式,需要在不同类型生态系统修复模式构建的基础上,选择典型的小流域且用合适的修复模式进行修复,从而逐步向外推广,得到整个流域的修复范式。因此,本书研究中淮河流域(河南段)修复范式的结构,应该包括流域退化程度诊断、退化类型分析、流域修复等级确定、修复模式选择、修复工程实施及修复效果评价等方面。

一套完整的修复范式,最终还是为整个流域水生态环境保护宏观决策而服务,因此淮河流域(河南段)河流生态系统修复范式还应具备以下功能:

(1)指导该流域各地市政府对水生态退化状况有清楚的认识,并能采取有效的修复方案修复该区域的水生态环境。

(2)根据生态系统类型的不同,从社会需求性、经济支撑性及生态系统的整体性等角度考虑,有针对性地采取修复措施,实现河流生态系统功能的修复。

(3)修复措施实施后,评价河流生态系统的修复效果,提炼一个兼顾生态和经济的修复范式。

第4章　淮河流域(河南段)水生态系统现状调查分析

4.1　区域水系状况

4.1.1　地形地貌

　　淮河流域,其干流源于河南省境内桐柏山主峰太白顶下,主要流经西南部,向东入安徽、江苏,而后注入黄海。淮河流域在河南省境内干流长 340 km,流域面积 8.83 万 km²,占全省总面积的 52.9%,是河南省最大的水系。河南省淮河流域[淮河流域(河南段)]的地形基本态势为西高东低,西部和南部为山区、丘陵,约占流域总面积的 36%;其余为平原、低地,约占流域总面积的 64%。西部伏牛山、桐柏山一般高程 200~300 m;南部大别山区一般高程 300~500 m;丘陵主要分布在山区的延伸部分,高程 50~200 m;沙颍河上游的石人山为最高峰,海拔 2 153 m。

4.1.2　气象水文

　　淮河是中国南北方的一条自然气候分界线,1 月 0 ℃等温线和 800 mm 平均等降水线大致沿淮河和秦岭一线分布。淮河流域(河南段)大部分处于暖温带,南部跨亚热带,属于北亚热带向暖温带过渡的大陆性季风气候,四季分明、雨热同期。

　　淮河流域(河南段)地表水资源受地形地貌的影响,地区分布极为不均。其分布与降水的总趋势大体一致,径流的高低值区与多雨、少雨区彼此相应,基本上是南部大于北部,山区大于平原,且由西至东递减。根据全国水资源综合规划成果,由于气候变化和人类活动对下垫面条件的影响以及水资源近年来开发利用的影响,我国水资源情势发生了显著变化,北方地区水资源数量明显减少,淮河流域降水量 1980~2000 年和 2001~2008 年两个时段分别比 1956~1979 年时段平均减少了约 4%和 5%,但其地表水资源量则分别减少了约 12%和 16%。水资源总量相对减少幅度较大。

4.1.3　河流水系

　　淮河流域(河南段)是河南省最大的流域,分属 10 个水系,支流众多。淮河干流发源于桐柏山,经信阳流入安徽省,在河南省境内长 340 km,约占干流全长的 1/3。南侧各支流均发源于豫南山地,主要有浉河、竹竿河、潢河、史灌河、白露河等,其中以史灌河为最大。这些支流源流较短促,河床比降大,水量丰富,在汛期降暴雨时易形成洪峰。北侧诸支流大部分发源于豫西山地,小部分发源于黄河堤岸以南的平坡地,自西北向东南流入淮河。其中,最大的一级支流沙颍河发源于豫西山地,源远流长,支流众多,其较大支流有沙河、颖河、贾鲁河等,还有洪汝河、涡河等一级支流。淮河流域(河南段)水系如图 4-1 所示。

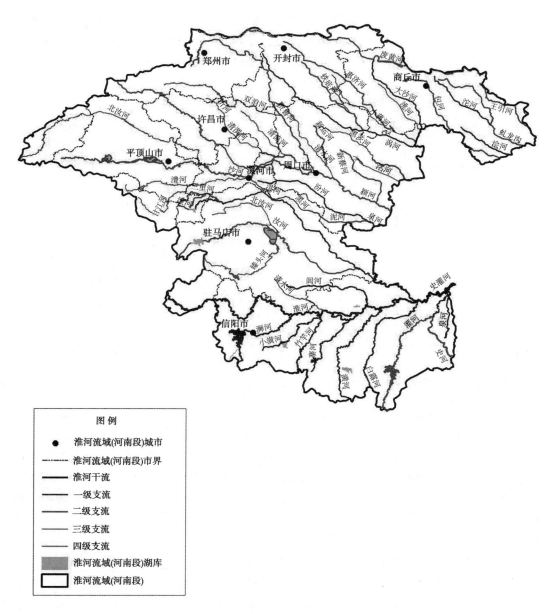

图 4-1　淮河流域(河南段)水系图

淮河流域(河南段)位于淮河流域中上游,包括信阳、周口、漯河、许昌、平顶山、开封、商丘 7 个省辖市的全部及郑州、洛阳、南阳、驻马店 4 个省辖市的部分区域,共涉及 11 个省辖市 82 个县(市、区)。

根据淮河流域(河南段)水系分布情况,流域划分为淮河流域干流及淮南支流、洪河水系、颍河水系和豫东平原水系四大区域,其中由于淮河干流及淮南支流主要集中于信阳市,洪河水系主要集中于驻马店市,因此在本书研究中不对淮河干流及淮南支流和洪河水系上下游进行对比;颍河水系主要包括颍河和沙河两大支流,根据各城市在颍河水系中的分布,上游区域城市有平顶山市和郑州市,中游区域城市为许昌市和漯河市,下游区域为周口市;豫东平原水系主要包括涡河和其余支流,以各城市在子流域内的分布,选取开封市作为上游城市,商丘市作为下游城市。淮河流域(河南段)水系及其在河南省辖市的分布情况见表4-1。

表4-1　淮河流域(河南段)水系及其在河南省辖市的分布情况

水系	主要河流	流经河南省辖市
淮河干流及淮南支流	淮河干流	信阳、南阳桐柏
	淮南支流	
洪河水系	洪河	驻马店
	汝河	
颍河水系	沙河	洛阳汝阳、平顶山、漯河、周口
	颍河	郑州、许昌、漯河、周口
豫东平原水系	涡惠河	开封、商丘
	包河、浍河、沱河及黄河故道	商丘

4.1.4　淮河流域前期水生态系统调查结果

4.1.4.1　河南省鱼类的地理分布

李仲辉、王才安[120]在1983年对河南省鱼类进行调查,调查出淮河水系有鱼类73种,包括雅罗鱼亚科7种、细亚科3种、鲢亚科2种、鳍鲅亚科6种、鳊亚科13种、鲭亚科14种、鲌亚科1种、鲤鲫亚科2种、鳅鮀亚科1种,其他科24种,为全省之冠。其中,草鱼、马口、赤眼鳟、宽鳍鳕、逆鱼、银鲴、中华鳑鲏、高体鳑鲏、兴凯刺鳑鲏、餐条、长春鳊、青梢红鲌鲢、鲴、花鳅、唇鱼、麦穗鱼、黑鳍鳈、棒花鱼、鲤、鲫等是广泛分布的习见种,又有许多为优势种。

4.1.4.2　河南省境内桐柏山区水生维管植物调查

周洪炳、崔波[121]在1984年开展河南境内大别-桐柏山区的水生植物调查,主要调查区域包括信阳地区的信阳市、信阳县(现信阳市平桥区)及固始、潢川、商城、新县、光山、罗山等县;南阳地区的桐柏县、唐河县和驻马店地区的驻马店市、确山县、泌阳县共13个县(市)。通过此次调查,共鉴定出水生维管植物108种(变种),分属40科68属。

4.1.4.3　河南省商城观音山鱼类调查及区系分析

李红敬[122]于2002年在商城观音山开展鱼类调查,其调查发现4目6科18属18种鱼类。鲤形目种类最多,有14种,占总数的77.8%;鲇形目有2种,占总数的11.1%;合鳃目 1 种,占总数的 5.6%;鲈形目 1 种,占总数的 5.6%。鲤形目中鲤科有 13 种,占总数的 72.2%;鳅科有 1 种,占总数的 5.6%。鲤科有 7 亚科 12 属 13 种,其中鲤亚科有 2 属 2 种, 占总数的 11.2%。亚科有 2 属 3 种,鳡鲅占总数的 16.8%;鲢亚科有 2 属 2 种,占总数的 11.2%。雅罗鱼亚科有 2 属 2 种,占 11.2%;鮈亚科有 2 属 2 种,占 11.2%;鳊鱼亚科 1 属 1 种,占 5.6%;密鲴亚科 1 属 1 种,占 5.6%。

4.1.4.4　淮河闸坝对河流生态影响评价研究——以蚌埠闸为例

夏军等[123]在 2006 年开展淮河闸坝对河流生态影响评价研究中,通过调查淮河流域沙颍河、贾鲁河、惠济河、沭河、淮河干流等河流开展水生态调查,调查内容包括浮游植物、浮游动物、底栖动物、水生维管束植物和鱼类。其中,浮游植物包括有硅藻门、绿藻门、蓝藻门、裸藻门、隐藻门和甲藻门,浮游动物有轮虫、原生动物、桡足类和枝角类,底栖动物有瓣鳃纲、腹足纲、寡毛纲、甲壳纲、蛭纲和水生昆虫等,通过评价浮游生物的生物量和数量,分析闸坝对水生态系统的影响。研究结论指出蚌埠闸下游的水生态质量比历史时期有所降低,水利工程闸坝修建后对其下游水生态系统存在一定的不利影响。

4.1.4.5　淮河流域河流生态健康和影响因素分析

张永勇等[124]于 2008 年 7 月开展了淮河干流、洪汝河、沙颍河、史河、潩河、涡河、沂河、沭河等主要支流和重要湖泊的 71 个点位的浮游植物、浮游动物和底栖动物 3 种生物指标和水质指标监测,并开展河流健康评价工作。

调查结果显示,71 个点位共鉴定浮游植物 5 门 39 属 58 种,其中蓝藻 12 属、甲藻 2 属、硅藻 6 属、裸藻 2 属、绿藻 17 属。淮河流域的优势物种呈现为绿藻和蓝藻,占所有属的 74.4%;浮游动物共 63 属 104 种,其中轮虫 24 属、枝角类 11 属、桡足类 17 属,原生动物 11 属,其他水生生物共 11 属,优势物种为轮虫和桡足类,占所有属类的 65.1%;底栖动物 24 属,其中软体动物 17 种(包括瓣鳃纲 7 种、腹足纲 10 种),环节动物门 4 种(包括寡毛纲 3 种、蛭纲 1 种),甲壳纲 2 种,昆虫纲 1 种。优势物种为瓣鳃纲和腹足纲,占所有属的 70.8%。其中,淮河流域中上游、沙颍河、涡河、包河等河流以腹足纲动物为主,洪河、贾鲁河以寡毛纲动物为主。淮河流域中淮河干流、史灌河及沙颍河流域鱼类较多,高达近 20 种(鲤、鲫、餐、银鮈、黄颡、油餐、鲚、鳊、鳜等),而其他河流中,如洪汝河、包浍河和涡河、惠济河,主要以鲤鱼、鲫鱼和餐为主。

评价结果显示,生物物种已趋于单一化,优势物种明显。根据多级关联评价法对淮河流域生态系统健康状况综合评价结果显示,淮河流域生态系统已处于不稳定状态:4 个点位处于不健康状态,占总数的 5.6%,主要为沙颍河颍上、涡河大王庙等;36 个点位处于亚健康状态,占总数的 50.7%,主要为洪汝河上游、沂沭泗河等;31 个点位处于健康状态,占总数的 43.7%,主要为淮河干流下游、南部山区河流和沙颍河中上游等。

通过多变量检测分析,研究结果指出影响淮河流域生态系统的首要因子为气候因子,其次为径流因子,第三类为土地利用、水质和土壤因子。

4.1.4.6　前期水生态系统调查问题总结

通过总结上述淮河流域水生态系统的调查结果及分析可知,淮河流域从 20 世纪 80 年代已经开始进行鱼类及水生植物方面的调查,但此阶段的调查仅限于调查总结,并未对淮河流域生态系统有所评估。在 20 世纪 90 年代期间未开展过相关调查,而 2000 年后相

关学者逐步开展更为全面的调查,并进行相关的健康评价等工作。总结前期的水生态调查情况,认为前期调查存在如下问题:

(1)调查区域不全面,仅根据需求开展部分区域调查。

(2)调查内容不系统,20世纪80年代调查主要以鱼类、植物调查为主,2000年以后主要为水生生物方面的浮游生物和底栖动物调查,淮河流域尚未开展系统性的调查及评估工作。

淮河流域(河南段)在"十一五"期间已进行了沙河和贾鲁河的水质、水生物和水生态的调查,并初步开展健康状况评估,结果均呈现出不健康状态。淮河流域天然基流缺乏,流域内支流众多,分布有大量湖泊、洼地,是河湖并存的典型流域水生态系统。由于水污染和高强度人为活动的影响,部分区域水生态结构与功能受损严重,水生生境类型单一化形势严峻,湿地植被严重退化,部分湿地、耕地、荒草地及坑塘等转变为城市建设用地,土地利用的变化严重威胁了生物多样性;季节性的断流导致河道缺乏天然径流,水体主要构成为污水处理厂尾水和部分生活污水、工业废水,其理化性质与天然来水存在明显的不同,造成区域内水生生物区系组成、物种行为及水生态系统的结构遭到破坏;河南省淮河流域共计有闸坝1 816座,其中大型21座、中型191座、小型1 604座,这些水利工程在一定程度上对河流形态、水文过程造成干扰,破坏了河流网络的连续性和完整性,也破坏了河流生态系统在结构和功能上与流域的统一性,导致水体流动性严重下降,水环境容量大为降低。由此可见,淮河流域(河南段)水生态系统发生退化主要是长期受人类活动干扰造成的。

4.2　调查点位及调查内容

4.2.1　调查目的

淮河流域(河南段)存在水资源短缺、天然径流匮乏、沟渠河流断流等自然问题,再加上人类活动所带来的严重影响,导致流域水生态系统遭到严重的破坏,致使流域面临水环境恶化、水土流失严重、植被破坏严重、生物多样性丧失等问题。所以,"十二五"期间本书作者提出在辨识淮河流域水生态特征的基础上,开展河流生态修复关键技术研究,为"十三五"淮河流域生态建设提供技术支撑。目前,由于淮河流域(河南段)不同河流水生态系统现状基础数据缺乏,导致在进行淮河流域(河南段)水生态系统状况评估时只能进行定性判断,在一定程度上会影响修复效果。因此,本书研究开展淮河流域(河南段)丰水期、枯水期和平水期野外调查,以便系统地掌握不同水期河流生态系统的状况,建立科学的水生态系统评价机制,科学定量地判断其水生态系统退化现状,为水生态修复和重建服务。

通过开展现状调查,分别对淮河流域(河南段)河流生态系统的生境结构(水文水势、水质状况、河岸带、河流形态、气候等)、生物结构(底栖动物状况、浮游生物状况、固着藻类、大型水生植物及河岸带植被状况)、河流功能(蓄洪调控、生物栖息地、污染物降解、社会服务等)和社会经济(人口动态、人类活动、区域经济发展)等进行实地的采样、观测及数据收集,从而作为筛选判定河流生态系统退化程度指标体系的依据,进行淮河流域(河南段)水生态系统退化程度的诊断。

同时,在对淮河流域(河南段)各级河流生境结构、生物结构、河流功能野外调查和区域水资源规划、水环境功能区划和社会经济资料调查收集的基础上,结合水生态系统退化诊断结果,针对淮河流域退化水生态系统识别的关键影响因素,筛选河流生态修复阈值指标体系,计算各类型河流的修复阈值,确定需要进行生态修复的河流,为水生态修复目标的确定提供科学的依据。

4.2.2　调查点位

由于淮河流域(河南段)分布范围较广,涉及 11 个省辖市 82 个县(市、区),流域内水生态系统结构与水环境状况空间差异较大,目前关于淮河流域(河南段)不同河流水生态系统现状基础数据缺乏,导致在进行淮河流域(河南段)水生态系统状况评估时只能进行定性判断,在一定程度上会影响修复效果。因此,本书参照河流生态调查技术方法,对淮河流域的干流、支流等河流开展野外调查。野外调查区域主要包括郑州、平顶山、许昌、周口、漯河(5 个重点研究区域)以及开封、商丘、驻马店、信阳(4 个一般区域)9 市所辖区域内的相关支流,洛阳北汝河和南阳的淮河干流等。

野外调查点位主要依据《地表水和污水监测技术规范》(HJ/T 91—2002)和相关生态监测标准中的规定及要求进行布设,主要原则包括:

(1)研究区域以淮河干流、一级至四级支流为主,样点分布侧重于重点研究区域,重点区域研究点相对于一般区域较为密集。

(2)背景断面须能反映水系未受污染时的背景值。要求基本上不受人类活动的影响,远离城市居民区、工业区、农药化肥施放区及主要交通路线。原则上应设在水系源头处或未受污染的上游河段。

(3)水文特征突变(如支流汇入处、闸坝调控区域、河湖交错区域等)、水质急剧变化区段应在上下游设置断面。

(4)对流程较长的重要河流,为了解水质、水量变化情况,经适当距离后应设置监测断面。但水质稳定或污染源对水体无明显影响的河段,可只布设一个控制断面。

(5)水网地区流向不定的河流,应根据常年主导流向设置监测断面,有多个叉路时应设置在较大干流上。

(6)避开死水及回水区,选择河段顺直、河岸稳定、水流平缓、无急流湍滩且交通方便处;既要避开主要交通线,又要考虑交通方便,即保证设点、采样、运输等具体工作的可操作性、技术上可行和经济上合理,尽量做到与水质和水文监测断面结合。

(7)当下游附近有敏感区(如水源地、自然保护区等)时,调查范围应考虑延长到敏感区上游边界,以满足预测敏感区所受影响的需要。

在上述原则设定的基础上,考虑到研究区域河流水系众多,通过河流现状水质状况、水量状况、河流水系闸坝设置情况,对河流水系进行初步归类,选取典型河流开展调查,在淮河流域一级至五级的 27 条河流上设置 83 个调查点位(见图 4-2),开展淮河流域(河南段)丰水期(2013 年 8 月)、枯水期(2014 年 1~3 月)和平水期(2015 年 4~5 月)野外调查,以便系统地掌握不同水期河流生态系统的状况,建立科学的水生态系统评价机制,科学定量地判断其水生态系统退化现状,为水生态修复和重建服务。

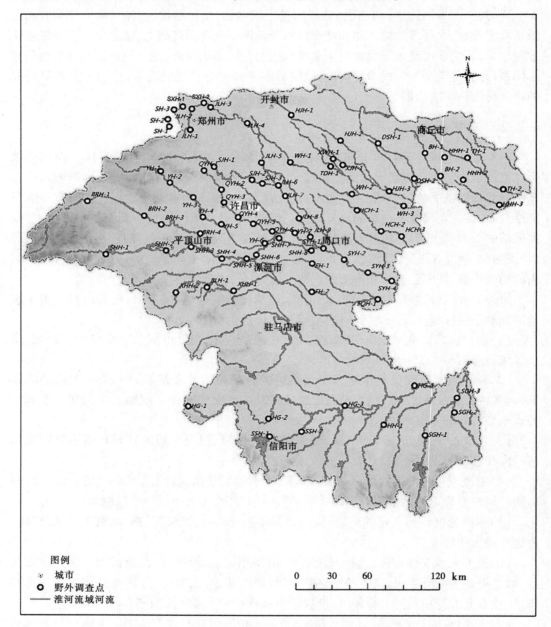

图 4-2 淮河流域(河南段)野外调查点位分布

由图 4-2 可知,野外调查共设 83 个点位,分布于淮河流域(河南段)一级至五级的 27 条河流上,其中一级河流为淮河干流,二级河流包括沙颍河、涡河、沱河、浍河、史灌河、潢河和潢河,三级河流包括沙河、颍河、贾鲁河、惠济河、铁底河、包河、大沙河、汾泉河和小洪河,四级河流包括索须河、清潩河、双泊河、北汝河、汾河、黑茨河、小温河、小蒋河和八里河,五级河流为索河。83 个点位中,设于水库中的点位有 7 个,分别为贾鲁河尖岗水库(JLH-1)、清潩河杨庄水库(QYH-1)、索河丁店水库(SH-1)、索河楚楼水库(SH-2)、沙河白龟山水库(SHH-1)、浉河南湾水库(SSH-1)和颍河白沙水库(YH-1)。

4.2.3 调查内容

河流生态系统发生退化,主要体现在生态系统组成、结构、功能和服务方面的变化。所以,本书研究不仅涉及河流水质、水生生物状况、水文水势调查等诸多指标,还涉及社会经济指标。因此,需调查指标可以划分为两大类:一是水生态系统野外调查,二是研究区域社会经济资料收集。

其中,现状野外调查内容主要包括以下几方面,具体调查指标及处理方法见表 4-2。

表 4-2 水生态修复野外调查内容及室内监测内容

野外调查内容		具体指标	指标处理方法
水文	现场测定	河面宽、水深、流速	现场监测,后期数据统计整理
水质	现场测定指标	水温、pH、透明度、DO、氧化还原电位、电导率	现场监测
	现场取样后室内监测指标	COD、氨氮、TN、TP、活性磷、浊度	室内监测
	现场取样后送样监测指标	Pb、Cr^{6+}、Cu、As、Hg、Zn、Cd	送具有相关监测资质单位监测
底泥(沉积物)	现场测定指标	温度、pH、氧化还原电位	现场监测
	现场取样后送样监测指标	有机质、铬、镉、铅、锌、铜、汞、砷	送具有相关监测资质单位监测
底栖动物	现场取样	取样后实验室鉴定种类、数量	取样后送样鉴定分析
固着藻类	现场采样	采样后种类、数量测定	专业人员取样并后期鉴定
浮游生物	现场采样	采样后种类、数量测定	专业人员取样并后期鉴定
水生植物	现场鉴定	鉴定种类、数量、优势种	现场测定及后期数据处理
河岸带调查	现场评价	河岸植被状况及河流水生植物状况、河岸带宽度、植被覆盖度、栖息地状况、鸟类、两栖类和河岸景观状况	现场记录后期数据整理分析

指标采集方法的选择在一定程度上会影响评估结果的正确性和科学性。本书使用的调查方法参考了我国生物检测标准、生态监测标准、地表水监测标准和美国 EPA 河流评价标准中相关的调查方法,坚持尽可能使用现有数据的原则,如当前无合适的采集方法,

或未进行相关数据的采集,则需发展新的采集方法。野外调查中指标数据采集方法有野外实地调查、水质生物监测、拍照等辅助方式等。

4.2.3.1　野外实地调查

河流生态退化程度诊断指标体系和修复阈值界定指标体系包括河岸带、河流形态及水文特征方面的评估,而这些信息则需要采用野外实地调查的方式获得。野外实地调查主要包括获得河岸带状况、河流形态及河流水文特征指标的评价状况。在这个过程中需要生态学等技术的支撑,以及对于河岸稳定性、河床稳定性等指标的感观判别能力。

4.2.3.2　水质生物监测

水质生物监测指常规的水质及生物监测方法的使用,水质参数及生物指标是河流退化程度评价中的基础部分,对水质及生物进行监测是评价过程中必不可少的一个技术环节。在水质指标的采集和生物指标的采集过程中主要使用一些常规的水样采集方法和生物采集方法,而后带回实验室进行相应的试验操作和数据的整理分析。

4.2.3.3　拍照等辅助方式

对于河岸带状况及河流形态等方面的评估,仅通过野外调查时的主观判别显得不够科学,可以采用照片等图片资料记录下不同断面的状况,并进行对比评价。如对于河岸稳定性指标,可分别拍摄不同稳定性的河岸进行对比评估,从而给出相应的评分。这种方式对基于主观判别进行评价的指标来说是必不可少的。

通过对各指标的收集尺度和方法分析,现场调查指标的尺度和方法见表4-3。

表 4-3　现场调查指标的尺度和方法

指标层	变量层	空间尺度	时间尺度	指标收集方法	基础数据
水质	水质指标	监测断面	现状	现场测定和取样水质分析及送样监测	水温、pH、浊度、透明度、电导率、氧化还原电位、COD、TN、氨氮、TP、正磷酸盐、重金属等
	沉积物指标	监测断面	现状	现场监测和取样后送样监测分析	温度、pH、氧化还原电位、有机质、TN、氨氮、TP、重金属等
水文水势	流速	监测断面	现状	现场测定	
河流形态	河流纵向连续性	监测河段	现状	现场目测、拍照、遥感影像	河流断点或节点障碍物数量
	河流宽深比	监测断面	现状	现场测定	宽度和深度
	河床稳定性	监测样带	现状	现场评价和拍照	
河岸带状况	河岸带宽度	监测断面	现状	现场测定和拍照	
	河岸稳定性	监测断面	现状	现场评价和拍照	

续表 4-3

指标层	变量层	空间尺度	时间尺度	指标收集方法	基础数据
河道生物状况	固着藻类多样性及生物量	监测断面	现状	实地调查和样品采集及送样分析	种类、数量等
	大型底栖动物多样性及生物量	监测断面	现状	实地调查和样品采集及送样分析	种类、数量、重量等
	浮游动物多样性	监测断面	现状	实地调查和样品采集及送样分析	种类、数量等
	浮游植物多样性	监测断面	现状	实地调查和样品采集及送样分析	种类、数量等
	大型水生植物多样性及生物量	监测样带	现状	实地调查和样品采集与分析	种类、数量等
河岸植被状况及鸟类	河岸植被覆盖度	监测样带	现状	实地调查、拍照、遥感影像	
	河岸植被群落结构完整	监测样带	现状	实地调查、拍照	种类、数量
	鸟类及两栖类生存状况	监测河段	现状	实地调查、拍照	种类、数量
生物栖息地	栖息地评价指数	监测样带	现状	实地调查、拍照	—
社会服务	景观效应	监测样带	现状	实地调查、拍照、遥感影像、公众评价	—
人类活动	周边土地利用	监测样带	现状	实地调查、拍照、遥感影像	—

　　基于上述调查目的及调查内容的确定,本书作者在 2013 年 8 月、2014 年 1~3 月、2015 年 4~5 月分别开展丰水期、枯水期和平水期的河流水生态系统野外调查工作,并取得相应的数据。这些基础数据的正规、标准化处理,为进行研究区域水生态状况分析及课题研究任务的开展奠定了坚实的基础。

4.3　水生态系统调查结果

4.3.1　水文状况

4.3.1.1　水面变化情况

　　水面变化的规律即可反映出河道水量的变化规律。基于此,本书对水面宽变化进行分析。

根据 83 个点位的水面调查结果,平水期出现断流的点位为 4 个:清潩河(QYH-1)、颍河(YH-2)、小温河(XWH-1)和大沙河(DSH-2)。丰水期出现断流的点位为 5 个:颍河(YH-2、YH-5)、双洎河(SJH-3)、小蒋河(XJH-1)、小温河(XWH-1)和铁底河。枯水期出现断流的点位为 6 个:索须河(SXH-1)、清潩河(QYH-1)、颍河(YH-2、YH-5)、小蒋河(XJH-1)等。对比出现断流的点位,可以看出清潩河上游、索须河、小温河、铁底河和双洎河等为季节性河流,部分时段有水,部分时段无水。对比无断流的河流水面,其中平水期水面宽分布在 2~323 m,丰水期水面宽分布在 2.5~275 m,枯水期水面宽分布在 4.5~270 m,总体来看,河流季节性差异明显。不同级别河流水面变化特点见表 4-4。部分河流枯水期、平水期和丰水期 3 个水期河道状况如图 4-3 所示。

表 4-4　研究区域河流不同水期水面变化特点

河流级别	河流名称	不同水期水面变化特点
干流	淮河干流	平水期水面宽最小,枯水期次之,丰水期最大
一级支流	浉河	受施工影响上游平水期水量最小,下游丰水期>平水期>枯水期
	史灌河	平水期水面宽大于丰水期和枯水期,枯水期最小
	潢河	平水期水面最宽
	沙颍河	平水期,上游水面宽变小,下游 3 个水期的水面宽变化不大,总体来看其水面都大于 100 m
	涡河	上游平水期水面宽略小于枯水期和丰水期,中游枯水期水面宽稍微大于平水期和丰水期,下游受闸坝关闭影响平水期水面最宽
	沱河	丰水期水面宽大于平水期和枯水期,枯水期水面宽最小,特别是上游在丰水期水面宽为 50 m,到平水期和枯水期仅有 26 m 和 18 m
	浍河	下游水面宽在平水期明显变宽,增加约 30 m,但上游河道于 2014 年进行拓宽,致使水面变宽,水位降低,中游河道平水期基本与枯水期一致,总体比丰水期水面宽较小
二级支流	颍河	平水期和丰水期水面宽变化不大,枯水期颍河上游断面水面宽较丰水期和平水期有所减小,下游点位(YH-7)比丰水期和平水期略有升高
	沙河	水面宽呈现出枯水期>平水期>丰水期
	贾鲁河	除中游(JLH-5)外,其余点位水面宽在枯水期、丰水期和平水期变化不大
	小洪河	平水期和枯水期水面宽变化不大,明显低于丰水期
	汾泉河	平水期和枯水期水面宽变化不大,明显高于丰水期
	惠济河	上游枯水期、丰水期和平水期水面宽变化不大,下游断面平水期水面宽明显高于枯水期和丰水期

续表 4-4

河流级别	河流名称	不同水期水面变化特点
二级支流	包河	上游平水期和丰水期水面宽变化不大,低于枯水期水面宽,下游水面宽呈现平水期>丰水期>枯水期
	大沙河	上游水面宽呈现枯水期>丰水期>平水期,下游平水期出现断流
	铁底河	季节性河流
三级支流	索须河	季节性河流
	清潩河	上游(QYH-2、QYH-3)枯水期、平水期和丰水期水面宽变化不大,下游平水期水面宽远高于枯水期和丰水期
	双洎河	水面宽呈现平水期>枯水期>丰水期,其中丰水期在下游出现断流现象
	北汝河	平水期水面最宽,枯水期水面最窄、水量最小
	八里河	枯水期水面宽明显小于丰水期和平水期,其丰水期和平水期变化不大
	汾河	平水期和丰水期水面宽变化不大,明显高于丰水期
	黑茨河	中游水面宽不变,上游和下游水面宽均呈现枯水期>丰水期>平水期
	小蒋河	调查期间一直断流
	小温河	季节性河流
四级支流	索河	枯水期水面宽小于丰水期和平水期,丰水期和平水期变化不大

4.3.1.2　流速调查结果分析

由 3 个水期调查结果(见表 4-5)可以看出,在 83 个调查点位中,3 个水期均呈现超过 50%的点位河流水体无流速,水体静止;少量河流或河段虽有流速,但流速缓慢;少数河流保持常年有流速,这些河流主要是贾鲁河、清潩河、沙河上游、惠济河等。水体的不流动,主要是受河道水利工程如闸坝等拦截影响。

(a)颍河上游(枯水期)

(b)颍河上游(平水期)

(c)颍河上游(丰水期)

图 4-3 部分河流 3 个水期河道状况

(d)沱河上游(枯水期)

(e)沱河上游(平水期)

(f)沱河上游(丰水期)

续图 4-3

(g)小洪河(枯水期)

(h)小洪河(平水期)

(i)小洪河(丰水期)

续图 4-3

(j)贾鲁河(枯水期)

(k) 贾鲁河(平水期)

(l)贾鲁河(丰水期)

续图 4-3

表 4-5　研究区域调查点位 3 个水期流速对比　　　　　单位:m/s

河流级别	河流名称	平水期流速	丰水期流速	枯水期流速
干流	淮河干流	流速较急、0.13、0.15、0.15	0、0.2、0.09、0	0、0.33、0、0
一级支流	浉河	0、0.43	0、0.33	0、0.41
	史灌河	0.66、0.05、0.47	0、0.15	0.27、0、0.16
	潢河	0	流量大,无法测	0
	沙颍河	0、0、0.02~0.3、0	0、0、0.1、0.04	0、0、0
	涡河	0.09、0、0	0.03、0、0	0、0、0
	沱河	0、0	0.05、0	0、0.05
	浍河	0、0	0、0	0、0
二级支流	颍河	0、断流、0、0、0.31、0	0、断流、0、0、0.14	0、断流、0、0.1、断流、0
	沙河	0、0、0.23、0、0、0.17、0.11、0	0.16、0.2、0.15、0、0、0、0	0.15、0.2、0、0、0、0
	贾鲁河	0、0.63、0.51、0.28、0.43、0.49、0.19、0.31、0.54	0、0.3、0.52、0.21、0.49、0.38、0.44、0.31	0、0.34、0.24、0.25、0.22、0.6、0、0.50、0.33
	大沙河	0、断流	0、0	0、0
	小洪河	0.06、0	0.07、0.125	0.05、0.25
	汾泉河	0、0、0.20	0、0.09、0.12	0、0、0
	惠济河	0.29、0.5、0.4	0.21、0.27、0	0.21、0.11、0
	包河	0.47、0.7	0.2、0	0、0.1
	铁底河	断流	断流	0
三级支流	索须河	0.01、0.01	0.07、0	断流、0
	清潩河	断流、0.22、0.10、0.15、0.7、0	0、0.26、0.14、0.45、0.33、0	断流、0.23、0.15、0.20、0.42、0.12
	双洎河	0、0.21、0.25	0、0.14、断流	0、0.25、0.10
	北汝河	1.61、0.75、0	0.3~0.78、0.57、0.21、0	0、0、0
	八里河	0	0.024	0
	汾河	0、0	0、0.09	0、0
	黑茨河	0.4、0、0.09	0、0、0	0、0、0
	小蒋河	断流	断流	断流
	小温河	断流	断流	0
四级支流	索河	0、0、缓慢流动	0、0、0	0、0、0

注:流速测量数量根据采样点上下游河流流态情况确定,对流态多样的河段测量多组数据,流态单一的河段测量 1~2 组数据。

淮河干流平水期从上游到下游均有流速,丰水期和枯水期部分点位水体静止;南岸支流浉河3个水期呈现一致,上游无流速,下游流速较大;潢河在平水期和枯水期均无流速,丰水期水流较急;史灌河在平水期流速明显增大。其他各级支流3个水期的流速变化基本呈现一致规律,贾鲁河、清潩河、北汝河、惠济河等均有流速,说明这几条河流纵向连通性较好;双洎河、黑茨河、包河、小洪河、汾泉河和沙河等,这些河流由于受闸坝等水利设施的影响,流速不定。颍河、索河、浍河、沱河、涡河等受闸坝干扰严重,水体常年处于不流动状态,纵向连通性差。

4.3.2　水质状况

水质方面,3个水期现场监测指标主要为透明度、DO、pH 等,室内监测指标为 COD、氨氮、TN、TP 和正磷酸盐。考虑到 pH 均分布在 6~9 内,且 3 个水期差别不大,在此不予过多介绍,主要针对其余指标进行分析。

4.3.2.1　水体透明度状况分析

1. 总体结果分析

研究区域调查点位 3 个水期透明度状况见表4-6。总体来看,沙颍河、北汝河、淮河干流上游、汾泉河等河流水体透明度较高,惠济河、贾鲁河、潢河、包河上游等河流水体透明度较低。

表4-6　研究区域调查点位 3 个水期透明度对比　　　　　　单位:m

河流级别	河流名称	平水期透明度	丰水期透明度	枯水期透明度
干流	淮河干流	1.1、0.1、0.3、0.2	1.0、0.13、0.3、0.07	0.9、0.2、0.3、0.3
一级支流	浉河	见底、0.6	0.7、0.25	0.61、0.50
	史灌河	0.3、0.3、0.3	0.21、0.9、0.37	/、0.5、0.25
	潢河	0.3	0.05	0.23
	沙颍河	0.7、0.6、0.75、0.7	0.39、0.94、0.63、0.6	0.73、1.17、1.08、1.08
	涡河	0.7、0.22、0.55	0.55、0.5、0.5	0.24、0.63、0.75
	沱河	0.4、0.65	0.3、0.44	0.25、0.90
	浍河	0.4、1.9、0.45	/、0.77、0.55	/、1.38、1.00
二级支流	颍河	0.5、断流、0.3、0.8、1.5、0.31、1.0	0.71、断流、0.4、2.1、1.5、0.6、0.5	/、断流、/、/、断流、0.4、0.48
	沙河	0.3、1.0、0.3、0.5、1.3、0.7、1.5、1.2	0.45、0.4、0.35、0.5、0.7、0.7、0.65、0.7	0.15、0.7、0.2、/、0.5、2.3、/、1.2
	贾鲁河	0.8、0.3、0.3、0.6、0.4、0.5、0.2、0.3	1.37、0.75、0.4、0.08、0.1、0.21、0.14、0.14、0.22	3.0、0.5、0.5、0.6、0.4、0.21、0.19、/、0.3
	大沙河	见底、断流	>0.1、0.55	>0.3、1.0
	小洪河	0.4、0.3	1.0、0.65	0.6、0.5

续表 4-6

河流级别	河流名称	平水期透明度	丰水期透明度	枯水期透明度
二级支流	汾泉河	1.0、0.7、0.5	1.9、0.3、0.4	0.42、1.46、1.00
	惠济河	0.2、0.2、0.45	0.45、0.05、0.55	0.4、0.54、0.51
	包河	0.15、0.55	0.22、0.25	0.54、0.92
	铁底河	断流	断流	断流
三级支流	索须河	0.3、1.13	0.25、0.36	断流、1.02
	清潩河	断流、见底、见底、见底、见底、0.6	0.5、0.8、0.26、0.17、0.28、0.63	断流、见底、0.35、/、0.45、0.57
	双洎河	0.2、0.6、0.8	0.6、/、断流	/、0.7、0.6
	北汝河	0.29、1.0、0.7、1.2	0.5、0.51、/、0.93	0.27、0.98、/、2.0
	八里河	0.5	0.23	1.05
	汾河	1.0、0.7	1.9、0.3	0.42、1.46
	黑茨河	0.17、0.9、1.3	0.4、1.48、1.2	1.0、1.1、1.9
	小蒋河	断流	断流	见底
	小温河	断流	断流	见底
四级支流	索河	0.8、0.5、0.25	0.83、0.52、0.21	>0.7、见底、0.3

注:透明度测量数量根据采样点上下游河流流态情况确定,对流态多样的河段测量多组数据,流态单一的河段测量1~2组数据。

2. 不同级别河流调查结果分析

1)干流水体透明度结果分析

淮河干流枯水期透明度最高,丰水期透明度最低,特别是 HG-2 和 HG-4,水体透明度由 0.13 m 上升至 0.3 m,透明度虽仍旧不高,但有所改善。

2)一级支流水体透明度结果分析

针对一级支流,其中沙颍河枯水期透明度高于平水期和丰水期,但总体来看,沙颍河透明度较高;针对涡河,枯水期透明度大于丰水期,以平水期透明度最低;针对沱河,上游 TH-1 基本上没有变化,但对下游水体透明度枯水期高于平水期,以丰水期最低(0.44 m);针对淮河南岸支流,史灌河水体以丰水期透明度最高,平水期次之,枯水期最低。针对潢河,上游透明度基本上保持不变,下游水体透明度以丰水期最低(0.25 m),平水期最高(0.6 m);潢河水体透明度平水期最高,丰水期有所降低。

3)二级支流水体透明度结果分析

针对二级支流,颍河的透明度基本上保持不变;针对沙河 8 个点位,均呈现上游透明度小于下游,但对比 3 个水期来看,以平水期透明度最高;贾鲁河水体以平水期透明度最低,丰水期次之,枯水期最高,特别是贾鲁河尖岗水库,透明度达到 3.0 m;清潩河由于平水期正在施工,水量较小,均见底,丰水期和枯水期水体透明度基本上保持不变;小洪河水体透明度以丰水期最高,平水期最低,特别是上游平水期透明度降低 0.6 m;汾泉河在上游枯水期透明度(0.42 m)最低,平水期透明度较丰水期透明度明显下降,到汾泉河下游枯水透明度高于丰水期和平水期;惠济河河流透明度下游变化不大,但上游和中游透明度以丰水期最高,平水期和枯水期主要是受黄河调水影响;对于包河,无论在上游还是下游,水体透明度均以枯水期最好,平水期次之,丰水期最差。

4)三级支流水体透明度分析

针对三级支流,索须河下游、双洎河水体透明度平水期较丰水期和枯水期明显升高;针对北汝河,其水体透明度呈现枯水期大于丰水期,平水期最低,但 3 个水期均呈现下游水体透明度高于上游;针对八里河,枯水期透明度(1.05 m)明显高于平水期(0.5 m)和丰水期(0.23 m),分析原因主要是丰水期调查时,前期刚经历降雨,水体较为浑浊;针对黑茨河,黑茨河上游透明度以平水期最低,主要是平水期调查时上游河道全部为生活污水,水体浑浊,下游透明度平水期和丰水期变化不大,以枯水期透明度最高。由于小温河和小蒋河为季节性河流,且在枯水期有水量,但水位较浅,因此不予比较。

5)四级支流水体透明度分析

针对四级支流索河,3 个水期透明度变化不大,都呈现上游高于下游的趋势。

4.3.2.2　水体溶解氧(DO)调查结果分析

1.调查结果总体分析

分析 3 个水期中溶解氧(DO)浓度较低的河流,平水期主要集中在包河、惠济河,丰水期 DO 浓度较低的点位主要集中在包河、沱河、惠济河上游、涡河中游和贾鲁河,而枯水期主要是双洎河、惠济河上游、包河、沱河。这也说明,惠济河上游,包河水体一直处于污染较为严重状态。

2.重点河流结果分析

针对几条重要河流,贾鲁河 DO 状况,贾鲁河下游 JLH-6、JLH-7、JLH-8、JLH-9 在 3 个水期调查中,DO 浓度均较高,基本上分布在Ⅰ~Ⅲ类水质,但在上游段水体 DO 浓度保持在Ⅳ~Ⅴ类水质;清潩河 DO 状况在平水期均呈现Ⅰ类水质,丰水期呈现出Ⅰ~Ⅳ类水质,但在枯水期清潩河除上游 QYH-2 点位 DO 浓度为 6.61 mg/L 外,其他点位均处于Ⅳ类水质;关于沙颍河,平水期下游水质较枯水期和丰水期有所下降,为Ⅳ类水质,其他点位 3 个水期水质整体上处于Ⅰ~Ⅱ类水质;关于沙河,枯水期除上游(SHH-1)为Ⅳ类水质,其余点位为Ⅰ~Ⅱ类水质,平水期、丰水期沙河 SHH-3(平顶山出城区张集村)为Ⅳ类水质外,其余点位均为Ⅰ~Ⅱ类水质。关于颍河,平水期、枯水期除去断流点位外,其余点位 DO 均为Ⅰ类水质,而在丰水期,颍河下游(YH-6)为Ⅳ类水质,其余点位为Ⅰ~Ⅱ类水质;关于北汝河,3 个水期(除平水期 BRH-2 点位外)DO 均为Ⅰ类水质。

4.3.2.3　室内水质监测结果分析

1. 总体监测结果分析

通过3个水期调查分析,研究区域内水体水质从Ⅰ~Ⅴ类均有呈现,总体来看,研究区域内污染较为严重的河流主要分布在贾鲁河郑州段(JLH-2、JLH-3、JLH-4)、惠济河开封段(HJH-1)、清潩河许昌段(QYH-3)和索河下游段(SH-2、SH-3)等,这与同期河南省在线自动监控结果基本保持一致。

2. 不同级别河流监测结果分析

1)淮河干流水质变化分析

根据平水期室内水质监测结果,对比丰水期和枯水期情况可以看出,针对淮河干流,COD、氨氮在淮河干流从上游到下游基本上都为Ⅰ类水质;TN浓度平水期好于枯水期,但较丰水期有所升高,其中HG-1、HG-2、HG-4均为劣Ⅴ类;TP浓度在上游HG-1和HG-2较丰水期和枯水期升高,下游则呈现下降趋势。

2)一级支流水质变化分析

南岸一级支流浉河、潢河和史灌河的COD均呈现枯水期浓度最高,平水期次之,丰水期水质最好,其中平水期南岸支流保持在Ⅳ类水以内;针对氨氮,枯水期水质最差,浉河和潢河水质为劣Ⅴ类,平水期和丰水期基本上保持一致,在Ⅱ类水左右;针对TN,浉河、史灌河呈现出枯水期水质最差,平水期次之,丰水期最好,但潢河却呈现出平水期水质最差;针对TP,3条河流仍然呈现出平水期水质好于枯水期,但却比丰水期差,且平水期浉河、史灌河下游和潢河均为劣Ⅴ类水质。针对北岸支流,沙颍河上游(SYH-1、SYH-2)平水期COD、氨氮和TN较其他两个水期呈恶化趋势,TP和活性磷变化不大;针对涡河,平水期COD和氨氮较其他两个水期变好,TN呈现出平水期劣于丰水期,但好于枯水期,TP和活性磷变化不大;针对沱河,平水期上游水体各个指标较其他两个水期恶化,但下游则比其他两个水期水质变好。浍河平水期则各项指标较其他两个水期呈现恶化趋势,特别是上游水质恶化明显。

3)二级支流水质变化分析

二级河流中颍河上游(YH-1、YH-3)平水期COD和氨氮、TN较其他两个水期呈恶化趋势,但TP和活性磷3个水期变化不大;YH-4和YH-5在3个水期变化不大,YH-6和YH-7的COD和氨氮变化不大,TN平水期劣于丰水期,TP和活性磷好于其他两个水期。沙河整体河流的水质变化不大,其中TP较其他两个水期有所降低,但上游(SHH-2和SHH-3)仍然呈现劣Ⅴ类。针对贾鲁河,平水期COD较其他两个水期有所升高;枯水期氨氮浓度最高,平水期和丰水期变化不大;TP和活性磷3个水期变化不大。针对清潩河,COD和TN各水期变化不大,氨氮浓度平水期最低,TP和活性磷浓度高于其他两个水期。针对小洪河,上游水质基本保持不变,但XHH-2则平水期水质整体呈现恶化趋势,5项指标均呈现劣Ⅴ类水质。针对汾泉河,COD在平水期浓度最高,其他因子基本上保持不变。针对惠济河,则呈现出丰水期水质好于平水期,枯水期最差。包河水质在3个水期未有明显变化,仍然为劣 V 类水质。

4）三级支流水质变化分析

三级河流中索须河 COD、氨氮和 TN、活性磷平水期较其他两个水期污染物浓度升高。关于双洎河,3 个水期水质变化不大,都呈现出 TN 和 TP 超标严重。关于北汝河,3 个水期变化不大,除上游 TP 有所超标（BRH-1、BRH-2 水质在两个水期为劣 V 类水质）外,水质整体良好,水质基本上保持在 II 类水水质标准。针对八里河,平水期 COD、氨氮和 TP 浓度较其他两个水期有所升高,超出 V 类水标准 4~6 倍。针对黑茨河,平水期基本上和枯水期水质保持一致,丰水期水质较差,但 3 个水期均呈现出上游水质最差,下游水质明显变好。

5）四级支流水质变化分析

四级支流索河 3 个水期中,从上游到下游,水质为 III ~ 劣 V 类,COD 和 TP 等基本上变化不大,但氨氮在平水期较其他两个水期明显上升。

对比上述不同等级河流水质变化情况可以看出,在调查的可对比的 83 个点位中,绝大多数河流水质呈现在丰水期优于平水期,平水期优于枯水期。这主要是受水量影响,平水期、枯水期水量较丰水期有所减少,导致污染物浓度升高。但部分河流水质变好,这也说明河南省对水环境的治理有一定的成效。但其中的部分河流需加强环境管理提高水质,如索河下游、索须河、八里河等。

4.3.3　底泥状况

4.3.3.1　底泥采样样品数量对比分析

受现场条件影响,部分点位未能采集到底泥样品,主要原因在于:一是部分河流底质为鹅卵石或者粗沙导致无法采样,如 HG-1、HG-2、BRH-1、BRH-2、SHH-1 等点位,主要位于信阳、平顶山、洛阳的河流上游区域;二是部分河道断流,如 YH-2、YH-5、XJH-1、SJH-3、QYH-1 等点位;三是部分河道硬质化或底质受建设工程干扰,无法取样。因此,最终 83 个点位中,丰水期实际采样点位 72 个,有 11 个点位未得到泥样,包括 BRH-1、BRH-2、YH-2、SSH-1、SYH-2、SYH-3、SHH-8、TDH-1、XJH-1、XWH-1 和 SJH-3;枯水期实际采样点位 61 个,有 22 个点位未得到泥样,包括北汝河上游、颍河、浉河、沙颍河、沙河上游、史灌河等;平水期实际采样 53 个,有 30 个点位未采集到底泥,其中包括沙河上游、北汝河、清潩河、淮河干流、浉河、史灌河、沙颍河、小温河等;未采集到泥样的点位中,枯水期与丰水期编号相同的点位有 7 个,平水期与枯水期编号相同的点位有 14 个,平水期与丰水期编号相同的点位有 9 个。

4.3.3.2　底泥组成成分对比分析

从底泥组成成分来看,平水期、枯水期和丰水期共有 38 个断面的底泥组成成分呈现出明显差异,具体见表 4-7,其他 45 个点位的情况基本相同。

同一点位在不同水期底质出现差异的原因主要体现在以下 3 个方面:①河流在一个水期出现断流,另两个水期则保持正常状态;②在一个水期正在进行河道改造工程,导致底质状况发生变化;③为应对洪涝、干旱等灾害时进行的水量调控导致底质成分发生变化。

表 4-7　不同水期底泥组成成分不同的断面对比

序号	点位编号	丰水期底泥组成成分	枯水期底泥组成成分	平水期底泥组成成分
1	BH-1	黑色泥沙	褐色泥沙	淤泥
2	BLH-1	黑色淤泥,伴有木屑、微量垃圾	淤泥、木屑(大量)、垃圾、黏土	黏土+淤泥
3	FH-1	黑色淤泥	泥、木屑、纤维物、残余贝壳	黏土
4	FQH-1	灰色淤泥,少量木屑、黏土	黄色黏土	木屑+黏土+淤泥
5	HG-1	硬质,红褐色黏土	黏土、少量石块	粗沙
6	HHH-1	上层黑色淤泥,下层沙,大量木屑	黏土	黏土+淤泥
7	HHH-2	灰色黏土	黑色淤泥、黏土、少量细沙	黏土
8	HHH-3	黑色淤泥,大量木屑,少量砂浆石	黑色淤泥	断流
9	HJH-3	黑褐色黏土+少量细沙	黄色黏土	细沙+淤泥
10	JLH-1	黄色黏土,黑色淤泥	黑色淤泥,少量黏土、木屑、细沙	黏土
11	JLH-6	细沙为主,少量木屑、黏土	淤泥	黏土+淤泥+细沙
12	JLH-8	灰色黏土,少量石子	细沙,少量木屑	细沙
13	JLH-9	黄褐色黏土	黏土、褐色淤泥	新修河道,无采样价值
14	QYH-1	黑色淤泥,沙土参半	断流	断流
15	QYH-2	少许黑色淤泥,少许石子	黑色淤泥	黏土+细沙
16	QYH-4	灰色淤泥	灰色淤泥	淤泥+黏土
17	QYH-5	淤泥、黏土	少量淤泥、木屑、建筑废料	黏土
18	QYH-6	黑色淤泥,伴有木屑	黏土	黏土
19	SGH-3	粗沙,少量淤泥	细沙	水位上涨未采样
20	SHH-2	粗沙、砾石、鹅卵石	表面植物覆盖未采样	水位上涨未采样
21	SHH-4	灰黑色淤泥	泥沙参半,少量黏土、木屑	黏土+细沙
22	SHH-5	淤泥+细沙	细沙、少量泥、小石块、死亡螺类	黏土+淤泥
23	SHH-6	泥沙(比较硬)	黏土	水位上涨未采样

续表 4-7

序号	点位编号	丰水期底泥组成成分	枯水期底泥组成成分	平水期底泥组成成分
24	SJH-1	淤泥、细沙参半，大量木屑，少量垃圾	泥沙、淤泥、木屑	黏土+木屑
25	SJH-2	黑褐色淤泥，大量木屑	黏土、水草根	水位上涨未采样
26	SJH-3	断流	黏土、细沙	水位上涨未采样
27	SSH-1	硬质化堤岸	硬质黏土、碎石、垃圾	粗沙
28	SXH-1	灰黑色淤泥	断流	淤泥+黏土
29	SXH-2	黑色污泥，少量沙土	细沙为主，少量泥沙、垃圾	细沙+黏土
30	SYH-1	灰色淤泥	黑色淤泥、少量泥沙	黏土
31	TH-2	淤泥+黏土，有大量砂浆石	泥沙、黏土、砂浆石	水位上涨未采样
32	WH-2	黑色淤泥，黏土为主，少量砂浆石	新修河道，未采底泥	黏土+淤泥+砂浆石
33	WH-3	黏土、砂浆石	细沙	黏土+砂浆石
34	XHH-1	黑色淤泥，伴有木屑	淤泥	黏土+细沙+淤泥
35	XHH-2	褐色黏土	黏土	水位上涨未采样
36	YH-2	大鹅卵石	断流	断流
37	YH-3	上层黑色淤泥，下层黏土为主	两岸水草多未采样	黏土+少量淤泥+少量沙
38	YH-5	黑色淤泥、沙土	细沙、少量淤泥	粗沙

4.3.4　水生生物状况

4.3.4.1　水生植物调查结果分析

1. 总体调查结果分析

本次调查中，平水期出现的水生、湿生植物种类有 37 种，枯水期仅有 15 种，丰水期则多达 41 种。

调查中出现的水生、湿生植物主要包括：芦苇、水花生、篦齿眼子菜、翅茎灯心草、水鳖、金鱼藻、狐尾藻、大茨藻、轮叶黑藻、菹草、灰化苔草、莕菜、双穗雀稗、水蓼、莲子草、莎草、水稗、香附子、水竹叶、马来眼子菜、华夏慈姑、菱角、苦草、聚草、草茨藻、水葱、水葫芦、酸模、细叶角菱、沼生蓼菜、紫萍、红菱、燕麦草、石龙芮、香蒲、槐叶萍、乳突苔藻、水绵、刚毛藻、水芹、假苇拂子茅、野鸢尾、水茫草、鹿角藻、酸模叶蓼、荇菜、菖蒲、茴茴蒜、蓼子草、蘸草。部分植物采样照片如 4-4 所示。

(a)水花生

(b)翅茎灯心草

(c)芦苇

图 4-4　部分水生、湿生植物

(d)篦齿眼子菜

(e)金鱼藻

(f)水鳖

续图 4-4

(g)大茨藻

(h)轮叶黑藻

(i)莕菜

续图 4-4

(j)水茳草

(k) 莲子草

(l)菱角

续图 4-4

(m) 双穗雀稗

(n)菖蒲

(o)水芹

续图 4-4

(p)酸模叶蓼

(q)菹草

(r)茴茴蒜

续图 4-4

以优势度 $Y \geqslant 0.02$ 为标准来确定优势种,流域内的优势物种有水花生、菹草、狐尾藻、金鱼藻、浮萍、水绵、刚毛藻、马来眼子菜等。

2. 不同水期结果分析

平水期出现的水生植物除了枯水期存在的水花生、水芹、水蓼、莎草、酸模、芦苇、香蒲、刚毛藻、水绵、菹草、浮萍、篦齿眼子菜、马来眼子菜、狐尾藻、金鱼藻等物种,还出现了大量的北水苦荬、菖蒲、车前、大车前、荻、狗牙根、茴茴蒜、假苇拂子茅、看麦娘、蓼子草、雀稗、石龙芮、水稗、水鳖、水葱、水葫芦、酸模叶蓼、蔺草、细角野菱、细叶角菱、荇菜、野鸢尾、印度莕菜、沼生莕菜等枯水期未出现的水生生物物种。与丰水期调研结果中的 41 种水生植物相比,平水期出现的 37 种水生生物物种大多也存在于丰水期,但是仍有 8 种在丰水期中未出现,它们分别为北水苦荬、大车前、石龙芮、水葱、水葫芦、酸模、细叶角菱、沼生莕菜;只出现在丰水期的水生植物物种有翅茎灯心草、轮叶黑藻、灰化苔草、水竹叶、华夏慈姑、苦草、草茨藻、乳突苔藻、鹿角藻、蔍草等。

3. 多样性结果分析

对比 3 个水期调查结果,采用香农-威纳多样性指数,分析其物种多样性。丰水期生物多样性指数分布在 0~2.31,最高的点位为浍河(HHH-1),最低的点位为惠济河(HJH-1)、索河(SH-2)、贾鲁河(JLH-2、JLH-3)等;枯水期仅有部分点位出现水生植物,且以沉水植物为主;平水期多样性基本上与丰水期差别不大,仍然呈现污染严重的区域水体植被较为单一。

4.3.4.2　底栖动物调查结果分析

1. 总体调查结果分析

本次调查中,丰水期出现的底栖动物有 20 种,枯水期出现的底栖动物有 22 种,平水期出现的底栖动物有 29 种。出现的底栖动物主要包括河蚬、摇蚊幼虫、椭圆萝卜螺、大脐圆扁螺、梨形环棱螺、尾鳃蚓、螅、鱼盘螺、铜锈环棱螺、匙指虾、扁蛭、拟角石蚕、团水虱、方格短沟蜷、淡水单孔蚓、圆顶珠蚌、大蜓、小蜉、蜉蝣、纹石蚕、二尾蜉、尾鳃蚓、丝蚓、蜓、槲豆螺、闪蓝丽大蜻、无齿蚌、虻、金线蛭、中华圆田螺。调查点位的底栖动物种类数分布在 0~6。

2. 优势种调查结果分析

水体污染较严重的河流中的优势种主要为耐污种,包括摇蚊幼虫、尾鳃蚓、丝蚓和淡水单孔蚓等,主要分布在贾鲁河上游、索须河、惠济河、黑茨河上游等河流或河段;水质较好、受人类活动影响小的西部山区河流优势种为螅、大蜓、二尾蜉、小蜉、蜉蝣和纹石蚕等;其他河流优势种为大脐圆扁螺、螅、金线蛭、铜锈环棱螺和匙指虾等。这也表明研究区域内郑州、开封和周口等地的河流上游污染较为严重;西部的沙河、北汝河等水体较为良好,其他区域河流呈现水体逐渐好转的趋势。部分底栖动物优势种见图 4-5。

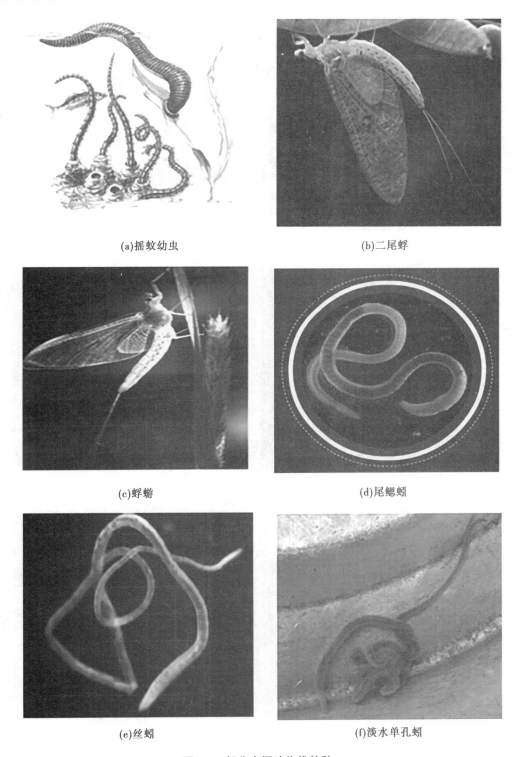

图 4-5　部分底栖动物优势种

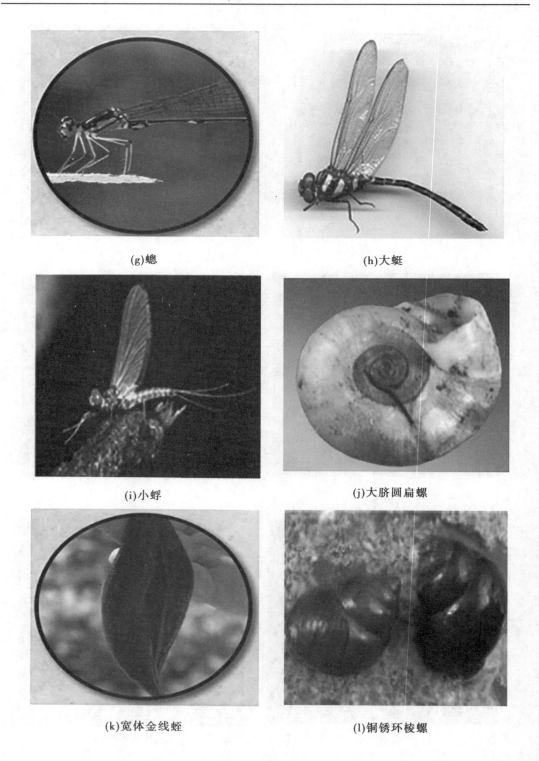

(g)蟌

(h)大蜓

(i)小蜉

(j)大脐圆扁螺

(k)宽体金线蛭

(l)铜锈环棱螺

续图 4-5

3. 多样性结果分析

对不同水期底栖动物调查结果,采用香农-威纳多样性指数,分析其物种多样性。丰水期 75 个调查点位的多样性指数分布在 0~1.64,其中 53 个调查点位多样性指数低于 1.0,整体多样性较低,多样性指数最高的为黑茨河(HCH-3),最低的点位分布在贾鲁河、索须河和包河等河流;枯水期 60 个调查点位的多样性指数分布在 0~1.55,其中 32 个调查点位多样性指数低于 1.0,多样性仍然较低,多样性指数最高的为涡河(WH-3),最低的点位分布在贾鲁河、索须河、包河及沙河下游等河流;平水期调查点位的多样性指数分布在 0~1.70,其中 40 个点位多样性指数低于 1.0,颍河、沙河下游多样性指数相对较高,惠济河、双泊河、贾鲁河、清潩河、索河上游等多样性指数较低。

4.3.4.3 浮游植物调查结果分析

1. 总体调查结果分析

除 5 个断流点位外,丰水期 78 个采样点共鉴定浮游植物 168 种。其中,蓝藻门 22 种,占 13.10%;硅藻门 40 种,占 23.81%;绿藻门 78 种,占 46.43%;黄藻门 2 种,占 1.19%;甲藻门 4 种,占 2.38%;金藻门 4 种,占 2.38%;裸藻门 14 种,占 8.33%;隐藻门 4 种,占 2.38%;以绿藻门种类数最多。

除 6 个断流点位外,枯水期 77 个采样点共鉴定浮游植物 128 种。其中,蓝藻门 14 种,占 10.94%;硅藻门 36 种,占 28.13%;甲藻门 2 种,占 1.56%;金藻门 5 种,占 3.91%;裸藻门 7 种,占 5.47%;绿藻门 60 种,占 46.88%;隐藻门 4 种,占 3.13%;以绿藻门种类数最多。

除 3 个点位断流外,平水期 80 个采样点共鉴定浮游植物 117 种。其中,蓝藻门 14 种,占 11.97%;硅藻门 35 种,占 29.92%;绿藻门 50 种,占 42.74%;黄藻门 2 种,占 1.71%;甲藻门 3 种,占 2.56%;金藻门 5 种,占 4.27%;裸藻门 5 种,占 4.27%;隐藻门 3 种,占 2.56%;以绿藻门种类数最多。

2. 数量及生物量调查结果分析

丰水期各个采样点浮游植物种类数 2~79 不等。浮游植物平均数量生物量为 5.43×10³ 万个/L,平均重量生物量为 4.99 mg/L。数量生物量在索须河(SXH-2)采样点达到最高,为 4.94×10⁴ 万个/L;在北汝河(BRH-3)采样点最低,为 25.2 万个/L。重量生物量在索须河(SXH-2)采样点达到最高,为 38.17 mg/L;在北汝河(BRH-2)采样点最低,为 0.15 mg/L。

枯水期各个采样点浮游植物种类数 3~39 不等。浮游植物平均数量生物量为 1.15×10³ 万个/L,平均重量生物量为 4.65 mg/L。数量生物量在颍河(YH-7)采样点达到最高,为 8.64×10³ 万个/L;在沙河(SHH-1)采样点最低,为 57.24 万个/L;重量生物量在索河(SH-3)采样点达到最高,为 103.71 mg/L;在贾鲁河(JLH-2)采样点最低,为 0.10 mg/L。

平水期各个采样点浮游植物种类数 8~50 不等。浮游植物平均数量生物量为 1.719×10³ 万个/L,平均重量生物量为 4.38 mg/L。数量生物量在颍河(YH-3)采样点达到最高,为 1.37×10⁴ 万个/L;在沙河(SHH-1)采样点最低,为 40.56 万个/L。重量生物量在颍河(YH-3)采样点达到最高,为 21.80 mg/L;在沙河(SHH-1)采样点最低,为 0.23 mg/L。

3. 优势种调查结果分析

以优势度 $Y \geqslant 0.02$ 为标准来确定优势种,结果见表 4-8 及图 4-6。丰水期共确定 8 个浮游植物优势种,分别为微囊藻(*Microcystis sp.*)、颤藻(*Oscillatoria sp.*)、双尾栅藻(*Scenedesmus bicaudatus*)、微小隐球藻(*Aphanocapsa delicatissima*)、小环藻(*Cyclotella sp.*)、细小平裂藻(*Merismopedia minima*)、鱼腥藻(*Anabaena sp.*)、伪鱼腥藻(*Pseudanabaena sp.*),其中微囊藻(*Microcystis sp.*)是浮游植物的第一优势种。枯水期共确定 10 个浮游植物优势种,分别为小环藻(*Cyclotella sp.*)、伪鱼腥藻(*Pseudanabaena sp.*)、尖尾蓝隐藻(*Chroomonas acuta*)、色金藻(*Chromulina pygmaea*)、网球藻(*Dictyosphaerium ehrenbergianum*)、大隐球藻(*Aphanocapsa sp.*)、裸藻(*Euglena sp.*)、衣藻(*Chlamydomonas sp.*)、小衣藻(*Chlamydomonas sp.*)、啮蚀隐藻(*Cryptomonas erosa*),其中小环藻(*Cyclotella sp.*)是浮游植物的第一优势种。平水期共确定 6 个浮游植物优势种,分别为伪鱼腥藻(*Pseudanabaena sp.*)、小环藻(*Cyclotella sp.*)、尖尾蓝隐藻(*Chroomonas acuta*)、衣藻(*Chlamydomonas sp.*)、纤维藻(*Ankistrodesmus angustus*)、啮蚀隐藻(*Cryptomonas erosa*),其中伪鱼腥藻(*Pseudanabaena sp.*)为平水期浮游植物的第一优势种。总体来看,流域内浮游植物 3 个水期均出现的优势种为伪鱼腥藻、小环藻。

表 4-8 不同水期浮游植物优势种

水期	丰水期	枯水期	平水期
浮游植物优势种	1. 微囊藻(*Microcystis sp.*) 2. 颤藻(*Oscillatoria sp.*) 3. 双尾栅藻(*Scenedesmus bicaudatus*) 4. 微小隐球藻(*Aphanocapsa delicatissima*) 5. 小环藻(*Cyclotella sp.*) 6. 细小平裂藻(*Merismopedia minima*) 7. 鱼腥藻(*Anabaena sp.*) 8. 伪鱼腥藻(*Pseudanabaena sp.*)	1. 小环藻(*Cyclotella sp.*) 2. 伪鱼腥藻(*Pseudanabaena sp.*) 3. 尖尾蓝隐藻(*Chroomonas acuta*) 4. 色金藻(*Chromulina pygmaea*) 5. 网球藻(*Dictyosphaerium ehrenbergianum*) 6. 大隐球藻(*Aphanocapsa sp.*) 7. 裸藻(*Euglena sp.*) 8. 衣藻(*Chlamydomonas sp.*) 9. 小衣藻(*Chlamydomonas sp.*) 10. 啮蚀隐藻(*Cryptomonas erosa*)	1. 伪鱼腥藻(*Pseudanabaena sp.*) 2. 小环藻(*Cyclotella sp.*) 3. 尖尾蓝隐藻(*Chroomonas acuta*) 4. 衣藻(*Chlamydomonas sp.*) 5. 纤维藻(*Ankistrodesmus angustus*) 6. 啮蚀隐藻(*Cryptomonas erosa*)

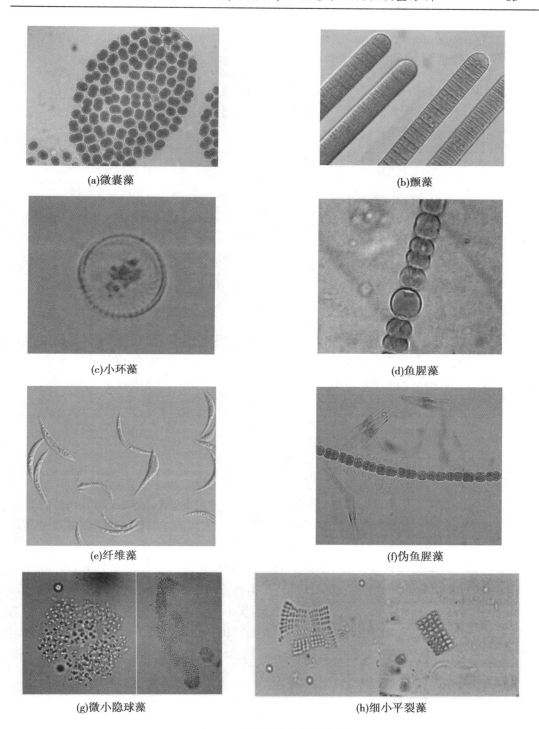

(a)微囊藻

(b)颤藻

(c)小环藻

(d)鱼腥藻

(e)纤维藻

(f)伪鱼腥藻

(g)微小隐球藻

(h)细小平裂藻

图 4-6　部分浮游植物优势种

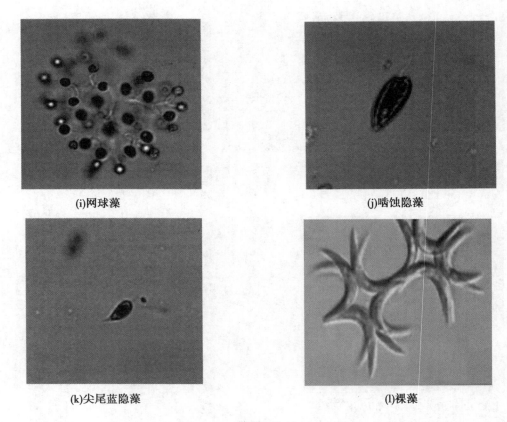

(i)网球藻   (j)啮蚀隐藻

(k)尖尾蓝隐藻   (l)裸藻

续图4-6

4.多样性结果分析

对不同水期浮游植物调查结果,采用香农-威纳多样性指数,分析其物种多样性。丰水期调查结果显示,78个调查点位的多样性指数分布在0.77~3.07,多样性指数最高的为汾河(FH-1),最低的点位分布在包河(BH-1),其中40个调查点位多样性指数低于2.0,多样性指数偏低;枯水期调查结果显示,77个调查点位的多样性指数分布在0.41~3.37,多样性指数最高的为贾鲁河(JLH-1),最低的点位分布在大沙河(DSH-2),其中42个调查点位多样性指数低于2.0,多样性仍然较低。平水期79个调查点位的多样性指数分布在0.66~3.84,多样性指数最高的为浍河(HHH-1),最低的点位分布在清潩河(QYH-2),其中51个调查点位多样性指数低于2.0。同时,对比各个点位3个水期,多数点位枯水期多样性指数低于丰水期和平水期。

4.3.4.4 浮游动物调查结果

1.总体调查结果分析

除5个断流点位外,丰水期78个采样点共鉴定浮游动物84种。其中,轮虫71种,占85%;桡足类7种,占8%;枝角类6种,占7%;以轮虫种类数最多。在所有轮虫中,以臂尾轮属、异尾轮属和腔轮属的种类数较多,分别为15种、12种和9种。各个采样点浮游动物种类数 1~21 不等。

除 6 个断流点位外,枯水期 77 个采样点共鉴定浮游动物 71 种。其中,轮虫 58 种,占 81.7%;桡足类 3 种,占 4.2%;枝角类 10 种,占 14.1%;以轮虫种类数最多。在所有轮虫中,以臂尾轮属和龟甲轮属种类数最多,均为 6 种,各占 8.5%。各个采样点浮游动物种类数 0~18 不等,种类数最高出现在贾鲁河下游 JLH-8 采样点。

除 4 个断流点位外,平水期 79 个采样点共鉴定出浮游动物 80 种。其中,轮虫 65 种,占 81.2%;枝角类 13 种,占 16.3%;桡足类 2 种,占 2.5%。3 个水期均以轮虫动物最多。

2. 数量及生物量调查结果分析

丰水期浮游动物数量和重量生物量变化幅度较大,平均数量生物量为 5 545 个/L,平均重量生物量为 7.41 mg/L。数量生物量在索须河(SXH-2)采样点达到最高,为 49 500 个/L;在颍河(YH-6)采样点最低,为 17 个/L。重量生物量在黑茨河(HCH-1)采样点达到最高,为 224.7 mg/L;在颍河(YH-6)采样点最低,为 0.000 8 mg/L。

枯水期浮游动物平均数量生物量为 943 个/L,平均重量生物量为 2.07 mg/L。数量生物量在小温河(XWH-1)采样点达到最高,为 9 067 个/L;在包河(BH-1)、惠济河(HJH-1)、索河(SH-3)、沙河(SHH-1)和沱河(TH-1)采样点中未检出浮游动物。重量生物量在涡河(WH-3)采样点达到最高,为 16.309 mg/L。数量生物量与重量生物量并不在同一个采样点同时达到最高,是不同种类的个体大小不同导致湿重系数大小差异所造成的。

平水期浮游动物平均数量生物量为 3 254 个/L,平均重量生物量为 5.24 mg/L。数量生物量在沙颍河(SYH-4)采样点达到最高,为 30 317 个/L;在沙河(SHH-1)采样点中未检出浮游动物。重量生物量在小洪河(XHH-1)采样点达到最高,为 26.07 mg/L。

总体来看,3 个水期中,枯水期与丰水期、平水期相比,浮游动物生物量明显降低,这可能与水体温度影响有关,枯水期采样在冬季,水体温度相对较低,影响浮游动物生长。

3. 优势种调查结果分析

以优势度 $Y \geqslant 0.02$ 为标准来确定优势种,结果见表 4-9 和图 4-7。丰水期共确定 6 个浮游动物优势种,分别为多肢轮虫(*Polyarthra sp.*)、暗小异尾轮虫(*Trichocerca pusilla*)、裂痕龟纹轮虫(*Anuraeopsis fissa*)、巨头轮虫(*Cephalodella sp.*)、角突臂尾轮虫(*Brachionus angularis*)和长三肢轮虫(*Filinia longiseta*),其中多肢轮虫(*Polyarthra sp.*)是第一优势种(优势度 0.244)。枯水期共确定 4 个浮游动物优势种,分别为多肢轮虫(*Polyarthra sp.*)、萼花臂尾轮虫(*Brachionus calyciflorus*)、梳状疣毛轮虫(*Synchaeta pectinata*)和角突臂尾轮虫(*Brachionus angularis*)。此外,桡足类无节幼体优势度也较大,为 0.050。其中,多肢轮虫(*Polyarthra sp.*)是第一优势种(优势度 0.162)。丰水期和枯水期第一优势种保持一致。平水期确定优势种与丰水期一致。总体来看,3 个水期以多肢轮虫、角突臂尾轮虫为共同优势种。

表 4-9   不同水期浮游动物优势种

水期	丰水期	枯水期	平水期
浮游动物优势种	1. 多肢轮虫 (*Polyarthra sp.*) 2. 暗小异尾轮虫 (*Trichocerca pusilla*) 3. 裂痕龟纹轮虫 (*Anuraeopsis fissa*) 4. 巨头轮虫 (*Cephalodella sp.*) 5. 角突臂尾轮虫 (*Brachionus angularis*) 6. 长三肢轮虫 (*Filinia longiseta*)	1. 多肢轮虫 (*Polyarthra sp.*) 2. 萼花臂尾轮虫 (*Brachionus calyciflorus*) 3. 梳状疣毛轮虫 (*Synchaeta pectinata*) 4. 角突臂尾轮虫 (*Brachionus angularis*)	1. 多肢轮虫 (*Polyarthra sp.*) 2. 暗小异尾轮虫 (*Trichocerca pusilla*) 3. 角突臂尾轮虫 (*Brachionus angularis*) 4. 巨头轮虫 (*Cephalodella sp.*) 5. 长三肢轮虫 (*Filinia longiseta*)

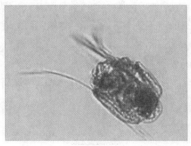

(a)多肢轮虫

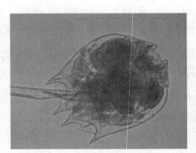

(b)暗小异尾轮虫

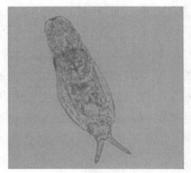

(c)巨头轮虫

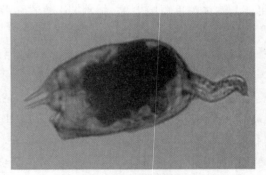

(d)萼花臂尾轮虫

图 4-7   部分浮游动物优势种

(e)长三肢轮虫

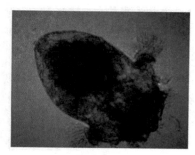

(f)梳状疣毛轮虫

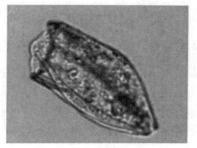

(g)裂痕龟纹轮虫

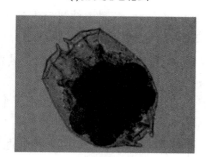

(h)角突臂尾轮虫

续图 4-7

4. 多样性结果分析

对不同水期浮游动物调查结果,采用香农-威纳多样性指数,分析其物种多样性。丰水期调查结果显示,78 个调查点位的多样性指数分布在 0~2.33,多样性指数最高的为颍河(YH-4),最低的点位分布在贾鲁河(JLH-2),其中 13 个调查点位多样性指数低于 1.0,56 个调查点位多样性指数在 1.0~2.0,多样性指数偏低。枯水期调查结果显示,77 个调查点位的多样性指数分布在 0~2.42,多样性指数最高的为贾鲁河(JLH-6),最低的点位分布在包河(BH-2)、贾鲁河(JLH-5)、双洎河(SJH-1)等,其中 23 个调查点位多样性指数低于 1.0,43 个调查点位多样性指数低于 2.0,多样性指数仍然较低。平水期调查结果显示,79 个调查点位的多样性指数分布在 0~2.52,多样性指数最高的为颍河(YH-4),最低的为北汝河(BRH-2)、贾鲁河(JLH-2)、沙河(SHH-1)和颍河(YH-6),13 个调查点位多样性指数低于 1.0,56 个调查点位多样性指数在 1.0~2.0,多样性指数偏低。对比 3 个水期,枯水期多样性指数较平水期、丰水期稍有降低。

4.3.4.5　固着藻类调查结果

1. 总体调查结果分析

除 5 个断流点位外,丰水期 78 个采样点共鉴定固着藻类 158 种。其中,蓝藻门 21 种,占 13%;绿藻门 65 种,占 41%;硅藻门 50 种,占 32%;黄藻门 2 种,占 1%;甲藻门 3 种,占 2%;隐藻门 3 种,占 2%;裸藻门 12 种,占 8%;金藻门 2 种,占 1%;以绿藻门种类数最多,各个采样点固着藻类种类数 7~49 不等。

　　除 6 个断流点位外,枯水期 77 个采样点共鉴定固着藻类 116 种。其中,蓝藻门 17 种,占 14.7%;绿藻门 48 种,占 41.4%;硅藻门 37 种,占 31.9%;黄藻门 1 种,占 0.9%;甲藻门 2 种,占 1.7%;隐藻门 2 种,占 1.7%;裸藻门 7 种,占 6.0%;金藻门 2 种,占 1.7%;以绿藻门种类数最多。各个采样点固着藻类种类数 6~39 不等。

　　除 3 个断流点位外,平水期 79 个采样点共鉴定固着藻类 112 种。其中,蓝藻门 14 种,占 12.5%;绿藻门 47 种,占 41.9%;硅藻门 37 种,占 33%;黄藻门 2 种,占 1.8%;甲藻门 2 种,占 1.8%;隐藻门 3 种,占 2.7%;裸藻门 4 种,占 3.6%;金藻门 3 种,占 2.7%;以绿藻门种类数最多。各个采样点着生藻类种类数 8~49 不等。

　　整体来看,丰水期物种数高于枯水期、平水期。

　　2. 数量及生物量调查结果分析

　　丰水期固着藻类平均数量生物量为 $1.29×10^6$ 万个/m^2,平均重量生物量为 $1.82×10^3$ mg/m^2。数量生物量在沙颍河(SYH-3)采样点达到最高,为 $7.86×10^6$ 万个/m^2;在包河(BH-1)采样点最低,为 $9.68×10^3$ 万个/m^2。重量生物量在沙河(SHH-3)采样点达到最高,为 $8.92×10^3$ mg/m^2;在包河(BH-1)采样点最低,为 12.95 mg/m^2。

　　枯水期固着藻类平均数量生物量为 $2.08×10^6$ 万个/m^2,平均重量生物量为 $9.54×10^4$ mg/m^2。数量生物量在索河(SH-2)采样点达到最高,为 $1.89×10^7$ 万个/m^2;在贾鲁河(JLH-9)采样点最低,为 $2.00×10^4$ 万个/m^2。重量生物量在双泊河(SJH-3)采样点达到最高,为 $6.20×10^4$ mg/m^2;在贾鲁河(JLH-6)采样点最低,为 91.04 mg/m^2。

　　平水期固着藻类平均数量生物量为 $1.15×10^6$ 万个/m^2,平均重量生物量为 $3.7×10^3$ mg/m^2。数量生物量在索河(SH-2)采样点达到最高,为 $17.53×10^6$ 万个/m^2;在沙河(SHH-1)采样点最低,为 $6.97×10^5$ 万个/cm^2。重量生物量在北汝河(BRH-2)采样点达到最高,为 $3.08×10^6$ mg/m^2;在贾鲁河(JLH-8)采样点最低,为 $3.21×10^3$ mg/m^2。

　　3. 优势种调查结果分析

　　以优势度 $Y≥0.02$ 为标准来确定优势种,结果见表 4-10 和图 4-8。丰水期共确定 7 个固着藻类优势种,分别为席藻(Phormidum sp.)、伪鱼腥藻(Pseudanabaena sp.)、鞘丝藻(Lyngbya sp.)、颤藻(Oscillatoria sp.)、细小平裂藻(Merismopedia minima)、谷皮菱形藻(Nitzschia palea)、针杆藻(Synedra sp.),其中席藻(Phormidum sp.)是第一优势种(优势度 0.207)。枯水期共确定 14 个固着藻类优势种,分别为舟形藻(Navicula aitchelbee)、艾瑞菲格舟形藻(Navicula erifuga)、针杆藻(Synedra sp.)、点形平裂藻(Merismopedia punctate)、谷皮菱形藻(Nitzschia palea)、席藻(Phormidum sp.)、鞘丝藻(Lyngbya sp.)、小环藻(Cyclotella sp.)、伪鱼腥藻(Pseudanabaena sp.)、异极藻(Gomphonema sp.)、细鞘丝藻(Leptolyngbya sp.)、曲壳藻(Achnanthes sp.)、湖沼色球藻(Chroococcus limneticus)、丝藻(Ulothrix sp.),其中舟形藻(Navicula aitchelbee)是第一优势种(优势度为 0.126)。平水期共确定 6 个着生藻类优势种,分别为谷皮菱形藻(Nitzschia palea)、伪鱼腥藻(Pseudanabaena sp.)、威尼舟形藻(Navicula veneta)、毛枝藻(Stigeoclonium sp.)、小环藻(Cyclotella sp.)、隐头舟形藻(Navicula cryptocephala),其中谷皮菱形藻(Nitzschia palea)是

第一优势种。从 3 个水期来看,伪鱼腥藻、谷皮菱形藻为共同的优势种。

表 4-10　不同水期固着藻类优势种

水期	丰水期	枯水期	平水期
固着藻类优势种	1. 席藻 (*Phormidum sp.*) 2. 伪鱼腥藻 (*Pseudanabaena sp.*) 3. 鞘丝藻 (*Lyngbya sp.*) 4. 颤藻 (*Oscillatoria sp.*) 5. 细小平裂藻 (*Merismopedia minima*) 6. 谷皮菱形藻 (*Nitzschia palea*) 7. 针杆藻 (*Synedra sp.*)	1. 舟形藻 (*Navicula aitchelbee*) 2. 艾瑞菲格舟形藻 (*Navicula erifuga*) 3. 针杆藻 (*Synedra sp.*) 4. 点形平裂藻 (*Merismopedia punctate*) 5. 谷皮菱形藻 (*Nitzschia palea*) 6. 席藻 (*Phormidum sp.*) 7. 鞘丝藻 (*Lyngbya sp.*) 8. 小环藻 (*Cyclotella sp.*) 9. 伪鱼腥藻 (*Pseudanabaena sp.*) 10. 异极藻 (*Gomphonema sp.*) 11. 细鞘丝藻 (*Leptolyngbya sp.*) 12. 曲壳藻 (*Achnanthes sp.*) 13. 湖沼色球藻 (*Chroococcus limneticus*) 14、丝藻 (*Ulothrix sp.*)	1. 谷皮菱形藻 (*Nitzschia palea*) 2. 伪鱼腥藻 (*Pseudanabaena sp.*) 3. 威尼舟形藻 (*Navicula veneta*) 4. 毛枝藻 (*Stigeoclonium sp.*) 5. 小环藻 (*Cyclotella sp.*) 6. 隐头舟形藻 (*Navicula cryptocephala*)

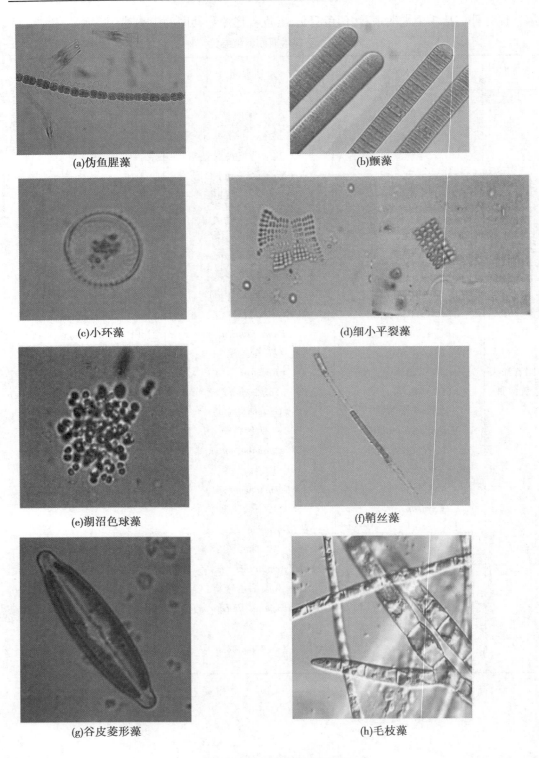

(a)伪鱼腥藻

(b)颤藻

(c)小环藻

(d)细小平裂藻

(e)湖沼色球藻

(f)鞘丝藻

(g)谷皮菱形藻

(h)毛枝藻

图4-8　部分固着藻类优势种

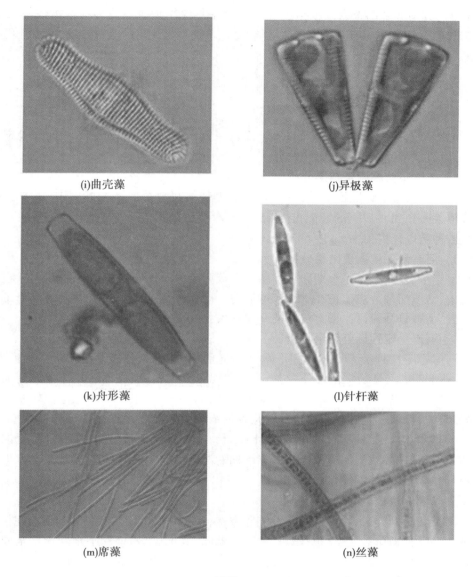

(i)曲壳藻　　　　　　　　　　　　　(j)异极藻

(k)舟形藻　　　　　　　　　　　　　(l)针杆藻

(m)席藻　　　　　　　　　　　　　　(n)丝藻

续图 4-8

4. 多样性结果分析

对不同水期固着藻类调查结果,采用香农-威纳多样性指数,分析其物种多样性。丰水期调查结果显示,78 个调查点位的多样性指数分布在 0~2.88,多样性指数最高的为涡河(WH-2),最低的点位为黑茨河(HCH-2),其中 4 个调查点位多样性指数低于 1.0,46 个调查点位多样性指数低于 2.0,多样性指数总体较低。枯水期调查结果显示,77 个调查点位的多样性指数分布在 0~2.89,多样性指数最高的为淮河干流(HG-2),最低的点位分布在索河(SH-2)、北汝河(BRH-1),其中 10 个调查点位多样性指数低于 1.0,52 个点位多样性指数低于 2.0,多样性指数偏低。平水期调查结果显示,79 个调查点位的多样性指数分布在 0~2.62,多样性指数最高的为沙颍河(SYH-3),最低的点位为小洪河

(XHH-2),其中2个调查点位多样性指数低于1.0,47个调查点位多样性指数低于2.0。对比3个水期结果,淮河流域河南段多样性变化差别不大,但各个点位多样性指数仍有一定变化。

4.3.5　河岸带状况

4.3.5.1　调查结果总体分析

3个水期河岸带总体调查结果基本上保持一致,河岸带植被较为单一,河岸稳定性相对较好,但河岸带受人类活动影响较大。

4.3.5.2　植被覆盖率调查结果分析

从植被覆盖率统计数据来看,平水期植被覆盖率在50%以上的断面占88.8%,枯水期植被覆盖率在50%以上的断面占79.5%,丰水期植被覆盖率均在50%以上,各水期河岸带植被种类以杨树为主。

4.3.5.3　河岸带宽度调查结果分析

从河岸带宽度来看,平水期和枯水期河岸带宽度的评分分值基本接近。另外,在平水期调查中,清潩河部分点位正在进行河道治理工程,人为影响较大。总体河流河岸带受人类影响较大,部分河流河岸带上被人类开发利用,种植庄稼、果树等。

4.3.5.4　河岸稳定性调查结果分析

从河岸稳定性评分分值来看,平水期稳定性评分在5分以下的点位有19个,占21.3%;枯水期的河岸稳定性评分在5分以下的点位有21个,占25.3%;丰水期的河岸稳定性评分在5分以下的点位仅有1个,稳定性普遍较好。平水期河岸稳定性较差的点位主要分布在贾鲁河、清潩河、颍河、北汝河、淮河干流、沙河,枯水期主要分布在贾鲁河、清潩河、沙河等河流,主要原因包括上游放水的频率高导致的河坡陡峭,从而导致侵蚀的发生,或是由于采砂导致的河岸侵蚀。而丰水期的河岸稳定性普遍较好,主要是丰水期植被丰富,对河岸有一定的保护作用。

4.3.5.5　鸟类、两栖类调查结果分析

从鸟类和两栖类来看,两栖类有青蛙和蟾蜍,两栖动物由于具有冬眠的习性在枯水期未发现。鸟类种类单一,主要包括鹭科、燕科、麻雀、喜鹊,丰水期和平水期比枯水期的鸟类物种明显增加,主要是因为气温升高及候鸟迁徙等因素的影响。

4.3.5.6　河岸带状况调查结果分析

从河岸景观建设率和景观美感度来看,3个水期的景观建设率较为接近,略有差别,但景观美感度上,枯水期与平水期和丰水期相比明显较差,主要表现为草地干枯,树木凋零。

4.3.6　水生态系统总体状况

综合上述分析可以看出,研究区域内河流水生态系统状况结果整体如下:

(1)水文状况。

河道受无天然径流影响,部分河道断流,同时区域内水生态系统受闸坝影响,水体流动性较差。3个水期均呈现近60%的点位河流水体无流速,水体静止,少量河流或河段虽

有流速,但流速缓慢。

(2)水质状况。

研究区域内水质差异化较为明显,位于郑州、许昌、开封及商丘等地的部分河流上游水质污染较为严重,如贾鲁河、清潩河、惠济河和包河等,西部及南部区域平顶山、信阳和驻马店水体水质相对较好。绝大多数河流呈现水质在平水期好于枯水期,却劣于丰水期。这主要是受水量影响,平水期、枯水期水量较丰水期有所减少,导致污染物浓度升高。

(3)生物状况。

研究区域物种多样性整体偏低,超过50%的点位物种多样性指数低于2,呈现不健康状态,且污染严重的河流,物种单一,多以耐污种为主。对比3个水期结果,淮河流域(河南段)多样性变化差别不大,但各个点位多样性指数仍有一定变化。

(4)河岸带状况。

河岸带受人为影响严重,岸带植物及生境较为单一,部分河流河岸带被人类开发,种植庄稼、果树等。丰水期的河岸稳定性普遍较好,主要是丰水期植被丰富,对河岸有一定的保护作用。

4.4　水生态系统存在问题

4.4.1　水资源时空分布不均,天然补给水能力不足

淮河流域(河南段)地表水资源受地形地貌的影响,地区分布极为不均,与降水总趋势大体一致,径流的高低值区与多雨、少雨区彼此相应。基本上是南部大于北部、山区大于平原,且由西至东递减。年内分配高度集中,汛期雨量丰沛,地表径流量占全年总径流量的60%~80%,非汛期径流量随降水量的减少而大幅度减少。春季地表径流约占全年的15%,冬季是地表径流的最枯季节,仅占全年的6%~10%,部分河流干枯断流,长达数月。流域内水资源缺乏、时空分布不均,同时区域居民生产生活用水需求的不断增大,导致部分河流上游缺少天然径流,季节性断流现象较为普遍(如清潩河、黑河、惠济河、涡河、包河、洺河、大沙河等)。天然径流短缺导致河道水体主要来源为生活污水和工业废水,其化学性质与天然来水存在明显不同,给区域水生生物区系组成、物种行为及水生态系统的结构带来了严重的负面影响。

4.4.2　河流多闸坝,河道水体静止、自净能力低下

研究区域内密集建设的水利设施对河流生态系统产生较大影响,使河流形态、水文过程发生变化,破坏了河流网络的连续性和完整性,也破坏了河流生态系统在结构和功能上与流域的统一性,导致水体流动性严重下降,水环境容量大为降低。据统计,河南省淮河流域内大、中、小型闸坝共计1 816座,占整个淮河流域的1/3。现场调查结果显示,受上下游闸坝影响,研究区域内近60%的调查点位河流水体呈现静止状况,少量点位河流流速缓慢,这导致了河流水体自净能力降低,同时也对水生生物的生存、繁衍与迁徙产生了重大影响。

4.4.3　生物多样性较低,部分河流水生态系统结构和功能受损

　　调查河流均呈现亚健康或不健康的状况,与此对应的河流水体主要为 Ⅴ ~ 劣 Ⅴ 类水质,河流水生态系统受人类活动影响较大,河流渠道化或岸带被开发利用,多数河流生境单一,水生生物物种多样性指数较低,超过 50% 点位的各类水生生物多样性指数低于 2.0,呈现不健康或亚健康状态;贾鲁河、惠济河、清潩河等部分河流水体污染严重,河流水生动物主要是以寡毛纲耐污性强的为主,浮游生物等在污染较重的河流或河段均以耐污种为优势种,水生植物也是以水花生、金鱼藻等耐污种为主,这些河流生态系统的结构和功能遭受严重破坏。

4.4.4　区域社会经济发展与水生态环境呈现失衡状态

　　根据研究区域内社会经济及水资源开发利用状况分析可知,人口密集、经济发展较为快速的郑州、许昌、平顶山等区域,水资源开发利用量较大,水生态环境状况也最为恶劣,部分河流污染严重,如贾鲁河、清潩河等河流水体仍为劣 Ⅴ 类,区域社会经济发展与水生态环境状况呈现失衡状态。这主要是由于该类区域经济发展迅速,随着城镇化的发展,污染物排放量大,导致河流水生态系统超出自身的承受能力,难以通过自然恢复及自净能力实现河流水生态系统的稳定。但随着国家及河南省对水环境改善的要求逐步提高,居民对良好水环境及水生态的需求也日益剧增,区域社会经济与水生态状况协调发展成为需要解决的一大问题。

第 5 章   水生态-水资源、水生态-水环境响应关系研究

5.1   区域社会经济、水资源、水环境现状

5.1.1   社会经济状况

5.1.1.1   人口及城镇化

区域的人口及城镇化水平,是影响研究区域水生态系统的因素之一,人口密度越高,城镇化水平越高,对水资源等开发利用也会越高,水环境承载需求也越大,水生态系统受到的影响也会越大。

1.历年人口及城镇化率变化趋势分析

淮河流域为全国人口集中地区,约占全国总人口的 13%,流域平均人口密度为 659 人/km²,是全国平均水平的 4.5 倍,居中国各大流域人口密度之首。河南省作为人口大省,人口密度偏高。河南省淮河流域人口密度为 730 人/km²,高于淮河流域和河南省平均水平(563 人/km²),是淮河流域及河南省内人口较为密集的区域。在研究时期内,河南省淮河流域总人口由 2001 年的 5 600 万人增加至 2013 年的 6 442.75 万人(见图 5-1),占河南省总人口(10 601 万人)的 60.8%,过密的人口会给流域资源和环境带来较大的负担。

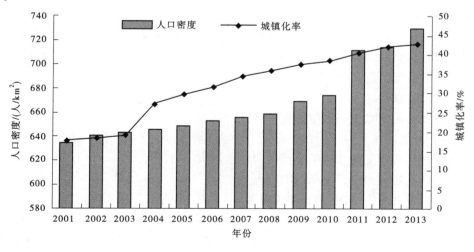

图 5-1   河南省淮河流域人口密度和城镇化率年际变化

城镇化率是一个地区经济发展的重要标志。2001~2013 年随着流域经济的快速发展,河南省淮河流域城镇化水平逐年提高,城镇化率已由 2001 年的 17.8% 上升至 2013 年的 43.0%(见图 5-1),其中 2003 年之前增长缓慢,2004 年有较大增长,之后一直保持稳步持续增长状态,但增长速度较为缓慢,且城市化水平相对较低,低于 2013 年河南省(43.8%)、国家(53.73%)和淮河流域其他省份城镇化水平(见图 5-2),主要是由于流域作为全国粮食核心区的重要区域,从事农业生产的人口相对较多,相对应的农村人口所占比重也相对较大。

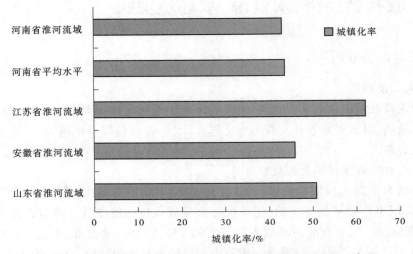

图 5-2　河南省淮河流域与其他地区城镇化率对比(2013 年)

2. 现状各地区人口及城镇化率

2013 年流域内各个地区的人口密度和城镇化率空间分布如图 5-3 所示,可见在人口空间分布上,河南省淮河流域中,漯河市、郑州市、周口市、许昌市等人口密度相对较大,而驻马店市和信阳市在流域中人口密度相对较小。城镇化水平空间分布上,以郑州市城镇化水平为最高,达到 67.08%,其他城市均低于 45%,远低于国家平均城镇化水平,其中周口市城镇化率最低,仅为 34.8%。

5.1.1.2　经济发展

经济发展是影响水生态系统管理及修复的约束性条件之一,一个区域经济发展的不同,对水生态系统及水环境改善的支撑能力也会大不相同,区域经济发展程度越高,对水环境及水生态系统修复和改善的支撑能力也就越大。

1. 经济总量及国内生产总值(GDP)增速

1)历年经济总量及 GDP 增速变化趋势

2001~2013 年,河南省淮河流域经济得到快速发展,其 GDP 总量由 2001 年的 3 013.49 亿元上升至 2013 年的 18 339.17 亿元,占河南省 GDP 总量(32 155.86 亿元)的 57.03%。

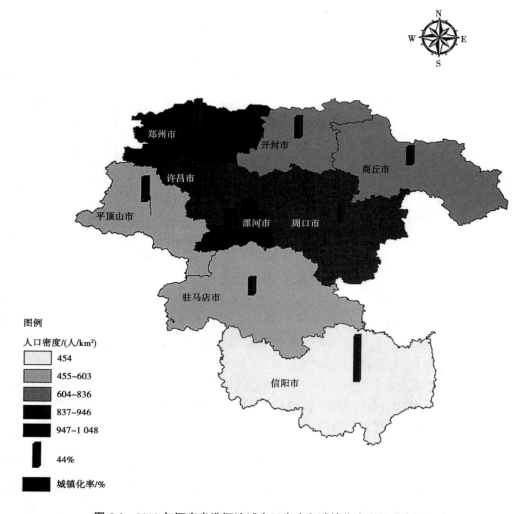

图 5-3　2013 年河南省淮河流域人口密度和城镇化率空间分布图

　　2001~2013 年,河南省淮河流域经历了"十五""十一五"两个五年发展时期和
"十二五"初期,总体看来,流域经济总量呈"S"形增长,其中 2001~2002 年 GDP 增速最
慢,在 2003 年增速急剧下降,并达到历年最低点;继中央实施促进中部崛起战略和河南省
提出了建设中原经济区、加快中原崛起和河南振兴的总体战略,极大地促进了河南省经济
的发展,流域经济也在 2004~2007 年实现较快增长;2008 年全球经济危机爆发,受全国经
济发展减速、外部需求减弱影响,河南省 GDP 增速也随之放缓,且在 2008~2009 年河南
省淮河流域呈现下降趋势,如图 5-4 所示。其中,"十五"时期,GDP 年均增长率 11.4%,
与河南省平均水平持平,高于全国 1.9 个百分点;"十一五"时期前四年 GDP 年均增长率
高达 13.1%,高于河南省平均水平 0.3 个百分点,高于全国 1.9 个百分点;"十二五"期间
流域经济增长速度有所下降,但流域经济发展速度在河南省乃至全国处于中等偏上水平。
但近年来,受整体经济形势影响,经济增长速度有放缓趋势。

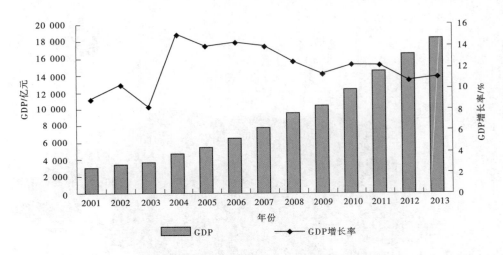

图 5-4　2001~2013 年河南省淮河流域 GDP 总量和 GDP 增速年际变化

2)现状各地区经济总量及 GDP 增速

2013 年河南省淮河流域内 GDP 总量主要集中在郑州市、许昌市、平顶山市等沙颍河水系中上游地区,其 GDP 总量占流域总量的 52.69%,人口占流域总人口的 27.53%,国土面积占流域总面积的 23.14%,可见流域经济总量较为集中,其中排名第一的郑州市以 11.66%的人口和 6.78%的国土面积贡献了 33.81%的流域 GDP 总量。

GDP 增速最高的城市为周口市(13.7%),其次是信阳市(13.2%),最低的城市为平顶山市(4.1%)。其中,增速不低于流域均值的城市有郑州市、开封市、许昌市、信阳市、周口市和驻马店市。河南省淮河流域 GDP 总量及 GDP 增速空间分布见图 5-5。

2. 人均 GDP

人均 GDP 作为发展经济学中衡量经济发展状况的指标,是重要的宏观经济指标之一,是人们了解和把握一个地区宏观经济运行状况的有效工具,是体现一个地区经济实力、发展水平和生活水准的综合指标。2001~2013 年,随着流域经济总量的增加,流域人均 GDP 也随之呈现逐渐增加的发展趋势,由 2001 年的 5 383 元增加至 2013 年的 32 805 元,但仍低于河南省平均水平(34 174 元),如图 5-6 所示。

河南省淮河流域在经济发展速度上总体水平偏低,属于经济欠发达地区。流域省辖市人均 GDP 水平差异较大,按照从高到低的顺序排列依次为:郑州市>许昌市>漯河市>平顶山市>开封市>信阳市>驻马店市>商丘市>周口市。其中,高于流域平均水平(32 805 元)的有郑州市、许昌市、漯河市,高于河南省平均水平(34 174 元)的有郑州市、许昌市,如图 5-7 所示。由图 5-7 可知,郑州市人均 GDP 远高于流域内其他城市,达到 68 073 元,流域内经济较发达的区域主要集中在沙颍河水系上游地区。

3. 产业结构

产业结构是指各产业的构成及各产业之间的联系和比例关系,三大产业结构是经济结构的重要组成部分,可体现一个区域的发展状态水平。随着经济的发展,河南省淮河流域三大产业结构总体上逐渐趋向合理化,第一产业所占的比重逐渐下降,第二、第三产业

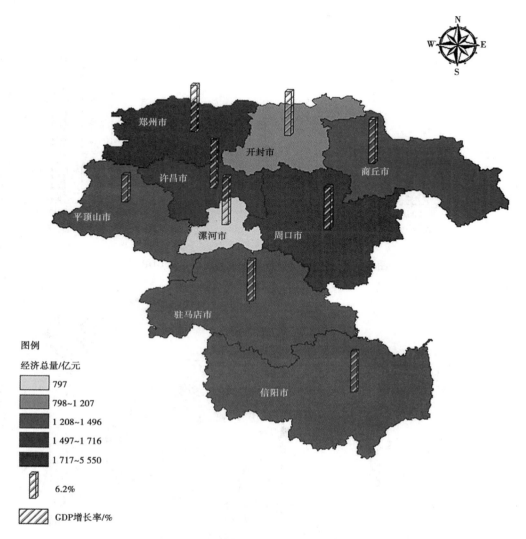

图 5-5　2013 年河南省淮河流域 GDP 总量和 GDP 增速空间分布图

的比重逐渐上升。

　　河南省淮河流域作为全国重要的粮食主产区,粮食产量占全国的 1/6,提供的商品粮约占全国的 1/4,承担着 1/5 以上的新增粮食生产能力任务,对于保障国家粮食安全举足轻重。因此,淮河流域内第一产业基础较具优势,占比较高,但第二、第三产业发展相对滞后。2001~2013 年,流域第一产业比例由 2001 年 23.82%下降至 2013 年 13.55%,而第二产业比例则由 44.21%上升至 53.35%,第三产业比例由 31.97%上升为 33.10%,第二产业对经济的拉动作用明显,如图 5-8 所示。由于流域内第二产业内部结构层次低,多是资源型、原材料加工行业,其产品结构均以初级产品加工为主,产业链条短,产品附加值低,且多属于高污染、高耗水行业,需要消耗大量的自然资源并排放污染物质,对生态环境的压力较大。

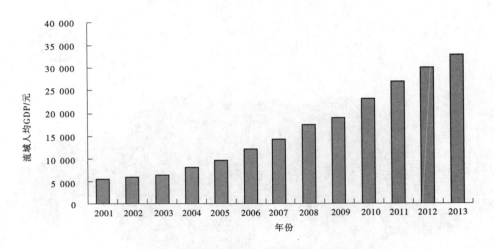

图 5-6　2001~2013 年河南省淮河流域人均 GDP

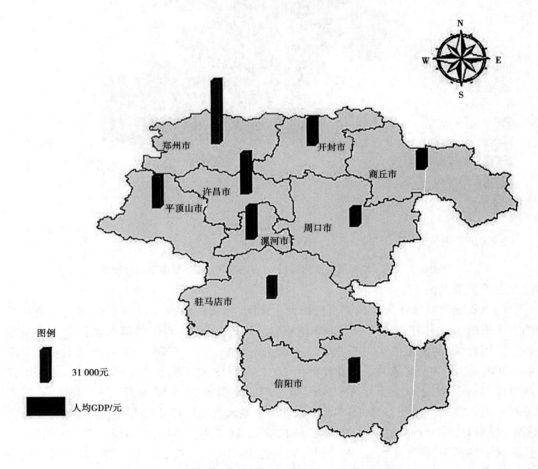

图 5-7　2013 年河南省淮河流域人均 GDP 空间分布图

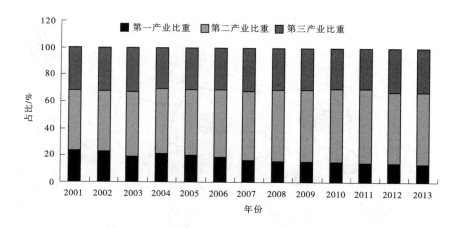

图 5-8　2001~2013 年流域三大产业比重年际变化

　　2013 年流域三大产业结构为 13.55∶53.35∶33.10。与河南省产业结构相比,第一产业比重稍高,第二产业比重偏低,第三产业发展相对滞后,三大产业对经济的贡献率中第二产业仍占主导作用,未来流域产业结构转型升级任务艰巨。从产业结构分析,流域内各城市均属于第二产业占主导优势,但是在发展上存在差异。其中,第一产业比重大于20%的城市有信阳市、驻马店市、周口市、商丘市和开封市,主要集中在豫东南区域,这些区域农业生产条件优越,属于重要的农产品主产区;第一产业比重低于10%的城市有郑州市和许昌市,主要集中在豫中地区,郑州市属于重要的中心城市,许昌市属于资源丰富、发展基础条件好的城市。流域第二产业比重排名第一的城市为漯河市,高达 67.79%,而排名最后的信阳市也达到 40.45%,流域第二产业所占比重较大。流域内第三产业比重最高的为郑州市,达到 41.67%;最低的为漯河市,仅有 19.69%,如图 5-9 所示。

5.1.2　水资源状况

5.1.2.1　水资源总量

1.水资源总量变化趋势

　　河南省淮河流域属于干旱、半干旱地区,水资源总量贫乏。2001~2013 年流域水资源总量均值为 232.599 亿 m^3,其中地表水资源量均值为 160.338 亿 m^3,地下水资源量均值为 104.196 亿 m^3。2013 年流域人均水资源量为 201.05 m^3,约为全国人均水资源量的1/10,属于严重缺水区域。河南省淮河流域水资源量年际变化情况如图 5-10 所示,人均水资源量与水资源总量、地表水资源量的变化趋势保持一致,而地下水资源量则相对稳定,与下游安徽省、山东省和江苏省相比,河南省淮河流域水资源总量高于山东省,但远远低于江苏省,水资源总量相对匮乏,如图 5-11 所示。

2.各地市水资源分布情况

　　从地区分布来看,流域水资源主要集中在淮河干流信阳市、汝河驻马店市,而位于沙颍河水系中上游的许昌市、漯河市、郑州市水资源量则较为缺乏,这与前文分析流域社会经济布局完全相反,也就是说流域内社会经济相对发达的地区水资源量却相对较少,而经

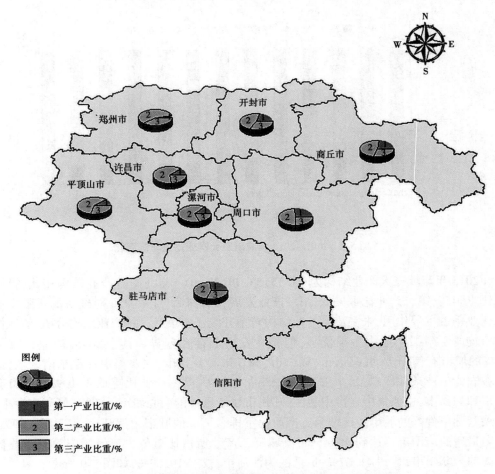

图 5-9　2013 年河南省淮河流域各地市三大产业比重示意图

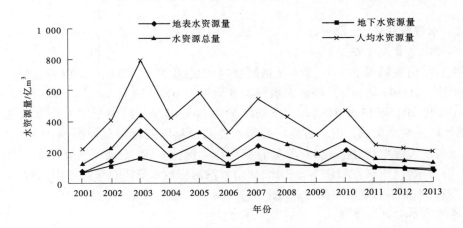

图 5-10　河南省淮河流域水资源量年际变化

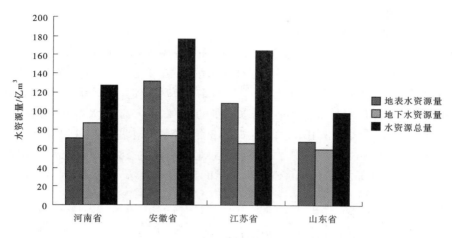

图 5-11 2013 年四省水资源总量比较

济相对较为落后的地区水资源量则相对充沛;从各省省辖市水资源总量的构成来看,郑州市、开封市、许昌市、漯河市、商丘市、周口市、驻马店市共 7 个城市以地下水资源为主,而平顶山市、信阳市 2 个城市地表水资源量较地下水资源量充沛;人均水资源量与水资源总量地区分布基本一致,人均水资源量最大的区域主要集中在豫东南地区,而豫中地区和豫西地区水资源量则较为缺乏,如图 5-12 所示。

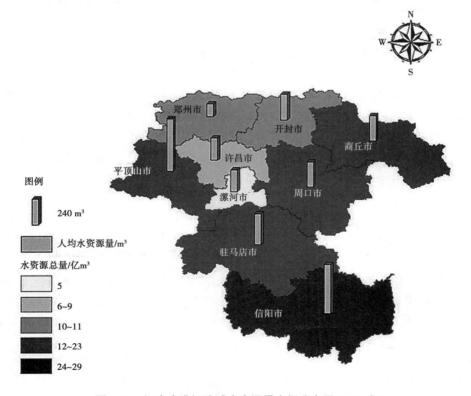

图 5-12 河南省淮河流域水资源量空间分布图(2013 年)

5.1.2.2　用水结构

1. 用水结构变化趋势

河南省淮河流域多年用水总量为 107.9 亿 m³,其中农林渔业用水量为 67.0 亿 m³,工业用水量为 20.6 亿 m³,城乡生活环境综合用水量为 20.3 亿 m³。河南省淮河流域历年的用水状况见图 5-13,用水总量小幅上升,但用水结构基本稳定。作为国家粮食核心区主要区域,流域农林渔业用水量最大,约占用水总量的 62%,而工业用水量和生活用水量比例则大致平衡,相比之下,工业用水量偏小。2013 年,流域用水总量为 120.123 亿 m³,农业用水量为 65.447 亿 m³,占用水总量的 54%;工业用水量为 28.759 亿 m³,占用水总量的 24%;生活用水量为 25.917 亿 m³,占用水总量的 22%。

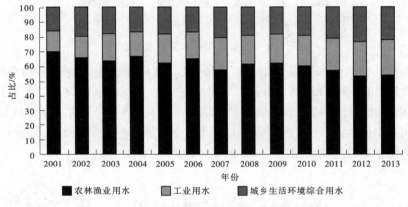

图 5-13　河南省淮河流域用水总量及结构年际变化

2. 各地市用水结构

从 2013 年数据来看,流域内各省辖市之间用水结构存在一定的差异,其中郑州市、平顶山市和许昌市工业用水比例较高,开封市、商丘市、信阳市、周口市、驻马店市等农林渔业用水比例相对较高,可以看出用水结构与地区经济结构存在直接关系。比如开封市、商丘市等这些经济水平相对较低的省辖市,区域工业发展较为滞后,第一产业占有较大比重,从而导致农业用水比例相对偏高,见图 5-14。

5.1.3　水环境状况

5.1.3.1　水环境质量状况

1. 河流水质变化趋势

根据历年河南省水质变化情况(见图 5-15)分析,河南省淮河流域水质在经历 2001 ~ 2007 年的波动式变化趋势后,自 2008 年以后呈现逐步好转趋势,特别是劣 Ⅴ 类水质所占比例从 2007 年的 56.7% 快速下降至 2013 年的 32.3%,Ⅳ ~ Ⅴ 类水质所占比例呈逐步增加,由 2007 年的 17.6% 增加至 37.7%。Ⅰ ~ Ⅲ 类水质在稳定保持条件下略有浮动。

2. 各河流水环境质量状况

2013 年河南省淮河流域水质级别属于中度污染,主要污染因子为化学需氧量、五日生化需氧量、氨氮和 TP,流域 46 个省控河流环境质量监测断面分布如图 5-16 所示。

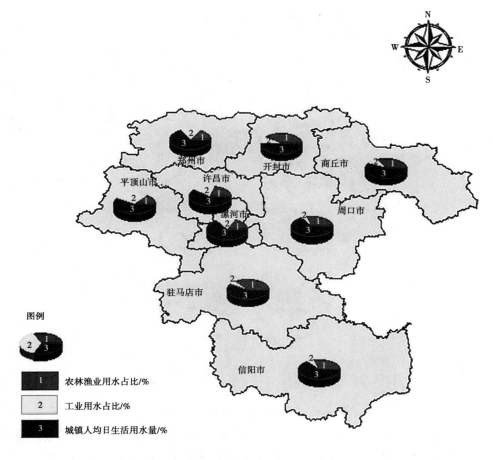

图 5-14　河南省淮河流域用水结构空间分布

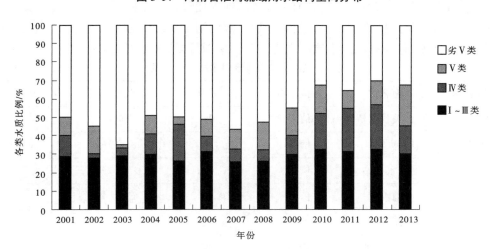

图 5-15　河南省淮河流域水质变化年际趋势

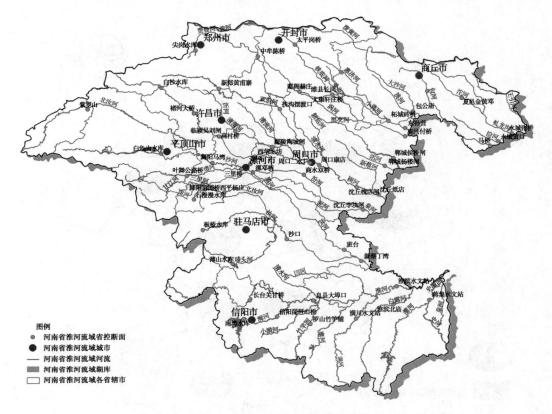

图 5-16　河南省淮河流域断面分布图

从空间分布看,水质较好断面主要分布在信阳、驻马店、平顶山等市;水质较差断面主要分布在郑州、开封、周口、商丘等市。按河流分析,史灌河、臻头河、北汝河和澧河水质级别为优;淮河干流、浉河、竹竿河、潢河、汝河、沙河水质级别为良好;白露河、颍河、泉河、黑茨河、涡河、大沙河水质级别为轻度污染;洪河、双泊河水质级别为中度污染;清潩河、贾鲁河、黑河、惠济河、包河和沱河水质级别为重度污染,具体结果见表 5-1。

表 5-1　2013 年淮河流域水质评价结果

河流名称	断面名称	考核城市	水质类别	水质状况	河流水质状况
淮河干流	长台关甘岸桥	信阳	III	良好	良好
	息县大埠口	信阳	III	良好	
	淮滨水文站	信阳	III	良好	
浉河	南湾水库	信阳	II	优	良好
	信阳琵琶山桥	信阳	III	良好	
竹竿河	罗山竹竿铺	信阳	III	良好	良好
潢河	潢川水文站	信阳	III	良好	良好

续表 5-1

河流名称	断面名称	考核城市	水质类别	水质状况	河流水质状况
白露河	淮滨北庙	信阳	IV	轻度污染	轻度污染
史灌河	蒋集水文站	信阳	II	优	优
洪河	石漫滩水库	平顶山	IV	轻度污染	中度污染
	西平杨庄	驻马店	劣V	重度污染	
	新蔡丁湾	驻马店	劣V	重度污染	
	新蔡班台	驻马店	V	中度污染	
汝河	板桥水库	驻马店	II	优	良好
	汝南沙口	驻马店	IV	轻度污染	
臻头河	薄山水库	驻马店	II	优	优
颍河	白沙水库	郑州	II	优	轻度污染
	禹州褚河大桥	许昌	IV	轻度污染	
	西华址坊	漯河	III	良好	
	周口康店	周口	V	中度污染	
	沈丘纸店	周口	V	中度污染	
沙河	白龟山水库	平顶山	II	优	良好
	舞阳马湾	平顶山	IV	轻度污染	
	周口二水厂	周口	III	良好	
北汝河	汝阳紫罗山	洛阳	II	优	优
	襄城大陈闸	许昌	III	良好	
澧河	漯河三里桥	漯河	II	优	优
清潩河	临颍高村桥	许昌	劣V	重度污染	重度污染
贾鲁河	尖岗水库	郑州	II	优	重度污染
	中牟陈桥	郑州	劣V	重度污染	
	西华大王庄	周口	劣V	重度污染	
双泊河	新郑黄甫寨	郑州	V	中度污染	中度污染
黑河	郾城漯邓桥	漯河	劣V	重度污染	重度污染
泉河	商水双桥	漯河	III	良好	轻度污染
	沈丘李坟	周口	V	中度污染	

续表 5-1

河流名称	断面名称	考核城市	水质类别	水质状况	河流水质状况
黑茨河	郸城侯楼闸	周口	Ⅳ	轻度污染	轻度污染
涡河	通许邸阁	开封	Ⅳ	轻度污染	轻度污染
	鹿邑付桥	周口	Ⅴ	中度污染	
惠济河	开封太平岗桥	开封	劣Ⅴ	重度污染	重度污染
	睢县板桥闸	开封	劣Ⅴ	重度污染	
	鹿邑东孙营	周口	劣Ⅴ	重度污染	
大沙河	睢阳包公庙	商丘	Ⅳ	轻度污染	轻度污染
包河	睢阳芒种桥	商丘	劣Ⅴ	重度污染	重度污染
	永城马桥	商丘	Ⅳ	轻度污染	
沱河	夏邑金黄邓	商丘	劣Ⅴ	重度污染	重度污染
	永城张桥	商丘	Ⅳ	轻度污染	

随着经济的快速发展,河南省淮河流域水环境问题逐步凸显,水环境质量改善的压力日益突出,面对一系列经济发展与流域生态环境保护矛盾的问题,河南省逐步加大水污染防治和水生态环境保护力度,自"九五""十五""十一五"3个五年计划实施以来,河南省淮河流域水污染防治效果显著,水环境质量逐步改善,但是部分区域(郑州、开封、许昌、周口等市)水环境质量改善仍然面临较大压力。

5.1.3.2　污染物结构及时空排放状况

1. 污染物结构变化趋势

2006~2013年,流域废水排放量呈上升趋势,2013年与2006年相比,废水排放量增加10.61亿t,增幅为84.40%。其中,工业废水增加2.03亿t,增幅为45.52%;生活污水增加8.17亿t,增幅为100.00%,如图5-17所示。"十一五"期间,流域主要污染物排放量呈稳步增加趋势,2010年与2006年相比,COD排放量增加3.59万t,增幅为20.60%。其中,工业COD呈下降趋势,排放量减少0.20万t,下降比例为2.16%;生活COD排放量增加3.79万t,增幅为46.39%。氨氮排放量增加0.39万t,增幅为8.57%。其中,工业氨氮呈逐步下降趋势,排放量减少0.7万t,降幅为58.34%;生活氨氮排放量增加1.223万t,增幅为41.40%。但"十二五"初期,由于增加对农业面源的普查,COD和氨氮排放总量比"十一五"期间显著增加,工业COD排放量在2011年增加,随后呈下降趋势,相比"十一五",生活COD排放量增加明显;工业氨氮排放量仍然呈降低趋势,生活氨氮排放量伴随"十一五"增长趋势在2011~2012年继续增加,但2013年呈下降趋势。

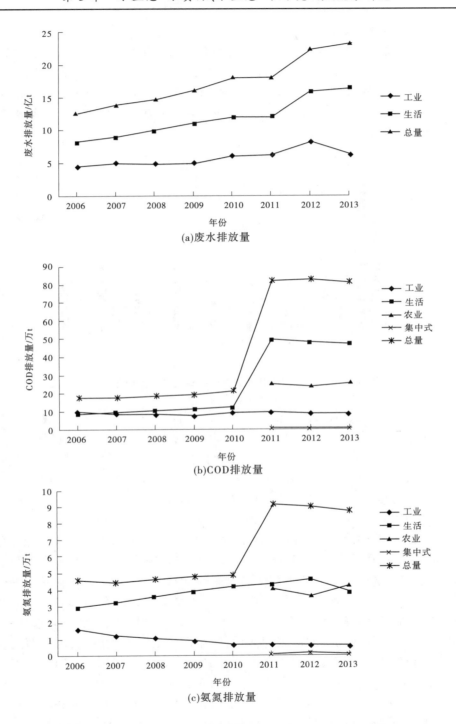

(a)废水排放量

(b)COD排放量

(c)氨氮排放量

图 5-17　2006~2013 年河南省淮河流域废水、COD 和氨氮排放量变化趋势

2. 各地市污染物排放状况

2013 年,流域废水排放量较大的省辖市为郑州、周口和商丘,分别占流域废水排放量的 26.49%、12.09% 和 11.58%,合计占比 50.16%;其中工业废水、生活废水排放量较大的省辖市仍然为郑州、周口和商丘,合计分别占流域工业废水排放量的 49.62% 和生活废水排放量的 50.38%。由此可见,郑州、周口和商丘为河南省淮河流域污染主要来源地区,如图 5-18 所示。

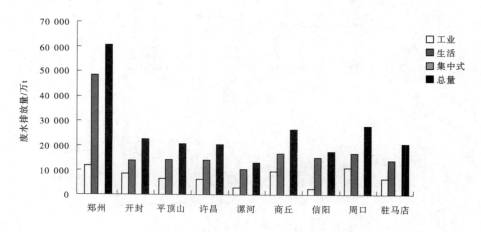

图 5-18　2013 年河南省淮河流域各省辖市废水排放量对比

2013 年,COD 排放量较大的省辖市为驻马店、周口和商丘,累计占流域 COD 排放量的 47.27%;COD 排放量主要来源于农业源和生活源,农业源所占比例最低的是平顶山,为 44.88%,最高的是漯河,达到 87.55%。氨氮排放量较大的省辖市为驻马店、周口和郑州,累计占流域氨氮排放量的 46.21%,氨氮排放量主要来源于生活源和农业源,如图 5-19 所示。由此可以说明,随着淮河流域工业点源的污染治理,工业治理初见成效,农业和生活污染所占比重在不断提升,甚至超过工业污染。

通过上述河南省淮河流域内社会经济发展、水资源状况和水环境状况趋势分析可以看出,河南省淮河流域人口密度较大,整体发展水平偏低,由此带来的资源及能源消耗较多,对区域的水环境水资源承载能力带来较大挑战;流域的经济发展水平区域差别显著,从河流上下游关系分析可知,位于颍河水系上中游的郑州、许昌、漯河和平顶山的经济发展水平相对较好,下游周口、涡惠河水系、淮河干流及洪汝河水系的开封、商丘、信阳、驻马店等地经济发展较为落后;流域的水资源严重匮乏,水资源总量仅占淮河流域的 1/5,人均水资源量仅为全国的 1/10,且水资源空间分布不均,主要集中在信阳的淮河干流及南岸支流、驻马店汝河,而沙颍河水系的中上游郑州、许昌等地水资源较为缺乏;流域水质经过多年治理取得了明显改善,但水环境质量分布仍有较大差异,其中信阳的淮河干流及南岸支流、汝河以及平顶山区域沙河水质良好,位于郑州、许昌、漯河沙颍河水系的贾鲁河、双洎河、清潩河、黑河以及开封、商丘的涡惠河水系的惠济河、包河水体污染严重。

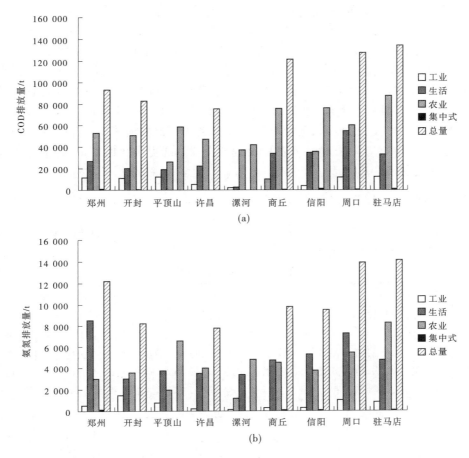

图 5-19　2013 年河南省淮河流域各地市污染物排放量对比

　　由于区域社会经济的发展、水资源及水环境状况与区域水生态系统状况息息相关,水资源缺乏、水环境质量的恶化会使水生态系统的结构和功能丧失,社会经济发展一方面会对水生态系统的改善带来压力,但另一方面又为水生态系统的改善提供经济支撑。因此,上述区域社会经济发展、水资源及水环境状况的分析,凸显了研究区域内水生态系统存在的压力及问题,同时也为区域水生态系统的管理提供了方向和依据。

5.2　水生态–水资源响应关系研究

5.2.1　水生态–水资源响应关系研究内容

　　水资源的变化与水生态系统的状况息息相关,针对河南省淮河流域水资源时空分布不均、天然径流补给能力不足、沟渠河流多闸坝、河道断流现象严重等问题,为协调社会发展与生态环境之间的关系,维护生态平衡,实现水资源的合理开发、配置,促进水资源的可持续利用,对河流需水理论和实践的研究已势在必行。

　　河道需水量是为保障河流健康所需要维持的河流流量,不同流域的水文条件、地质条件、河流功能存在巨大的差异,河流需水量所需维持的生态环境功能也存在差异。河道需水量所维持的生态环境功能主要包括:保持水生生物栖息地环境、对污染物的自净能力、维持河道冲淤平衡的输沙功能和维持河口生态平衡的功能。相对应的河流生态需水量包括:河道生态需水量、河道自净需水量、输沙需水量和入海需水量。本书主要研究对象为河流生态系统,在进行水生态–水资源响应关系研究时主要关注河道内流量对水生生物栖息地的影响,因此通过研究淮河流域(河南段)各级河流的河流生态需水量来分析流域内水生态–水资源响应关系,为水资源的合理开发及调配提供数据支持,为生态需水保障机制的建立提供理论基础。

5.2.2　生态需水量研究方法选取

　　目前,常用的生态需水量方法有水文学法、水力学法、生境模拟法和整体分析法4类,其各自优点、缺点及最佳适用范围见表5-2。

表 5-2　生态需水量计算方法比较

类型	具体方法	特点	优点	不足	最佳适用范围
水文学法	Tennant 法、7Q10法、最小月平均径流法、Texas 法、流量历时曲线法、范围变化法、模糊流量法	长期的历史监测数据,百分数形式的生态需水量推荐值	数据不需要现场测定,简便易操作	未考虑流量丰水年、枯水年变化和季节变化及河段地形,准确性差	水资源开发利用程度和优先度不高的河段,并可作为其他方法的简略检验法
水力学法	湿周法、R2CROSS法、生态水力半径法	水力学参数(如湿周、水深、流速、水力半径等)作为质量指标	简单的现场测定,可与其他方法相结合使用	不能体现季节变化对生态需水量的影响,并且只针对具体的测量断面	生态濒危地区、非季节性河流
生境模拟法	IFIM 法、CASIMIR法、河流系统模拟法、栖息地评价法	水文学法、水力学法和生物学信息的集合体	考虑因素相对全面,结合生物信息与河流信息,准确性高	重点考虑某一些保护物种,忽略了河流生态系统的整体性,所需生物资料不易获取	强调保护某些特定生物且生物资料较全面的河段
整体分析法	BBM 法、整体研究法、流量复原法、基准法	根据流量标准确定关键流量,方法主要有宏观–微观筛选法、微观–宏观筛选法	综合考虑专家意见和生态功能的整体性	难开展,耗时长,需有实测数据和大量资料,以及专家和公众的参与	对所需结果要求非常严格的河流

目前,河南省淮河流域各级河流受人类活动影响大,且没有需要特别保护的濒危鱼类或洄游鱼类,因此在进行生态需水量计算时不采用生境模拟法和整体法。本书从保护水生态系统中水生生物栖息地的角度出发,生态需水量计算主要侧重于河流生态系统。根据河流形态、鱼类优势种和无脊椎动物等生物对流量的需求,来确定最小流量及适宜流量。因此,采用生态水力半径法来计算淮河流域(河南段)生态需水量,并用 Tennant 法和湿周法对得到的结果进行验证。

5.2.3　研究区域生态需水量计算

河流水生态系统生态需水量研究思路如图 5-20 所示。

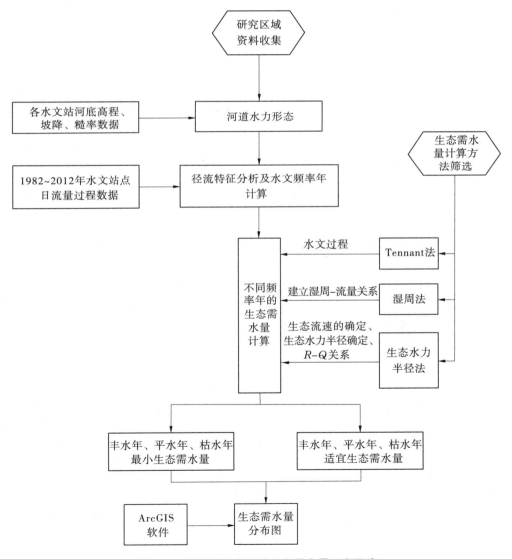

图 5-20　河流水生态系统生态需水量研究思路

5.2.3.1　基于 Tennant 法的生态需水量计算

淮河流域(河南段)地处我国南北气候过渡带,属暖温带气候,鱼类区系组成介于黄河与长江之间,但更多的近似于长江中下游鱼类区系,分布的鱼类主要包括草鱼、青鱼、鳙鱼、鲢鱼、唇鲴、鲤鱼、鲫鱼、泥鳅、麦穗鱼等,其中以四大家鱼为主。Tennant 法中给出的鱼类产卵育幼期为 4~9 月,是依据北美地区河流常见鱼类生活习性制定的,而四大家鱼产卵育幼期为 5~7 月,据此对 Tennant 法计算标准进行修正(见表 5-3)。

表 5-3　Tennant 法对栖息地质量描述

栖息地的定性描述	推荐的基流占平均流量/%	
	鱼类产卵育幼期(5~7 月)	一般用水期(8 月至翌年 4 月)
最大	200	200
最佳范围	60~100	60~100
极好	60	50
非常好	50	40
好	40	30
一般	30	20
差或最小	20	10
极差	0~20	0~10

修正后的标准为:河道内的最小生态需水量为:一般用水期(8 月至翌年 4 月)取多年平均流量的 10%作为河道内最小生态需水量,鱼类产卵育幼期(5~7 月)取多年平均流量的 20%作为河道内最小生态需水量;河道内适宜生态需水量为:一般用水期(8 月至翌年 4 月)取多年平均流量的 20%作为河道内适宜需水量,鱼类产卵育幼期(5~7 月)取多年平均流量的 30%作为河道内适宜需水量。

利用研究区域内具有水文站点的 15 条河流,共 30 个水文站点,从 1982~2012 年共 31 年实测逐日流量数据进行计算,得到 Tennant 法计算结果(见表 5-4)。

表 5-4　淮河流域(河南段)生态需水量 Tennant 法计算结果

河流名称	水文站点	31 年平均流量/ (m³/s)	Tennant 法/(m³/s)			
			一般用水期		鱼类产卵育幼期	
			最小	适宜	最小	适宜
淮河干流	大坡岭	18.20	1.82	3.64	3.64	5.46
	长台关	32.80	3.28	6.56	6.56	9.84
	息县	114.90	11.49	22.98	22.98	34.47
	淮滨	171.70	17.17	34.34	34.34	51.51

续表 5-4

河流名称	水文站点	31 年平均流量/ （m³/s）	Tennant 法/（m³/s）			
			一般用水期		鱼类产卵育幼期	
			最小	适宜	最小	适宜
涡河	邸阁	2.40	0.24	0.49	0.49	0.72
	玄武	3.80	0.38	0.76	0.76	1.14
沙河	马湾	40.10	4.01	8.02	8.02	12.03
	漯河	61.00	6.10	12.20	12.20	18.30
潢河	潢川	30.10	3.01	6.02	6.02	9.03
史灌河	蒋家集	59.40	5.94	11.87	11.87	17.82
颍河	告成	1.90	0.19	0.38	0.38	0.57
	化行	2.70	0.27	0.53	0.53	0.81
	黄桥	12.60	1.26	2.52	2.52	3.78
沙颍河	槐店	89.80	8.98	17.96	17.96	26.94
洪河	杨庄	9.00	0.90	1.80	1.80	2.70
	五沟营	10.20	1.02	2.04	2.04	3.06
	庙湾	18.50	1.85	3.70	3.70	5.55
	班台	77.10	7.71	15.42	15.42	23.13
沱河	永城	14.30	1.43	2.87	2.87	4.29
浍河	黄口集	2.10	0.21	0.42	0.42	0.63
汾泉河	沈丘	15.70	1.57	3.14	3.14	4.71
	周庄	3.70	0.37	0.74	0.74	1.11
贾鲁河	中牟	14.00	1.40	2.79	2.79	4.20
	扶沟	14.20	1.42	2.84	2.84	4.26
惠济河	大王庙	8.30	0.83	1.66	1.66	2.49
	砖桥	8.10	0.81	1.63	1.63	2.43
双泊河	新郑	2.60	0.26	0.52	0.52	0.78
北汝河	紫罗山	13.10	1.31	2.62	2.62	3.93
	汝州	15.60	1.56	3.11	3.11	4.68
	大陈	21.00	2.10	4.20	4.20	6.30

5.2.3.2　湿周法

　　湿周法计算生态需水量所需的断面数据包括河底高程、河底坡降和河道糙率数据,流量资料包括1998~2012年实测逐日流量过程和逐日水位数据。

　　以贾鲁河中牟断面为例,说明基于湿周法的生态需水量计算过程。通过对贾鲁河中牟断面水文1998~2012年实测断面资料分析,水文站断面地形除局部发生轻微变动外,基本保持稳定。选取2012年11月中牟实测大断面数据,绘制中牟断面图,如图5-21所示。

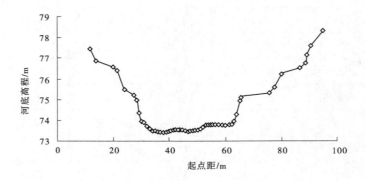

图5-21　中牟水文站实测断面图

　　由图5-21可知,中牟断面可近似取梯形计算,如图5-22所示。

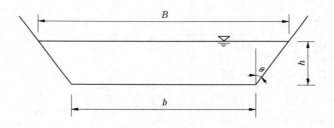

图5-22　梯形断面图形状

　　此梯形断面的底宽 $b=63-30=33(\mathrm{m})$,边坡系数 $m=\tan\theta=6.94$,高 $h=5\ \mathrm{m}$ 。

　　河段水面沿河流方向的高程差与相应的河流长度的比值 $S=0.00033$; n 为河道糙率,根据糙率选取方法,选取 $n=0.022$;根据梯形断面流量和湿周关系公式采用贾鲁河中牟水文站的实测年平均流量数据,计算出对应的湿周 P (见表5-5)。

表5-5　贾鲁河中牟水文站平均流量对应的湿周

年份	b/m	h/m	m	$Q/(\mathrm{m}^3/\mathrm{s})$	P/m
1998	33	5	6.94	12.80	41.74
1999	33	5	6.94	11.10	41.03

续表 5-5

年份	b/m	h/m	m	$Q/(m^3/s)$	P/m
2000	33	5	6.94	13.40	41.97
2001	33	5	6.94	9.27	40.22
2002	33	5	6.94	9.39	40.28
2003	33	5	6.94	13.30	41.93
2004	33	5	6.94	13.00	41.82
2005	33	5	6.94	15.00	42.59
2006	33	5	6.94	13.40	41.97
2007	33	5	6.94	11.80	41.33
2008	33	5	6.94	17.40	43.46
2009	33	5	6.94	19.50	44.18
2010	33	5	6.94	19.70	44.25
2011	33	5	6.94	22.80	45.25
2012	33	5	6.94	25.60	46.11

为消除坐标尺度的影响,湿周法中的流量 Q 与湿周 P 通常用相对于某一特征流量 Q_m 及其湿周 P_m 的比例来表示。Q_m 和 P_m 可取最大流量及其对应湿周,或者多年平均流量及其对应湿周,即

$$q = \frac{Q}{Q_m}, \quad p = \frac{P}{P_m} \tag{5-1}$$

式中:q、p 分别为相对流量和相对湿周,且当 Q_m 和 P_m 取最大流量和对应湿周时,q、$p \in [0,1]$。

选取平均流量值中的最大流量值 $Q_m = 25.6$ m³/s,通过梯形公式计算出对应的湿周 $P_m = 46.11$ m,计算出 q、p(见表 5-6)。

表 5-6　相对流量和相对湿周

年份	$Q/(m^3/s)$	q	P/m	p
1998	12.80	0.50	41.74	0.91
1999	11.10	0.43	41.03	0.89
2000	13.40	0.52	41.97	0.91
2001	9.27	0.36	40.22	0.87
2002	9.39	0.37	40.28	0.87

续表 5-6

年份	$Q/(\mathrm{m^3/s})$	q	P/m	p
2003	13. 30	0. 52	41. 93	0. 91
2004	13. 00	0. 51	41. 82	0. 91
2005	15. 00	0. 59	42. 59	0. 92
2006	13. 40	0. 52	41. 97	0. 91
2007	11. 80	0. 46	41. 33	0. 90
2008	17. 40	0. 68	43. 46	0. 94
2009	19. 50	0. 76	44. 18	0. 96
2010	19. 70	0. 77	44. 25	0. 96
2011	22. 80	0. 89	45. 25	0. 98
2012	25. 60	1. 00	46. 11	1. 00

对于规则的梯形断面,相对流量 q 和相对湿周 p 的关系符合指数函数 $p=a\ln q+1$,将计算出的 p、q 按照指数函数进行拟合,得出流量湿周关系为 $p=0.124\ln q+0.993$,相关系数 $R^2=0.992$,拟合曲线如图 5-23 所示。

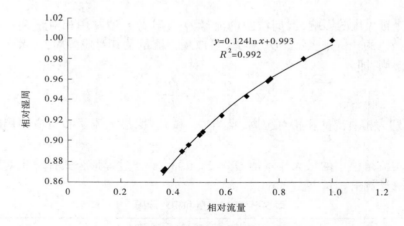

图 5-23　中牟断面相对流量与相对湿周关系

采用斜率法确定临界点,即取湿周-流量关系曲线上斜率为 1 的点为临界点,函数 $p=0.124\ln q+0.993$,p 对 q 求导,得 $\mathrm{d}p/\mathrm{d}q=0.124/q$,使 $\mathrm{d}p/\mathrm{d}q=1$,计算出 $q=0.124$,最后可得出生态需水量:$Q=q\times Q_{\mathrm{m}}=0.124\times25.6=3.17(\mathrm{m^3/s})$。

其他河流生态需水量的计算采用同样的方法,计算结果见表 5-7。对于断面形状较为特殊的河流,不使用湿周法进行计算。计算结果与 Tennant 法最小生态需水量计算进行比较,分析结果的合理性。

表 5-7　淮河流域（河南段）主要河流生态需水量湿周法计算结果

序号	河流名称	水文站点	断面形状	湿周-流量关系曲线	生态需水量/（m³/s）	说明	Tennant 法最小生态需水量（多年平均径流量的 10%）
1	淮河干流	大坡岭	不规则	—	—	无法拟合曲线	1.82
2		长台关	梯形	$p=0.063\ln q+0.987$	4.18		3.28
3		息县	梯形	$p=0.111\ln q+0.987$	22.42		11.49
4		淮滨	梯形	$p=0.097\ln q+0.986$	30.55		17.17
5	潢河	潢川	梯形	$p=0.006\ln q+0.997$	0.38		3.01
6	史灌河	蒋家集	不规则	—	—	断面形状不规则	5.94
7	涡河	邸阁	梯形	$p=-0.063\ln q+1.017$	0.17		0.24
8		玄武	不规则	—	—	无法拟合曲线	0.38
9	沙河	马湾	梯形	$p=0.031\ln q+1.001$	3.1		4.01
10		漯河	梯形	$p=0.036\ln q+0.993$	4.64		6.10
11		告成	不规则	—	—	断面形状不规则	0.21
12	颍河	化行	三角形	$p=q^{0.375}$	1.93	曲线拟合度低	0.27
13		黄桥	梯形	$p=0.036\ln q+0.983$	1.23	曲线拟合度低	1.26
14	沙颍河	槐店	梯形	$p=0.025\ln q+0.994$	5.23		8.98

续表 5-7

序号	河流名称	水文站点	断面形状	湿周-流量关系曲线	生态需水量/(m³/s)	说明	Tennant法最小生态需水量(多年平均径流量的10%)
15	洪河	杨庄	梯形	$p=0.112\ln q+0.981$	2.35		0.90
16		五沟营	梯形	$p=0.059\ln q+0.990$	1.46		1.02
17		庙湾	梯形	$p=0.036\ln q+0.991$	1.5	无多年流量数据	—
18		班台	梯形	$p=0.036\ln q+0.990$	6.95	无多年流量数据	—
19	汝河	永城	梯形	—	—	无法拟合曲线	1.43
20	浍河	黄口集	梯形	—	—	无法拟合曲线	0.21
21	汾泉河	沈丘	梯形	—	—	无法拟合曲线,无多年流量数据	—
22		周庄	梯形	—	—	无法拟合曲线,无多年流量数据	—
23	贾鲁河	中牟	梯形	$p=0.124\ln q+0.993$	3.17		1.40
24		扶沟	三角形	$p=q^{0.374}$	5.39		1.42
25	惠济河	大王庙	三角形	$p=q^{0.375}$	4.01		0.83
26		砖桥	不规则	—	—	断面形状不规则	0.81
27	双洎河	新郑	不规则	—	—	断面形状不规则	0.26
28		紫罗山	不规则	—	—	断面形状不规则	1.31
29	北汝河	汝州	不规则	—	—	断面形状不规则	1.56
30		大陈	梯形	$p=0.005\ln q+0.998$	0.23		2.10

除去因断面形状不规则或缺少数据的断面,通过湿周法计算得到的生态需水量结果与 Tennant 法最小生态需水量(多年平均径流量的 10%)比较,有 7 个断面的生态需水量小于 Tennant 法定义的最小生态需水量,共涉及潢河、涡河、沙河、颍河、沙颍河和北汝河 6 条河流。原因可能是河道断面不具有典型性,不能代表所在河道的平均特性,无法较好地反映过水断面特性、河道断面类型、河流水沙特性等要素。

5.2.3.3　基于生态水力半径法的生态需水量研究

以淮河三级支流贾鲁河为例,对采用生态水力半径法计算河流生态需水量的计算过程进行说明。

根据贾鲁河中牟站 1982~2012 年历年流量数据进行水文频率计算,选取频率 $P=25\%$、$P=50\%$ 和 $P=75\%$ 所对应的年份作为丰水年、平水年和枯水年的典型年。中牟站水文频率和典型年计算结果及所需水文数据见表 5-8,中牟站各典型年的逐日流量数据如图 5-24 所示。

表 5-8　中牟站典型年及所需水文数据

水文频率	年份	年均流量/(m³/s)	糙率 n	水力坡降 J
$P=25\%$	1996	16.0		
$P=50\%$	2003	13.3	0.022	0.000 58
$P=75\%$	1999	11.1		

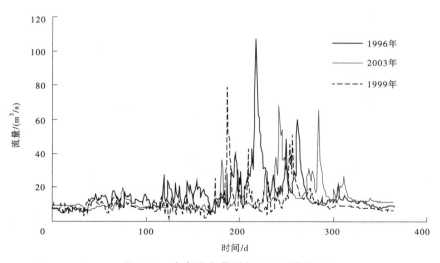

图 5-24　中牟站各典型年逐日流量过程

中牟站各典型年实测大断面数据如图 5-25 所示。

根据李思忠(1981)的鱼类分布区划,淮河流域(河南段)属于江淮(平原)亚区,鱼类区系组成介于黄河与长江之间,但更多的近似于长江中下游鱼类区系,分布有江河平原鱼类 31 种,占总数的 47.69%,为该地区的优势种群;古第三纪鱼类 11 种,占总数的

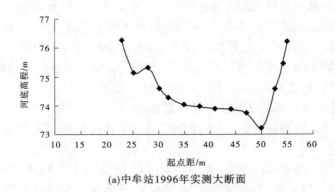

(a)中牟站1996年实测大断面

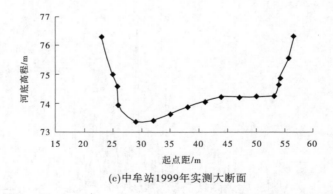

(b)中牟站2003年实测大断面

(c)中牟站1999年实测大断面

图 5-25　中牟站各典型年实测大断面

16.92%,分布的鱼类主要包括草鱼、青鱼、鳙鱼、鲢鱼、唇䱻、鲤鱼、鲫鱼、泥鳅、麦穗鱼等,其中以四大家鱼为主。四大家鱼产卵期适宜流速为 0.2~0.6 m/s。本书研究取四大家鱼产卵期适宜流速的平均值 0.4 m/s 作为计算生态水力半径的最小生态流速。

　　根据曼宁公式,$R = n^{3/2}v^{3/2}J^{-3/4}$,可以得到中牟站生态水力半径 $R_{生态}=0.221$ m。利用实测大断面水位资料,可求得中牟站各典型年月平均水位条件下的河道过水断面的水力半径,如图 5-26 所示。

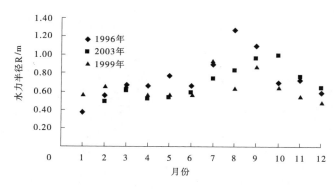

图 5-26　中牟站各典型年水力半径月过程

　　根据 1996 年、2003 年和 1999 年中牟站实测流量序列和上述计算的水力半径,即可求得流量 Q 与水力半径 R 的关系曲线,如图 5-27 所示。

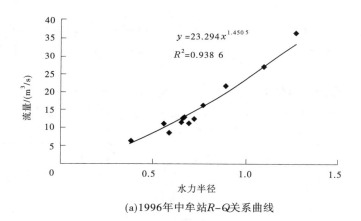

(a)1996年中牟站R–Q关系曲线

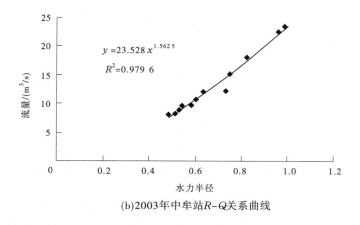

(b)2003年中牟站R–Q关系曲线

图 5-27　中牟站各典型年 R–Q 关系曲线

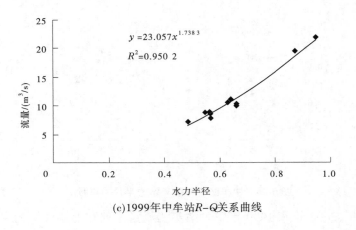

(c)1999年中牟站R-Q关系曲线

续图 5-27

由中牟站各典型年 R-Q 关系曲线可得中牟站各典型年 $R_{生态}$ 对应的生态需水量:1996年生态需水量 $Q = 2.61$ m³/s,2003 年生态需水量 $Q = 2.22$ m³/s,1999 年生态需水量 $Q = 1.67$ m³/s。

为了验证该模型计算结果是否符合实际情况,采用 Tennant 法计算中牟断面生态需水量。生态水力半径法与 Tennant 法计算的生态需水量计算结果对比见表 5-9。

表 5-9 中牟站生态需水量与 Tennant 法计算结果对比

水文频率（典型年）	年平均流量/（m³/s）	生态水力半径法		Tennant 法/（m³/s）			
		生态需水量/（m³/s）	生态需水量占年平均流量的比例/%	鱼类产卵育幼期		一般用水期	
				最小	适宜	最小	适宜
$P = 25\%$（1996 年）	16.0	2.61	16.3	2.79	4.20	1.40	2.79
$P = 50\%$（2003 年）	13.3	2.22	16.7				
$P = 75\%$（1999 年）	11.1	1.67	15.0				

由表 5-9 可知,生态水力半径法计算中牟断面各典型年河道内生态需水量都处于 Tennant 法所设定一般用水期中最小生态需水量与适宜生态需水量之间,其中丰水年(1996 年)生态水力半径法计算生态需水量结果比 Tennant 法设定的鱼类产卵育幼期最小生态需水量小 0.18 m³/s,平水年(2003 年)生态需水量结果比 Tennant 法设定的

鱼类产卵育幼期最小生态需水量小 0.57 m³/s,枯水年(1999 年)生态需水量结果比 Tennant 法设定的鱼类产卵育幼期最小生态需水量小 1.12 m³/s。本次研究设定的计算标准主要考虑当地鱼类生活习性,符合当地的河流生态与环境条件。可见应用生态水力半径法的定量计算比 Tennant 法更加客观,从而避免了 Tennant 法计算标准人为设定的弊端。

在以贾鲁河中牟断面为例的生态水力半径法生态需水量计算结果的基础上,对淮河流域(河南段)设有水文站点的河流进行基于生态水力半径法的生态需水量计算,为河流生态修复及生态用水的调度提供科学依据和数据支撑。

在天然状态下,为确定不同断面对应的生态所需水量,断面的选取应遵循以下 3 个原则:①典型性:选取能够代表所在河道的平均特性,例如河床基地组成、断面过水特性、河道断面类型、河道曲率等诸多要素。②稳定性:研究断面的稳定性是河道最小生态流量计算的必要条件。③实用性:指能够突出反映河道流量与河道断面形态特性的关系,便于进行生态流量的机理分析,为计算河道最小生态流量提供便利条件。计算时期的选择主要考虑河床演变相对平衡,一般情况选择人类活动干扰较少的时期。

目前基本水文站点所在的断面大都可以满足以上要求,而且具有相应的监测数据,如水位、流量、大断面水文参数等。

根据淮河流域(河南段)河流特点,以及生态水力半径法所需的水文、水力数据资料的要求,选取有多年实测水文数据的淮河干流、潢河、史灌河、涡河、沙河、颍河、洪河、沱河、浍河、汾泉河、贾鲁河、惠济河和双洎河等河流上的水文站点作为本次计算的断面,根据各水文站 1982~2012 年历年流量数据进行水文频率计算,选取频率 $P=25\%$、$P=50\%$ 和 $P=75\%$ 所对应的年份作为丰水年、平水年和枯水年的典型年。各站点水文频率和典型年计算结果见表 5-10。

表 5-10　各站点水文频率和典型年

河流名称	水文站点	水文频率		
		$P=25\%$	$P=50\%$	$P=75\%$
淮河干流	大坡岭	2003 年	2009 年	1994 年
	长台关	2003 年	2002 年	1997 年
	息县	2007 年	2010 年	1994 年
	淮滨	1996 年	2004 年	1994 年
涡河	邸阁	1996 年	1997 年	1994 年
	玄武	2010 年	2008 年	2009 年
沙河	马湾	2003 年	1991 年	2009 年
	漯河	1998 年	2012 年	2009 年

续表 5-10

河流名称	水文站点	水文频率		
		$P=25\%$	$P=50\%$	$P=75\%$
贾鲁河	中牟	1996 年	2003 年	1999 年
	扶沟	2005 年	1992 年	1991 年
潢河	潢川	1996 年	1993 年	1994 年
史灌河	蒋家集	1998 年	1993 年	1994 年
颍河	告成	2011 年	1994 年	1997 年
	化行	2011 年	2001 年	1998 年
	黄桥	2012 年	1998 年	1992 年
沙颍河	槐店	2004 年	1996 年	2002 年
洪河	杨庄	1998 年	2008 年	2009 年
	五沟营	1998 年	2008 年	2012 年
	庙湾	1998 年	2010 年	1995 年
	班台	1991 年	2010 年	2012 年
沱河	永城	2005 年	2012 年	1991 年
浍河	黄口集	2004 年	1997 年	2009 年
汾泉河	沈丘	1991 年	2006 年	2010 年
	周庄	2000 年	1991 年	1999 年
惠济河	大王庙	2003 年	1994 年	2006 年
	砖桥	2003 年	1994 年	1996 年
双洎河	新郑	2012 年	2010 年	2002 年
北汝河	紫罗山	1996 年	2012 年	2002 年
	汝州	2000 年	2007 年	2009 年
	大陈	1996 年	2007 年	2012 年

研究区域各水文站典型年实测大断面如图 5-28 所示。

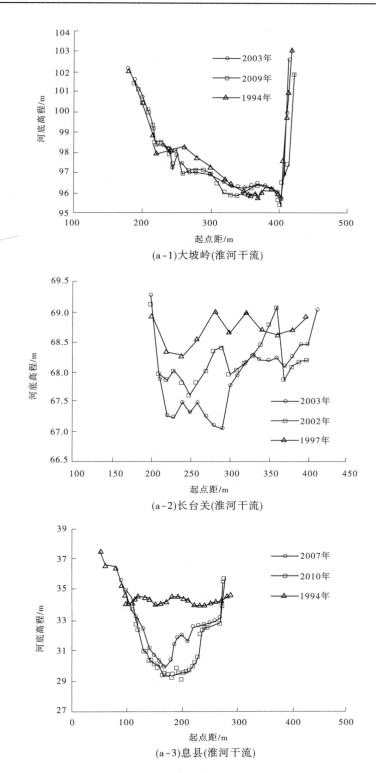

(a-1)大坡岭(淮河干流)

(a-2)长台关(淮河干流)

(a-3)息县(淮河干流)

图 5-28　研究区域各水文站典型年实测大断面

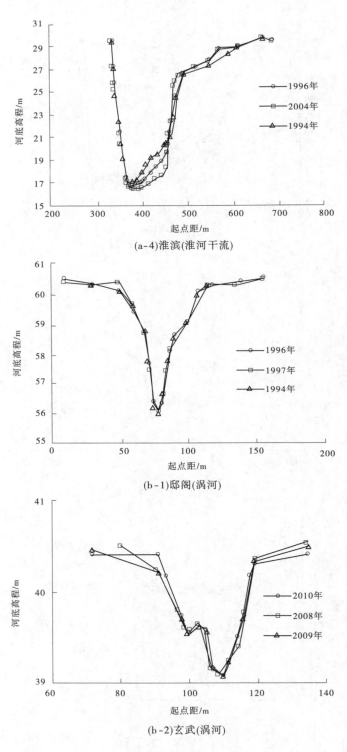

(a-4)淮滨(淮河干流)

(b-1)邸阁(涡河)

(b-2)玄武(涡河)

续图 5-28

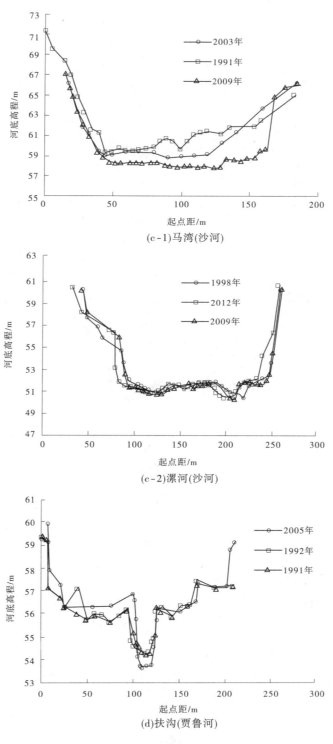

(c-1)马湾(沙河)

(c-2)漯河(沙河)

(d)扶沟(贾鲁河)

图 5-28

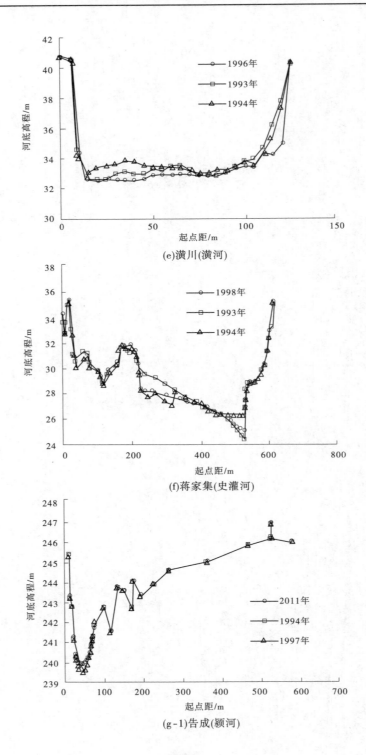

(e)潢川(潢河)

(f)蒋家集(史灌河)

(g-1)告成(颍河)

续图 5-28

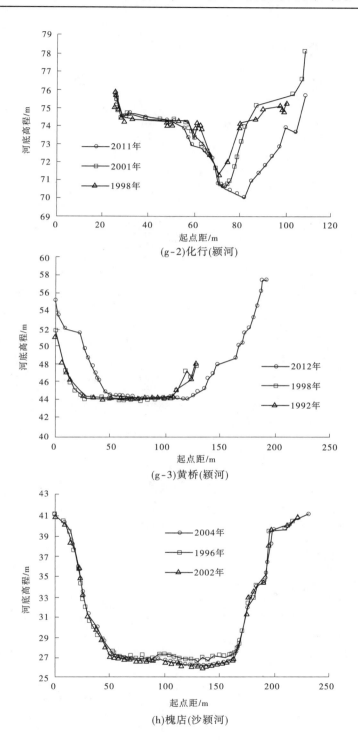

(g-2)化行(颍河)

(g-3)黄桥(颍河)

(h)槐店(沙颍河)

续图 5-28

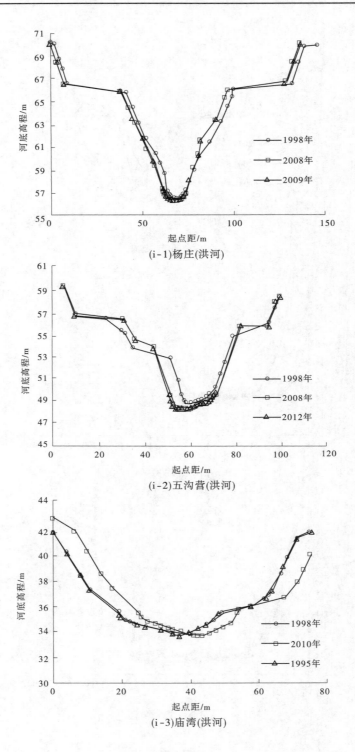

(i-1)杨庄(洪河)

(i-2)五沟营(洪河)

(i-3)庙湾(洪河)

续图 5-28

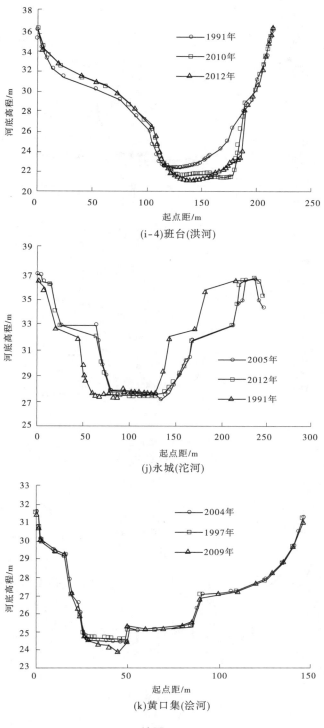

(i-4)班台(洪河)

(j)永城(沱河)

(k)黄口集(浍河)

续图 5-28

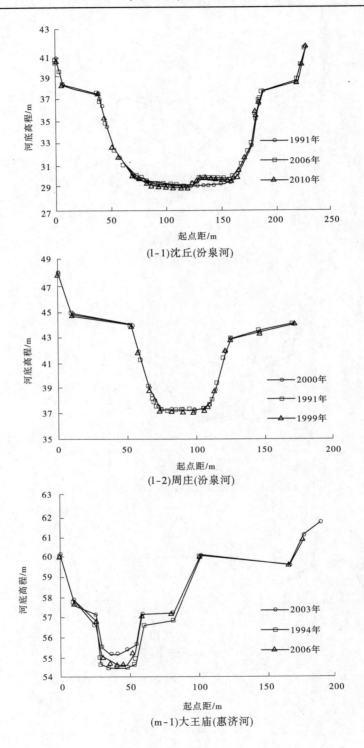

(l-1)沈丘(汾泉河)

(l-2)周庄(汾泉河)

(m-1)大王庙(惠济河)

续图 5-28

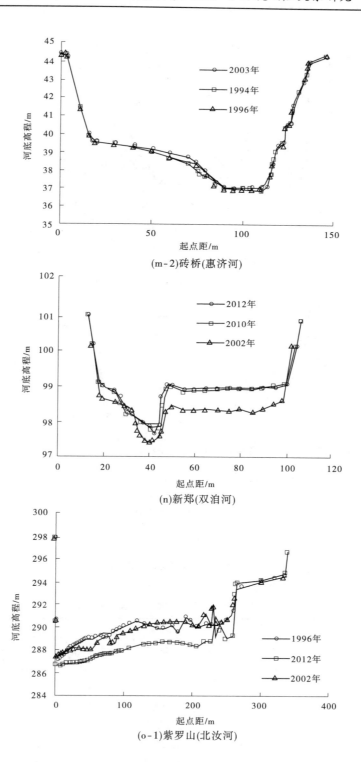

(m-2)砖桥(惠济河)

(n)新郑(双洎河)

(o-1)紫罗山(北汝河)

续图 5-28

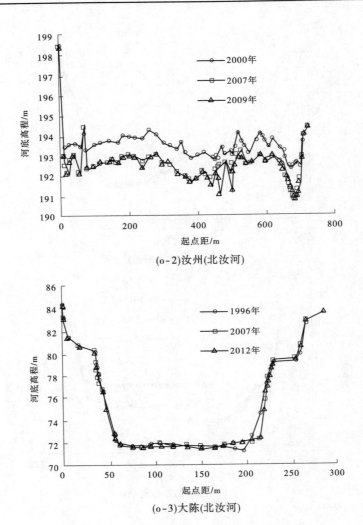

(o-2)汝州(北汝河)

(o-3)大陈(北汝河)

续图 5-28

根据生态水力半径法计算生态需水量的步骤可知,首先需要确定各断面所在河段的水力学参数。各断面水力学参数见表 5-11。

表 5-11　研究区域各水文站点水力学参数

河流名称	水文站点	糙率 n	坡降 J	生态流速 $v_{生态}$/(m/s)	生态水力半径 $R_{生态}$/m
淮河干流	大坡岭	0.025	0.001 000	0.4	0.178
	长台关	0.025	0.000 827	0.4	0.205
	息县	0.025	0.000 340	0.4	0.399
	淮滨	0.025	0.000 120	0.4	0.872

续表 5-11

河流名称	水文站点	糙率 n	坡降 J	生态流速 $v_{生态}/(m/s)$	生态水力 半径 $R_{生态}/m$
涡河	邸阁	0.022	0.000 180	0.4	0.531
	玄武	0.024	0.000 192	0.4	0.577
沙河	马湾	0.025	0.000 120	0.4	0.872
	漯河	0.022	0.000 273	0.4	0.389
贾鲁河	中牟	0.022	0.000 580	0.4	0.221
	扶沟	0.022	0.000 250	0.4	0.415
潢河	潢川	0.026	0.001 190	0.4	0.166
史灌河	蒋家集	0.030	0.000 353	0.4	0.510
颍河	告成	0.022	0.002 960	0.4	0.065
	化行	0.022	0.000 643	0.4	0.204
	黄桥	0.020	0.000 122	0.4	0.616
沙颍河	槐店	0.020	0.000 106	0.4	0.685
洪河	杨庄	0.022	0.000 285	0.4	0.376
	五沟营	0.022	0.000 253	0.4	0.412
	庙湾	0.022	0.000 137	0.4	0.652
	班台	0.022	0.000 120	0.4	0.720
沱河	永城	0.022	0.000 163	0.4	0.572
浍河	黄口集	0.022	0.000 210	0.4	0.473
汾泉河	沈丘	0.022	0.000 192	0.4	0.506
	周庄	0.022	0.000 178	0.4	0.536
惠济河	大王庙	0.022	0.000 217	0.4	0.462
	砖桥	0.022	0.000 187	0.4	0.516
双洎河	新郑	0.022	0.000 505	0.4	0.245
北汝河	紫罗山	0.030	0.003 200	0.4	0.098
	汝州	0.029	0.003 105	0.4	0.095
	大陈	0.022	0.000 585	0.4	0.219

根据生态水力半径法的计算步骤及表 5-11 中的水力学参数,计算得到各水文站的流量与水力半径关系及生态需水量结果见表 5-12 及图 5-29~图 5-31。

表 5-12　各水文站生态需水量计算结果

河流名称	水文站点	水文年频率年		R-Q 关系曲线	$Q_{生态}$/(m³/s)	说明
淮河干流	大坡岭	丰水年	2003 年	$y = 65.162x^{1.5164}$	4.76	
		平水年	2009 年	$y = 79.25x^{1.6717}$	4.42	
		枯水年	1994 年	$y = 64.075x^{1.6714}$	3.58	
	长台关	丰水年	2003 年	—	—	断面形状不规则
		平水年	2002 年	—	—	断面形状不规则
		枯水年	1997 年	—	—	断面形状不规则
	息县	丰水年	2007 年	$y = 200.7x^{2.2224}$	26.06	
		平水年	2010 年	$y = 78.716x^{1.7431}$	15.87	
		枯水年	1994 年	—	—	断面形状不规则
	淮滨	丰水年	1996 年	$y = 33.162x^{1.8543}$	25.72	
		平水年	2004 年	$y = 27.35x^{1.7802}$	21.43	
		枯水年	1994 年	$y = 24.152x^{2.4064}$	17.37	
涡河	邸阁	丰水年	1996 年	$y = 2.2553x^{1.294}$	0.99	
		平水年	1997 年	$y = 5.0884x^{3.0145}$	0.75	
		枯水年	1994 年	—	—	多数月份无流量
	玄武	丰水年	2010 年	—	—	多数月份无流量
		平水年	2008 年	$y = 10.344x^{4.9753}$	0.67	
		枯水年	2009 年	—	—	多数月份无流量
沙河	马湾	丰水年	2003 年	—	—	多数月份无流量
		平水年	1991 年	—	—	多数月份无流量
		枯水年	2009 年	—	—	多数月份无流量
	漯河	丰水年	1998 年	$y = 84.096x^{2.0116}$	12.59	
		平水年	2012 年	$y = 21.399x^{1.1309}$	7.36	
		枯水年	2009 年	$y = 34.334x^{1.459}$	8.66	

续表 5-12

河流名称	水文站点	水文年频率年		R-Q 关系曲线	$Q_{生态}/(\mathrm{m}^3/\mathrm{s})$	说明
贾鲁河	中牟	丰水年	1996 年	$y=23.294x^{1.4505}$	2.61	
		平水年	2003 年	$y=23.528x^{1.5625}$	2.22	
		枯水年	1999 年	$y=23.057x^{1.7383}$	1.67	
	扶沟	丰水年	2005 年	$y=16.474x^{1.8346}$	3.28	
		平水年	1992 年	$y=27.477x^{2.3199}$	3.57	
		枯水年	1991 年	$y=57.475x^{3.6751}$	2.27	
潢河	潢川	丰水年	1996 年	$y=89.041x^{1.4398}$	6.71	
		平水年	1993 年	$y=78.937x^{1.2032}$	9.10	
		枯水年	1994 年	$y=48.475x^{0.9279}$	9.16	
史灌河	蒋家集	丰水年	1998 年	—	—	断面形状不规则
		平水年	1993 年	—	—	断面形状不规则
		枯水年	1994 年	—	—	断面形状不规则
颍河	告成	丰水年	2011 年	—	—	断面形状不规则
		平水年	1994 年	—	—	断面形状不规则
		枯水年	1997 年	—	—	断面形状不规则
	化行	丰水年	2011 年	—	—	多数月份无流量
		平水年	2001 年	—	—	多数月份无流量
		枯水年	1998 年	—	—	多数月份无流量
	黄桥	丰水年	2012 年	—	—	多数月份无流量
		平水年	1998 年	—	—	多数月份无流量
		枯水年	1992 年	—	—	多数月份无流量
沙颍河	槐店	丰水年	2004 年	$y=58.441x^{1.5611}$	32.37	
		平水年	1996 年	$y=49.499x^{1.3064}$	30.20	
		枯水年	2002 年	$y=27.836x^{0.0816}$	26.99	

续表 5-12

河流名称	水文站点	水文年频率年		R-Q 关系曲线	$Q_{生态}$(m³/s)	说明
洪河	杨庄	丰水年	1998 年	$y = 25.144x^{2.1725}$	3.00	
		平水年	2008 年	$y = 35.539x^{2.7194}$	2.49	
		枯水年	2009 年	$y = 33.169x^{2.6956}$	2.37	
	五沟营	丰水年	1998 年	$y = 12.334x^{1.3295}$	3.79	
		平水年	2008 年	$y = 14.586x^{1.6884}$	3.26	
		枯水年	2012 年	$y = 9.9158x^{1.3019}$	3.13	
	庙湾	丰水年	1998 年	$y = 16.383x^{3.0753}$	4.40	
		平水年	2010 年	$y = 13.252x^{2.9332}$	3.78	
		枯水年	1995 年	$y = 17.149x^{3.9391}$	3.18	
	班台	丰水年	1991 年	$y = 12.049x^{2.1337}$	5.98	
		平水年	2010 年	$y = 20.435x^{1.9719}$	10.69	
		枯水年	2012 年	$y = 23.796x^{2.4046}$	10.80	
沱河	永城	丰水年	2005 年	—	—	多数月份无流量
		平水年	2012 年	—	—	多数月份无流量
		枯水年	1991 年	—	—	多数月份无流量
浍河	黄口集	丰水年	2004 年	—	—	多数月份无流量
		平水年	1997 年	—	—	多数月份无流量
		枯水年	2009 年	—	—	多数月份无流量
汾泉河	沈丘	丰水年	1991 年	—	—	多数月份无流量
		平水年	2006 年	—	—	多数月份无流量
		枯水年	2010 年	—	—	多数月份无流量
	周庄	丰水年	2000 年	—	—	多数月份无流量
		平水年	1991 年	—	—	多数月份无流量
		枯水年	1999 年	—	—	多数月份无流量

续表 5-12

河流名称	水文站点	水文年频率年		$R\text{-}Q$ 关系曲线	$Q_{生态}(\mathrm{m}^3/\mathrm{s})$	说明
惠济河	大王庙	丰水年	2003 年	$y = 16.935x^{2.3786}$	2.70	
		平水年	1994 年	—	—	多数月份无流量
		枯水年	2006 年	—	—	多数月份无流量
	砖桥	丰水年	2003 年			无法拟合曲线
		平水年	1994 年	$y = 6.5311x^{2.5235}$	1.23	
		枯水年	1996 年	$y = 4.3353x^{2.8456}$	0.66	
双洎河	新郑	丰水年	2012 年	$y = 20.801x^{2.1961}$	0.96	
		平水年	2010 年	—	—	无法拟合曲线
		枯水年	2002 年	$y = 22.011x^{2.1567}$	1.07	
北汝河	紫罗山	丰水年	1996 年	—	—	断面形状不规则
		平水年	2012 年	—	—	断面形状不规则
		枯水年	2002 年	—	—	断面形状不规则
	汝州	丰水年	2000 年	—	—	断面形状不规则
		平水年	2007 年	—	—	断面形状不规则
		枯水年	2009 年	—	—	断面形状不规则
	大陈	丰水年	1996 年	—	—	多数月份无流量
		平水年	2007 年	—	—	多数月份无流量
		枯水年	2012 年	—	—	多数月份无流量

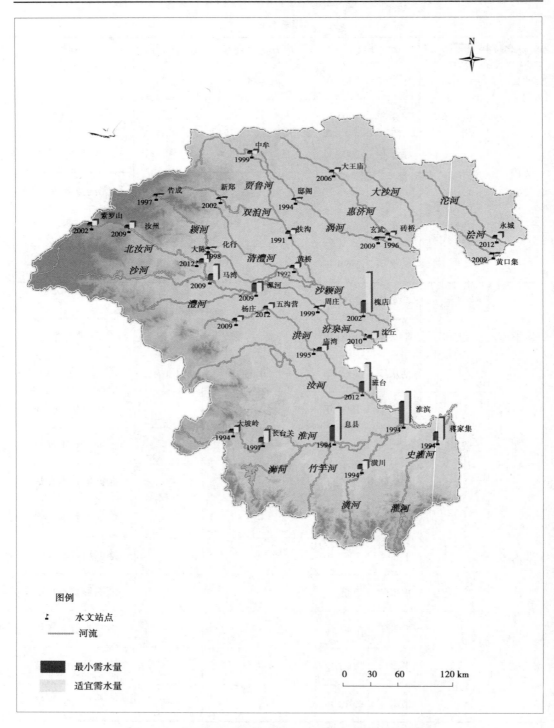

图 5-29　淮河流域(河南段)丰水年生态需水量空间分布图

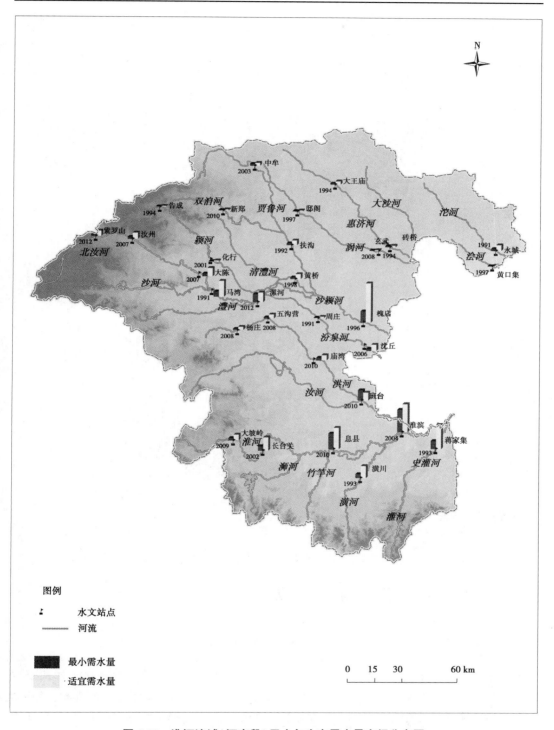

图 5-30　淮河流域(河南段)平水年生态需水量空间分布图

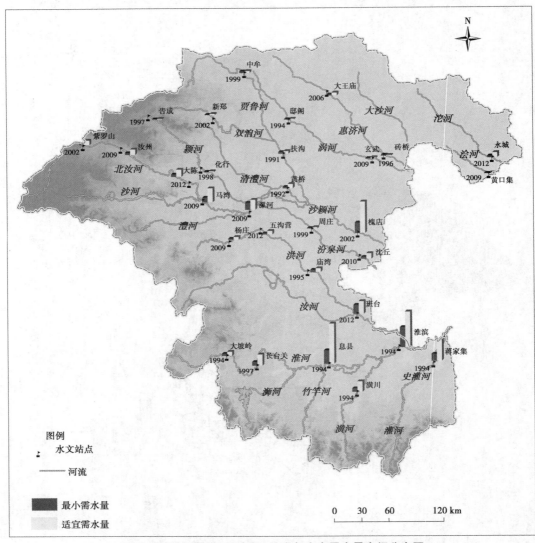

图 5-31　淮河流域(河南段)枯水年生态需水量空间分布图

5.3　水生态-水环境响应关系研究

5.3.1　研究方法

　　本书研究采用 Canoco 软件进行 CCA 分析,其中水生生物基础数据来自野外调研取样,并经专业鉴定得到。丰水期、平水期得到的有水生植物、底栖动物、浮游植物、浮游动物和固着藻类 5 种水生生物的数据,枯水期得到的有底栖动物、浮游植物、浮游动物和固着藻类 4 种水生生物的数据。因此,水生生物与环境因子之间的响应关系主要研究水生生物野外调研得到的样方内物种数与水体理化指标(DO、COD、氨氮、TP、水温、流速、pH、电导率、浊度、底泥有机质和 TN)之间的响应关系。由于底栖动物数据量及种类数无法满足

CCA 数据分析要求,主要开展丰水期、枯水期和平水期浮游动物、浮游植物、固着藻类和水生植物与水环境响应关系研究。

5.3.2　丰水期水生生物与环境因子响应关系分析

5.3.2.1　数据处理

丰水期水生生物基础数据包括水生植物、浮游植物、浮游动物和固着藻类 4 种水生生物的数据。首先对数据进行筛选。对于水生生物数据的筛选遵循以下原则:①该物种在所有点位中的出现频度大于 5 次;②在至少一个点位,其相对丰度不小于 1%;③生物种类特别多的,选取部分典型的生物物种。

根据以上原则,得到水生植物 22 种(包括篦齿眼子菜、翅茎灯心草、大茨藻等)、浮游植物 93 种(包括扁裸藻、扁圆卵形藻、变异直链藻、脆杆藻等)、浮游动物 35 种(包括微齿角突臂尾轮虫、小剪形臂尾轮虫、疣毛轮虫、圆筒异尾轮虫、月形腔轮虫、长三肢轮虫等)、固着藻类 81 种(包括中华小尖头藻、中异极藻、中针杆藻、中舟形藻、肘状针杆藻、转板藻、棕鞭藻等)。

水生植物的原始数据采用以下公式得到:

$$水生植物原始数据 = (物种盖度 + 物种高度)/2 \tag{5-2}$$

浮游植物、浮游动物、固着藻类的原始数据均采用物种的密度,单位以万个/L 表示。

在原始数据基础上,物种数据和环境因子数据中除 pH 外全部通过 $\lg(x+1)$ 转换,将转换后的数据代入操作软件中,得到物种与环境因子之间关系的双序图。其中,物种用小三角符号表示,环境因子则用带箭头的线段表示,线段的长短表示其对物种的影响作用大小,箭头的指向表示物种与环境因子的正负关系。

首先,采用国际标准的通用软件 Canoco4.5 软件对水生植物、浮游植物、浮游动物和固着藻类的物种数据及环境数据进行蒙特卡罗检验,若 $P<0.05$,则能够使用 CCA 方法进行分析。通过计算,水生植物($P=0.002<0.05$)、浮游植物($P=0.002<0.05$)、浮游动物($P=0.002<0.05$)、固着藻类($P=0.002<0.05$)的数据均通过检验,可采用 CCA 方法进行分析。各类水生生物均采用阿拉伯数字编号的形式表达,这是因为其他 3 类物种数量较多,采用名称标识会有交叉,不利于辨识,具体结果见图 5-32~图 5-35。

5.3.2.2　水生植物与环境因子响应关系分析

由图 5-32 可知,从箭头的连线长度明显看出,COD、TP、电导率、pH、水温对水生植物影响较大,其中 TP、COD 和电导率对水生植物的影响明显高于其他因子。TN、氨氮、DO、流速、水深、氧化还原电位对水生植物的影响程度较小。从环境因子的箭头方向与水生植物第 1 排序轴的夹角进行分析,TN、TP、氨氮位于第 1 轴(横坐标轴)的右侧,与第 1 轴呈现显著正相关,相关系数分别为 0.232 7、0.509 9、0.325 9;pH、DO 位于第 1 轴的左侧,与第 1 轴呈现显著负相关,相关系数分别为 -0.349 1、-0.226 5。从环境因子的箭头方向与水生植物第 2 排序轴的夹角进行分析,电导率、COD 在第 2 轴的上侧,与第 2 轴呈现显著正相关,相关系数分别为 0.525 5、0.592 9;氧化还原电位、流速、水温位于第 2 轴的下侧,与第 2 轴呈现显著负相关,相关系数分别为 -0.276 8、-0.243 4、-0.416 9。

从物种到环境因子的垂直距离来看,灰化苔草、金鱼藻、芦苇、水稗到环境因子 TP、电

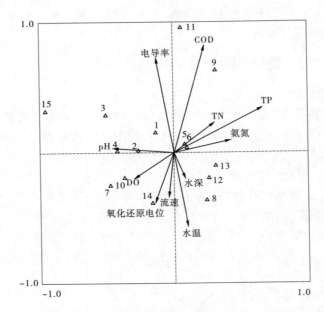

图 5-32　水生植物与环境因子关系的 CCA 二维排序图

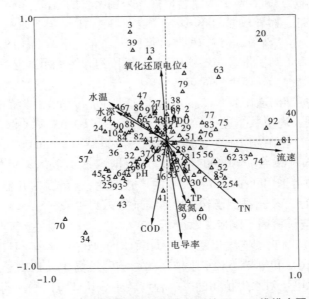

图 5-33　浮游植物与环境因子关系的 CCA 二维排序图

导率、COD 的垂直距离较小,说明 TP、电导率、COD 是它们的主要影响因子;翅茎灯心草、狐尾藻、苦草、轮生黑藻、水蓼到环境因子 DO、pH、氧化还原电位的垂直距离较小,说明 DO、pH、氧化还原电位是它们的主要影响因子;菱角、水鳖、水花生到氨氮、水温、水深的垂直距离较小,说明氨氮、水温、水深是它们的主要影响因子。

5.3.2.3　浮游植物与环境因子响应关系分析

由图 5-33 可知,从箭头的连线长度明显看出,流速、TN、电导率、氧化还原电位、水温、

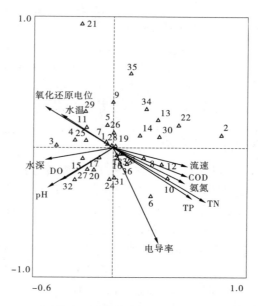

图 5-34　浮游动物与环境因子关系的 CCA 二维排序图

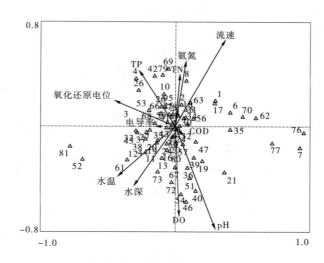

图 5-35　固着藻类与环境因子关系的 CCA 二维排序图

水深、COD 对浮游植物的影响较大,其中流速、TN 影响明显较大,而 pH、TP、氨氮、DO 对浮游植物的影响均较小。从环境因子的箭头方向与浮游植物第 1 排序轴的夹角进行分析,流速位于第 1 轴的右侧,与第 1 轴呈现显著正相关,相关系数为 0.689 4,pH、水温、水深位于第 1 轴的左侧,与第 1 轴呈现显著负相关,相关系数分别为-0.149 3、-0.344 3、-0.291 5;从环境因子的箭头方向与浮游植物第 2 排序轴的夹角进行分析,氧化还原电位位于第 2 轴的上侧,与第 2 轴呈现显著正相关,相关系数为 0.461 2,COD、电导率、TN、氨氮、TP 位于第 2 轴的下侧,与第 2 轴呈现显著负相关,相关系数分别为-0.525 3、-0.624 3、-0.401 8、-0.385 2、-0.334 5。

从物种到环境因子的垂直距离来看,7(单角盘星藻,*Pediastrum simplex*)、8(点形平裂藻,*Merismopedia punctata*)、23(尖针杆藻,*Synedra acus*)、35(裸藻,*Euglena sp.*)、46(十字藻,*Crucigenia sp.*)、65(网球藻,*Dictyosphaerium ehrenbergianum*)、66(微茫藻,*Micractinium pusillum*)到水温和水深的垂直距离较小,说明水温和水深是这些物种的主要影响因子;6(大小环藻,*Cyclotella sp.*)、9(短刺四星藻,*Tetrastrum staurogeniaeforme*)、12(二形栅藻,*Scenedesmus dimophus*)、16(湖生卵囊藻,*Oocystis lacustris*)、28(空星藻,*Coelastrum sp.*)、30(隆顶栅藻,*Scenedesmus protuberans*)、31(卵囊藻,*Oocystis naegelii*)、41(三角四角藻,*Tetraëdron trilobulatum*)、59(四足十字藻,*Crucigenia tetrapedi*)、73(小环藻,*Cyclotella sp.*)、89(中颤藻,*Oscillatoria sp.*)到环境因子氨氮、TN、TP 等营养盐的垂直距离较小,即氨氮、TN、TP 是这些物种的主要影响因子;15(湖生并联藻,*Quadrigula lacustris*)、56(四角十字藻,*Crucigenia quadrata*)、62(铜钱十字藻,*Crucigenia fenestrata*)、33(螺旋弓形藻,*Schroederia setigera*)、74(小菱形藻,*Nitzschia sp.*)、76(小舟形藻,*Navicula sp.*)、81(鱼鳞藻,*Mallomonas sp.*)到环境因子流速的垂直距离较小,即流速是这些物种的主要影响因子;5(大颤藻,*Oscillatoria sp.*)、25(卷曲鱼腥藻,*Anabaena circinalis*)、69(伪鱼腥藻,*Pseudanabaena sp.*)、37(啮蚀隐藻,*Cryptomonas erosa*)、21(尖尾蓝隐藻,*Chroomonas acuta*)、80(硬弓形藻,*Schroderia setigera*)、49(束球藻,*Gomphosphaeria sp*)、64(弯纤维藻,*Ankistrodesmus convolutus*)、93(棕鞭藻,*Ochromonas sp.*)到环境因子 pH 的垂直距离较小,即 pH 是这些物种的主要影响因子。

5.3.2.4　浮游动物与环境因子的响应关系分析

由图 5-34 可知,从箭头的连线长度明显看出,氧化还原电位、水深、pH、TN、TP、电导率、流速、COD、氨氮对浮游动物的影响较大,其中 TN 对其影响最大,而 DO 和水温对浮游动物的影响较小。从环境因子的箭头方向与浮游动物第 1 排序轴的夹角进行分析,流速、COD、氨氮、TN、TP 在第 1 轴的右侧,与第 1 轴呈现显著正相关,相关系数分别为 0.418 8、0.418 9、0.402 6、0.521 6、0.445 7;氧化还原电位、水深、水温、pH 和 DO 在第 1 轴的左侧,与第 1 轴呈现显著负相关,相关系数分别为-0.381 3、-0.380 0、-0.291 9、-0.366 7、-0.300 2。从环境因子的箭头方向与浮游动物第 2 排序轴的夹角进行分析,电导率在第 2 轴的下侧,与第 2 轴呈现显著负相关,相关系数为-0.547 5。

从物种到环境因子的垂直距离来看,3(短尾秀体溞,*Diaphanosoma brachyurun*)、4(对棘异尾轮虫,*Trichocerca similis*)、25(奇异巨腕轮虫,*Pedalia mira*)到水温、水深和氧化还原电位的垂直距离都较小,说明水温、水深和氧化还原电位是这些物种的主要影响因子;8(萼花臂尾轮虫,*Brachionus calyciflorus*)、10(方形臂尾轮虫,*Brachionus quadridentatus*)、12(壶状臂尾轮虫,*Brachionus urceolraris*)到环境因子 COD、氨氮、TN、TP、流速的垂直距离较小,即 COD、氨氮、TN、TP、流速是这些物种的主要影响因子。

5.3.2.5　固着藻类与环境因子的响应关系分析

由图 5-35 可知,从箭头的连线长度明显看出,流速、pH、DO、水温、水深、氧化还原电位、TP、氨氮对固着藻类的影响较大,其中 pH、流速和 DO 对固着藻类的影响最大,而 TN、COD、电导率对固着藻类的影响较小。从环境因子的箭头方向与固着藻类第 2 排序轴的夹角进行分析,流速、TP、氨氮、TN 在第 2 轴的上侧,与第 2 轴呈现显著正相关,相关系数分别为 0.495 8、0.322 8、0.371 9、0.298 3。pH、DO、水深、水温在第 2 轴的下侧,与第 2 轴呈现显著负相关,相关系数为-0.584 4、-0.510 2、-0.338 7、-0.284 0。

从物种到环境因子的垂直距离来看,19(尖细栅藻,*Scenedesmus acuminatus*)、36(三叶四角藻,*Tetraëdron trilobulatum*)、39(束球藻,*Gomphosphaeria sp.*)、40(束丝藻,*Aphanizomenon sp.*)、51(铜钱十字藻,*Crucigenia fenestrata*)到环境因子 pH 的垂直距离较小,即 pH 是这些物种的主要影响因子;61(小衣藻,*Chlamydomonas sp.*)、12(二角盘星藻 *Pediastrum duplex*)、44(丝藻,*Ulothrix sp.*)、20(尖针杆藻,*Synedra acus*)、49(四足十字藻,*Crucigenia tetrapedi*)、33(鞘丝藻,*Lyngbya sp.*)、34(鞘藻,*Oedogonium sp.*)到环境因子水温的垂直距离较小,即水温是这些物种的主要影响因子;4(草鞋形波缘藻,*Cymatopleura solea*)、8(大舟形藻,*Navicula sp.*)、10(点形平裂藻,*Merismopedia punctata*)、42(双眉藻,*Amphora sp.*)、69(月牙藻,*Selenastrum bibraianum*)、79(肘状针杆藻,*Synedra ulna*)到环境因子氨氮、TN、TP 等营养盐的垂直距离较小,即氨氮、TN、TP 是这些物种的主要影响因子。

5.3.3　枯水期水生生物与环境因子响应关系分析

5.3.3.1　枯水期生物数据处理

由于枯水期水生植物种数较少,无法进行分析。根据数据预处理原则对浮游植物、浮游动物和固着藻类 3 种水生生物鉴定数据进行预处理后,得到浮游植物 81 种(包括棒形裸藻、扁圆卵形藻、草鞋形波缘藻、脆杆藻、大舟形藻、单角盘星藻等)、浮游动物 24 种(包括臂三肢轮虫、扁平滑细脊轮虫、唇形叶轮虫、多肢轮虫、萼花臂尾轮虫等)、固着藻类 66 种(包括大颤藻、大舟形藻、单针藻、点形平裂藻、多甲藻、二形栅藻等)。

对浮游植物、浮游动物和固着藻类的物种数据及环境数据进行蒙特卡罗检验,若 $P<0.05$,则能够使用 CCA 方法进行分析。通过计算,浮游植物($P=0.01<0.05$)、浮游动物($P=0.002<0.05$)、固着藻类($P=0.002<0.05$)的数据均通过检验,可采用 CCA 方法进行分析。这 3 类生物均采用阿拉伯数字编号的形式表达,这是因其物种数量较多,采用名称标识会导致图表混乱,不利于辨识,具体结果见图 5-36~图 5-38。

5.3.3.2　浮游植物与环境因子响应关系分析

由图 5-36 可知,从箭头的连线长度明显看出,TN、TP、氨氮和 COD 对浮游植物的影响较大,而电导率、pH、水温、流速、浊度、底泥有机质和 DO 对浮游植物的影响均较小。从环境因子的箭头方向与浮游植物第 1 排序轴的夹角进行分析,TP、氨氮和 COD 位于第 2 轴的右侧,与第 1 轴呈现显著正相关,相关系数分别为 0.473 9、0.422 0 和 0.677 4,TN 位于第 2 轴的左侧,与第 1 轴呈现显著负相关,相关系数为-0.070 9;从环境因子的箭头方向与浮游植物第 2 排序轴的夹角进行分析,TN、TP、氨氮和 COD 均位于第 1 轴的上侧,与第 2 轴呈现显著正相关,相关系数分别为 0.832 9、0.751 2、0.731 8 和 0.143 1。

从物种到环境因子的垂直距离来看,36(菱形藻,*Nitzschia sp.*)、48(双尾栅藻,*Scenedesmus bicaudatus*)、66(衣藻,*Chlamydomonas sp.*)、67(异极藻,*Gomphonema sp.*)、71(月牙藻,*Selenastrum bibraianum*)、77(中双菱藻,*Surirella sp.*)到氨氮和 TP 的垂直距离都较小,说明氨氮和 TP 是这些物种的主要影响因子;3(草鞋形波缘藻,*Cymatopleura solea*)、34(颗粒直链藻极狭变种,*M. granulatavar. angustissima*)、54(蹄形藻,*Kirchneriella lunaris*)、

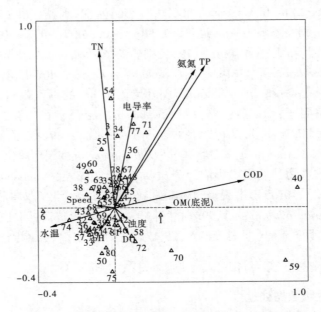

图 5-36　浮游植物与环境因子关系的 CCA 二维排序图

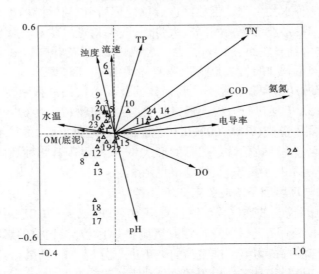

图 5-37　浮游动物与环境因子关系的 CCA 二维排序图

55(网球藻,*Dictyosphaerium ehrenbergianum*)到环境因子 TN 的垂直距离较小,说明 TN 是这些物种的主要影响因子。

5.3.3.3　浮游动物与环境因子响应关系分析

由图 5-37 可知,从箭头的连线长度明显看出,TN、氨氮、COD、pH、电导率、DO 和 TP 对浮游动物的影响较大,其中 TN 和氨氮对其影响最大,而流速、浊度、水温和底泥有机质对浮游动物的影响较小。从环境因子的箭头方向与浮游动物第 1 排序轴的夹角进行分析,TN、氨氮、COD、电导率和 DO 在第 2 轴的右侧、与第 1 轴呈现显著正相关,相关系数分

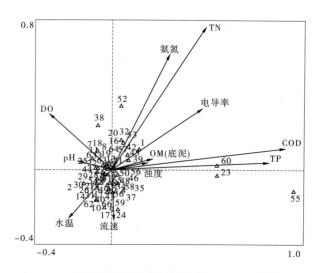

图 5-38　固着藻类与环境因子关系的 CCA 二维排序图

别为 0.700 2、0.916 2、0.618 8、0.541 1 和 0.416 8;从环境因子的箭头方向与浮游动物第 2 排序轴的夹角进行分析,pH 和 DO 在第 1 轴的下侧,与第 2 轴呈现显著负相关,相关系数分别为-0.472 3 和-0.182 9。

从物种到环境因子的垂直距离来看,11(矩形臂尾轮虫,*Brachionus leydigi*)、14(巨头轮虫,*Cephalodella sp.*)、24(蛭态目轮虫,*Bdelloidea*)到 COD 的垂直距离都较小,说明 COD 是这些物种的主要影响因子;10(橘轮虫,*Rotaria citrina*)到环境因子 TP 的垂直距离较小,说明 TP 是该物种的主要影响因子。

5.3.3.4　固着藻类与环境因子响应关系分析

由图 5-38 可知,从箭头的连线长度明显看出,TN、COD、TP、氨氮和电导率对固着藻类的影响较大,其中 TN、COD 和 TP 对固着藻类的影响最大。从环境因子的箭头方向与固着藻类第 2 排序轴的夹角进行分析,TN、COD、TP、氨氮和电导率均在第 2 轴的右侧、第 1 轴上方,与第 1 轴和第 2 轴均呈现显著正相关,与第 1 轴相关系数分别为 0.485 2、0.898 1、0.813 0、0.297 9 和 0.466 5,与第 2 轴相关系数分别为 0.757 8、0.114 9、0.040 9、0.609 9 和 0.325 8。

从物种到环境因子的垂直距离来看,23(裸藻,*Euglena sp.*)、60(爪哇栅藻,*Scenedesmus javaensis*)、55(小桩藻,*Characium sp.*)到 COD 和 TP 的垂直距离都较小,说明 COD 和 TP 是这些物种的主要影响因子;52(小双菱藻,*Surirella sp.*)到氨氮和 TN 的垂直距离较小,说明氨氮和 TN 是该物种的主要影响因子。

5.3.4　平水期水生生物与环境因子响应关系分析

5.3.4.1　平水期生物数据处理

根据数据预处理原则对水生植物、浮游植物、浮游动物和固着藻类 4 种水生生物鉴定数据进行预处理后,得到水生植物 25 种(包括水花生、狐尾藻、金鱼藻、龙须眼子菜、菹草等)、浮游植物 33 种(包括伪鱼腥藻、小环藻、尖尾蓝隐藻、衣藻等)、浮游动物 23 种(包括多肢轮虫、暗小异尾轮虫、长三肢轮虫等)、固着藻类 23 种(包括伪鱼腥藻、谷皮菱形藻、威尼舟型藻等)。

　　对水生植物、浮游植物、浮游动物和固着藻类的物种数据及环境数据进行蒙特卡罗检验,通过计算,水生植物($P=0.01<0.05$)、浮游动物($P=0.002<0.05$)的数据均通过检验,可采用 CCA 方法进行分析,浮游植物和固着藻类未通过检验,因此不再进行 CCA 分析。这两类生物均采用阿拉伯数字编号的形式表达,具体结果见图 5-39 和图 5-40。

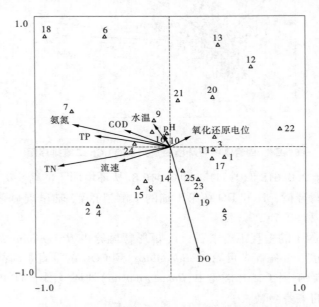

图 5-39　水生植物与环境因子关系的 CCA 二维排序图

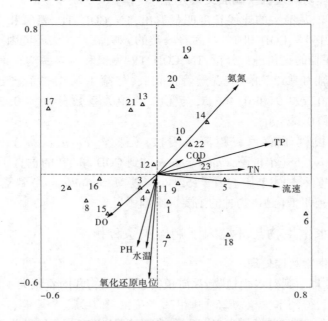

图 5-40　浮游动物与环境因子关系的 CCA 二维排序图

5.3.4.2　水生植物与环境因子的 CCA 分析

由图 5-39 可见,从箭头的连线长度明显看出,DO、TN、流速、TP 对水生植物的影响较大,而氧化还原电位、pH、水温、流速和 COD 对浮游植物的影响均较小。从环境因子的箭头方向与水生植物第 1 排序轴的夹角进行分析,TN、氨氮和 TP 位于第 2 轴的左侧,与第 1 轴呈现显著负相关;从环境因子的箭头方向与水生植物第 2 排序轴的夹角进行分析,TP、氨氮和 COD 均位于第 1 轴的上侧,与第 2 轴呈现显著正相关;DO 位于第 1 轴的下侧,与第 2 轴呈现显著负相关。

从物种到环境因子的垂直距离来看,7(龙须眼子菜)、24(沼生薹菜)、25、(菹草)到氨氮和 TN 的垂直距离都较小,说明氨氮和 TN 是这些物种的主要影响因子;14(水花生)、19(香附子)、23(印度薷菜)、25(菹草)到环境因子 DO 的垂直距离较小,说明 DO 是这些物种的主要影响因子。

5.3.4.3　浮游动物与环境因子的 CCA 分析

由图 5-40 可见,从箭头的连线长度明显看出,流速、TP、pH 和氨氮对浮游动物的影响较大,其中流速、TP 对其影响最大,而 COD、DO、水温等对浮游动物的影响较小。从环境因子的箭头方向与浮游动物第 1 排序轴的夹角进行分析,流速、TP、TN、氨氮在第 2 轴的右侧,与第 1 轴呈现显著正相关;从环境因子的箭头方向与浮游动物第 2 排序轴的夹角进行分析,pH、水温、DO 和氧化还原电位在第 1 轴的下侧,与第 2 轴呈现显著负相关。

从物种到环境因子的垂直距离来看,5(萼花臂尾轮虫,*Brachionus calyciflorus*)、9(角突臂尾轮虫,*Brachionus angularis*)、23(长三肢轮虫,*Filinia longiseta*)到流速、TP 的垂直距离都较小,说明流速和 TP 是这些物种的主要影响因子;4(多支轮虫,*Polyarthra sp.*)、11(巨头轮虫,*Cephalodella sp.*)到环境因子 pH 的垂直距离较小,说明 pH 是该物种的主要影响因子。

通过上述分析不同水期水生生物与水环境因子间的响应关系分析可知,水环境因子中 COD、氨氮、TP、DO 等理化因子及河流流速等水文因子对水生生物的物种结构及分布存在明显的响应关系,因此在下一步开展河流水生态系统相关研究中应重点考虑。

第 6 章　河流生态系统退化诊断研究

6.1　河流生态系统类型划分

　　由于受到水质污染、河道改造、水文调控、生物资源过度利用、植被破坏等人为干扰,以及洪水、干旱等自然干扰,大多数河流生态系统正经历着严重的退化过程。近年来,流域保护和河流恢复成为世界环境保护的热点,河流分类也成为这一领域发展初期的重要研究内容[6,125-127]。河流分类是河流管理活动的基础,对河流生态恢复、资源可持续利用具有重要的意义。

6.1.1　国内外类型划分研究方法介绍

6.1.1.1　国外类型划分研究方法介绍

1. 基于地貌的河流生态系统类型划分

　　国外河流生态系统类型划分研究起步较早,分类体系也较为丰富。河流划分最早起源于河流地貌学,大多基于河型进行分类。Leopold 等[128]按照河流的平面形态,定性地将河流划分为顺直河、曲流河、辫状河 3 类;Rust[129]应用河道辫指数和弯曲度,半定量地将上述 3 种河型补充成为顺直河、曲流河、辫状河及网状河 4 种类型。但也有不少学者将地貌学的研究重点放在沉积侵蚀、搬积与堆积上。Davis 等[130]根据流域侵蚀旋回发育阶段的不同,将河流分为青年期、中年期和老年期等河型。Schumm 根据河流对沉积物的搬运方式及底负载的百分比将河流分为悬载河道、混载河道、底载河道。Angela 等[131]在英国国家河流调查标准的基础上,结合城市河流特征丰富了地貌调查指标,开展了河段分类,提出的结合城市河流特征的调查指标和分类方法,对于受水利工程严重干扰的河流有借鉴意义。

　　以上的分类都属于定性分类,Rosgen 的分类模型应用了定量方法。运用河道几何学原理,以河道下切比、宽深比、蜿蜒度等特征划分了 8 种一级类型,然后根据河流纵向坡度和河床物质粒径等参数共划分了 94 种二级类型。该分类体系分类标准是客观的测量数据,来自不同测量人员的数据能够重复。Rosgen 的分类方法已广泛应用于河流开发管理规划中。

2. 基于生态的河流生态系统类型划分

　　在 20 世纪的中后期,各种解释河流中生命有机体分布和过程的结构及功能模型不断涌现。河流生态分类模型假定河流生物与河流地貌、水文等控制因子之间有可预测的关系。1959 年,Huet 提出结合河道坡度与宽度进行河流的纵向分区。这些分区与典型鱼类群落的分布相对应,从上游窄、陡的小河流到下游宽、浅的大河,典型鱼类群落依次是鲑鱼、河鳟、触白须、鲤鱼及河口鱼类。

　　在生态学领域,河流分类主要是从国家管理层面上去考虑的。James[132]划分了美国水生态区,将生态系统及其组成相对同质的区域划分在一起。2002 年,美国国家环保署启动了流域分类项目,在不同区域建立流域分类体系,旨在更有效地确立监测计划,诊断生物受损的原因,确定流域优先行动计划。同时,欧盟水框架指令要求成员国采取基于生态的分类系统,进而监测评估生态系统健康。

Berman[133]在景观生态学的影响下,提出了一个基于景观结构和过程的内在过程等级模型(GPH),利用 GIS 来实现景观结构和过程的分类,进而评估生态系统的脆弱性和完整性。

生态分类由于在多个尺度上涉及较多的因子,基于优势物种或指示物种、群落、生态系统、生态区等不同尺度,结合地貌、水文、水质等多种因子,所以分类体系也较多样和庞杂,并将成为河流类型划分的趋势。

3. 基于水文的河流生态系统类型划分

许多水生态学家都认为水文条件是河流及河漫滩湿地的重要驱动因子。Bunn 和 Arthington[134]提出了流量节律对水生生物多样性产生影响的 4 条重要原理:①流量对于河流栖息地具有决定性作用,决定着生物构成;②水生生物的生活史策略主要用来应对流量变化规律;③维持纵向和横向的连通性对于河流物种的种群生存力具有关键的作用;④河流中外来物种的入侵和演替也是由于流量节律的改变而引发的。流量变化影响了河流植物、无脊椎动物和鱼类。Poff 等认为水文节律(流量大小、变化频率、持续时间、时刻、变化率)是一种调节生态完整性的控制变量。

早在 1977 年,Jones 等[135]为了开发一个客观的、可重复划分未污染的河流群落结构的方法,对河流流量节律进行了分类。通过平均、最小、最大月流量图来表达节律,将流量划分为"稳定"和"大水"。他们认为,运用流量节律的变化可以预测无脊椎动物群落的变化。Poff 和 Ward[136]开发了一个概念性河流分类模型,基于 4 种水文特征(间歇性、洪水发生频率、洪水可预测性和整个流量的可预测性)将美国的 78 条河流划分为 9 种类型,并进行等级排序。他们讨论了流量生态格局的意义,认为高频间歇的河流一般会支持体型小的鱼类及休眠期的无脊椎动物,增加扩散能力;而稳定的高流量将会支持大体型的、特种的鱼类和无脊椎动物及长寿的物种。Neil 等[137]根据温度和流量对于河流生态系统的重要性,开发了一个按照"波型"和"大小"划分流量及温度节律的级别并将二者综合起来划分河段类型的方法,并将这一分类方法成功地应用于 4 条英国河流,该方法对于河流生态流量节律设计非常有益。美国 TNC 开发了一套软件工具(IHAs),以长序列的日流量为数据源,定量表达 67 个具有生态意义的水文参数,能够比较干扰(建坝)前后水文节律的变化,并能输出图表,该软件已经迅速被应用。Olden 等采用 IHAs 软件,处理了澳大利亚、新西兰、南非、欧洲和美国 5 个洲(国家)的 463 个水文站的数据,应用排序和聚类方法确定了相似性和差异性,在等级框架下探讨了 3 个尺度下(洲际、洲内或水文气候区、水文亚区)水文节律差异的主要原因。

6.1.1.2　国内类型划分研究进展

国内河流生态系统类型划分研究相比国外较晚,但与国外的发展趋势基本一致,也经历了从地貌到水文,再到生态学的一个发展过程。

在地貌河流分类体系中,钱宁[138]吸收了 Rust 的河型分类后,把河流分为游荡型、弯曲型、顺直型和分汊型 4 类,在中国水利学界和地貌学界受到广泛的重视;许新庆等[139]专门就河型分类进行了研究,并提出根据河型的成因分类,即根据河床成因进行分类,采用模糊数学方法进行研究;熊森等[140]根据 Strahler 法,按照坡度、坡向和地形之间的相互关系及水流特性,对东河进行河流等级划分;谢建丽等[141]借鉴 Horton 及其学生 Strahler 的河流等级划分方法,基于甘肃省河流众多的特征,确定了新的河流等级分类方法,具体为:一级河流为入海的河流或汇入内陆湖的内陆河;二级河流为汇入一级河流,流域面积≥5 000 km² 的河流;三级河流为汇入二级河流,300 km² ≤流域面积≤500 km² 的河流;四级河流为汇入三级河流,100 km² ≤流域面积≤300 km² 的河流。其中,流域面积<3 000 km² 的河流为中小河流。

在水文分类体系中,邓绶林等[142]以流量为依据,选取了连续 3 个月的最大的河流流量,冬季枯水连续 3 个月的河流流量和最大月流量及其发生的月份,对流域河流进行分类;崔韧刚等[143]针对流域资源的丰与枯的客观模糊性,提出应首先按模糊聚类最大矩阵元原理确定分类数,然后根据最小二乘最优准则与模糊 ISODATA 聚类迭代原理进行修正,得出最优分类。以辽西沿海诸河流域为例,将河流分为尚丰、中枯、最枯 3 类。

在生态分类体系中,陶沈巍[144]借鉴德国的 WERTH 河流生态等级划分方法,根据河道线和水流状况、河底(包括结构、本底材料及与地下水的接触状况)、水-岸的交错状况及河道宽度的多样性、河堤(结构、构成材料)、植被(水-岸的交错区及其周边区域)5 个状况参数,设定自然状态(1)、受到较小干扰(2)、受到强烈干扰(3)和处于人工状态(4)4 个等级。然后根据这 5 个参数的平均值,得出河流总体生态等级,等级标准为:1.0~1.2 为 1 级,1.3~1.7 为 1.5 级,1.8~2.2 为 2 级,2.3~2.7 为 2.5 级,2.8~3.2 为 3 级,3.3~3.7 为 3.5 级,3.8~4.0 为 4 级。石维等[145]在研究海河流域时,根据河流现有生态状况,提出河流生态系统总体上可以用水量、水质、河岸带、物理结构等要素来表达,将河流生态系统划分成干涸沙化型、水质污染型和生境破坏型 3 大类;王书航等[146]参照孟伟等的"分类、分级、分期"治理湖泊水环境观点,提出首先运用聚类分析法,将巢湖的入湖河流划分为不同类型,然后通过因子分析,对各入湖河流的水环境质量状况进行排序和分级,再针对性地进行治理,以期达到更好的效果。

综合国内外河流生态系统类型划分方法的基础上,倪晋仁和高晓薇[147]基于河流生态系统形成背景和结构特征的深入分析,提出了河流综合分类方法体系,从河流的纪、系、统、类、型、境、群多个层次探讨了不同时空尺度上影响河流行为的环境因子及其生态响应关系,系统地阐述了现有分类方法在综合分类体系中的地位和作用,揭示了目前各分类方法之间的关系及其适用范围,提出了河流生态系统综合分类层次结构。

由以上研究可知,根据分类目的、依据的不同,河流分类的差别也较大。因此,在进行河流生态系统划分时,应该根据河流的特点和研究目的来进行河流生态系统类型的划分。

6.1.2 类型划分方法

天然径流情势与河流生态系统具有一定的响应关系,水文情势的变化使得各种生物不同生长周期所需的水文条件发生改变,最终使适应这种水文条件的生态系统受到破坏。河流生态系统随水情变化,表现出显著的季节性特点。春夏间河流涨水时段是水生生物的繁殖期,生长期一般是河流的丰水期,并且对下游湿地、河岸生态进行补水,而对水量要求最低的冬季休眠期是河流枯水期。一个完整的河流生态系统可由枯水期、平水期(涨水期、退水期)、丰水期(洪水期)等水文期构成。根据淮河流域(河南段)流量变化特征,该流域不同水文期对应的月份分别如下:枯水期为 12 月至次年 2 月,平水期为 3~5 月和 10~11 月,丰水期为 6~9 月。

　　淮河流域(河南段)河流闸坝分布广泛,天然径流量差别较大,部分河流由于缺乏天然径流,再加上闸坝影响,时常出现季节性断流,对河流生态系统的健康发展造成了严重的影响。为充分体现流域特征,应综合考虑水文和生态等因素,筛选河流类型划分的因子。生态需水量是维持河流生态系统物质循环和稳定所需要的水量,其计算采用同时考虑了水力半径、糙率、水力坡度等河道信息和水生生物(主要是鱼类)所需河流流速的生态水力半径法,这种方法能够更好地满足鱼类对流速的要求,具有显著的生态意义。同时为能够直接表征淮河流域(河南段)径流量的变化情况,在进行淮河流域河流生态系统类型划分时,可采用洪枯比和河道断流频率来进行生态系统类型的划分。因此,可选择生态需水保证率、洪枯比和断流频率等 3 个指标对河流生态系统进行类型划分。

　　本书依据生态需水量保证率、洪枯比和河流断流频率对河南省淮河流域河流生态系统进行类型划分,根据类型划分结果识别出河流生态系统是否处于水量严重缺乏的状态。

6.1.2.1　生态需水保证率

　　生态需水保证率指长时间序列内河流水量满足维持河流水沙平衡、污染物稀释自净、水生生物生产和河口生态所需要最小流量需求的天数比例,反映河道内水资源量满足生态环境需求的状况。其计算公式如下:

$$W_E = \frac{M_E}{M_T} \times 100\% \tag{6-1}$$

式中:W_E 为河道生态需水保证率;M_E 为流量大于或等于生态环境需水流量的天数;M_T 为总天数。

　　该指标计算时日径流量采用各水文站点近 30 年的日流量监测数据。

6.1.2.2　洪枯比

　　根据 Poff 和 Ward(1989)概念性河流分类模式的相关研究,河道洪水期与枯水期比值(洪枯比)超过一定值后,河流呈现出的间歇性有水的一种水文特征,严重影响生态系统的功能。河流的洪枯比越大,说明径流量的变化越大,生态系统遭受破坏的可能性越大。河流洪枯比的计算公式为:

$$洪枯比 = \frac{洪水期平均流量}{枯水期平均流量} \tag{6-2}$$

　　其中,洪水期平均流量为每年 6~9 月的平均流量,枯水期平均流量为每年 12 月至次年 2 月的平均流量。该指标计算时以近 30 年的日流量监测数据为基础。

6.1.2.3　断流频率

　　河道年内断流时间超过一定天数后,会对生态系统造成严重的破坏。其计算公式如下:

$$断流频率 = \frac{\sum_{i=1}^{n} \frac{每年断流的天数}{365} \times 100}{n} \tag{6-3}$$

式中:n 为计算年份,断流天数的计算可根据近 30 年的日流量监测数据。

6.1.3　生态系统类型划分依据

基于生态需水保证率的河流生态系统类型划分借鉴董哲仁等在河流健康评价体系中河流生态需水保证率的分级标准,选取生态需水保证率小于 65%即处于不健康状态作为类型划分依据;基于洪枯比和断流频率的河流生态系统类型划分借鉴 Poff 和 Ward 的概念性河流分类模式,根据淮河流域(河南段)河流生态系统年径流量变化情况,同时结合流域内水量特征,选取河流年平均断流频率小于 40%或年平均洪枯比大于 5 作为划分依据(见表 6-1),初步将河流生态系统分为以下两类:

(1)正常流态河流生态系统。

正常流态河流生态系统指河道内生态需水量尚能够保证河流生态系统维持正常生态功能的河流生态系统。该类型河流虽然会出现水量较少的情况,但在不实施人工补水措施的情况下,其水量可以通过降水或上游来水自行恢复,该类型的生态系统不会受到不可逆转的破坏。

根据淮河流域(河南段)河流现状水文情况,将河流生态需水保证率大于或等于48.15%且年平均断流频率小于或等于 40%且年平均洪枯比小于或等于 5 的生态系统划分为正常流态河流生态系统。

(2)极端流态河流生态系统。

极端流态河流生态系统指河道内生态需水量严重不足,河流时常断流,使河流正常生态功能难以稳定维持的河流生态系统。该类退化类型的生态系统必须要进行一定的补水措施才能够开始实施生态系统的其他修复措施。

根据淮河流域(河南段)河流现状水文情况,将河流生态需水保证率小于 48.15%或年平均断流频率在 40%以上或年平均洪枯比在 5 以上的生态系统划分为极端流态河流生态系统。

表 6-1　河流生态系统类型判断标准

生态系统类型	判断指标		
	生态需水保证率/%	断流频率/%	洪枯比
正常流态河流	>65	<40	<5
极端流态河流	>65	<40	≥5
	>65	≥40	<5
	≤65	<40	<5
	≤65	≥40	≥5

6.1.4　生态系统类型划分结果

14 条河流建设有 30 个水文站点,但仅有部分水文站点与本书研究调查点位对应,因此研究区域内其余河流及未对应点位的生态需水保证率,采用类比分析法,针对其余未设置水文站点的调研河流及其调研点位应进行生态需水保证率、洪枯比和断流频率的计算。其中,部分河流采用 1955~1970 年河流上设置的水文站点流量监测数据确定生态需水保证率,具体结果见表 6-2。

表 6-2　研究区域河流生态需水保证率计算结果

序号	河流名称	点位	生态需水保证率/%	洪枯比	断流频率/%	参照站点
1	索河	SH-1	60	5	40	根据野外调查情况
2		SH-2	60	5	40	
3		SH-3	60	5	40	
4	索须河	SXH-1	60	5	40	
5		SXH-2	60	3	40	
6	八里河	BLH-1	50.87	5.08	0.71	八里河汇入洪河,且靠近杨庄水文站,参照杨庄水文站计算结果
7	小蒋河	XJH-1	51.91	12.14	50	汇入惠济河,且靠近柘城砖桥,参照砖桥水文站计算结果
8	铁底河	TDH-1	14.22	15.5	60	汇入涡河,且靠近涡河玄武水文站
9	小温河	XWH-1	14.22	15.5	60	汇入涡河,且靠近涡河玄武水文站
10	包河	BH-1	18.94	5.14	70.18	河流水文状况接近于沱河,采用沱河数据
11		BH-2	18.94	5.14	70.18	
12	大沙河	DSH-1	18.94	5.14	70.18	河流流域面积和水文状况均接近于沱河,采用沱河数据
13		DSH-2	18.94	5.14	70.18	
14	黑茨河	HCH-1	28	3.66	15	根据野外调查情况
15		HCH-2	28	3.66	15	
16		HCH-3	28	3.66	15	
17	清潩河	QYH-1	67.31	7.35	60	采用清潩河 1955~1970 年水文站点数据 Tennant 法计算结果
18		QYH-2	67.31	2.84	15	
19		QYH-3	67.31	2.84	15	
20		QYH-4	67.31	2.84	15	
21		QYH-5	67.31	2.84	15	
22		QYH-6	67.31	2.84	15	

续表 6-2

序号	河流名称	点位	生态需水保证率/%	洪枯比	断流频率/%	参照站点
23	浉河	SSH-1	85.42	4.69	0.95	采用浉河南湾水库(总量)
24		SSH-2	85.42	4.69	0.95	1955~1970年径流数据
25	贾鲁河	JLH-1	97.72	2.10	0.04	采用中牟水文站点数据
26		JLH-2	97.72	2.10	0.04	
27		JLH-3	97.72	2.10	0.04	
28		JLH-4	97.72	2.10	0.04	
29		JLH-5	97.72	2.10	0.04	
30		JLH-6	75.78	1.87	2.65	采用扶沟水文站点计算结果
31		JLH-7	75.78	1.87	2.65	
32		JLH-8	75.78	1.87	2.65	
33		JLH-9	75.78	1.87	2.65	
34	颍河	YH-1	85.21	2.42	5.84	参照告成水文站点计算结果
35		YH-2	41.59	1.22	54.88	参照化行水文站点计算结果
36		YH-3	41.59	1.22	54.88	
37		YH-4	41.59	1.22	54.88	
38		YH-5	41.59	1.22	54.88	
39		YH-6	36.82	3.12	44.00	参照黄桥水文站点计算结果
40		YH-7	36.82	3.12	44.00	
41	沙颍河	SYH-1	65.88	3.66	23.97	参照槐店水文站点计算结果
42		SYH-2	65.88	3.66	23.97	
43		SYH-3	65.88	3.66	23.97	
44		SYH-4	65.88	3.66	23.97	
45	沙河	SHH-1	73.19	1.77	21.66	参照马湾水文站点计算结果
46		SHH-2	73.19	1.77	21.66	
47		SHH-3	73.19	1.77	21.66	
48		SHH-4	73.19	1.77	21.66	
49		SHH-5	75.17	2.19	1.74	参照漯河水文站点计算结果
50		SHH-6	75.17	2.19	1.74	
51		SHH-7	75.17	2.19	1.74	
52		SHH-8	75.17	2.19	1.74	

续表 6-2

序号	河流名称	点位	生态需水保证率/%	洪枯比	断流频率/%	参照站点
53	双洎河	SJH-1	95.68	1.13	2.21	参照新郑水文站点计算结果
54		SJH-2	95.68	1.13	2.21	
55		SJH-3	95.68	1.13	2.21	
56	汾河	FH-1	29.78	1.66	66.13	参照周庄水文站点计算结果
57		FH-2	29.78	1.66	66.13	
58	汾泉河	FQH-1	48.33	3.52	51.06	参照沈丘水文站点计算结果
59	北汝河	BRH-1	83.61	3.41	0.54	点位与紫罗山水文站对应
60		BRH-2	70.84	3.41	2.01	参照汝州水文站点计算结果
61		BRH-3	70.84	3.41	2.01	
62		BRH-4	66.09	4.51	20.86	参照大陈水文站点计算结果
63	小洪河	XHH-1	50.87	4.08	0.71	点位位于杨庄水文站附近,采用杨庄水文站计算结果
64		XHH-2	38.97	5.35	0.46	点位位于五沟营水文站附近,采用五沟营水文站点计算结果
65	惠济河	HJH-1	55.54	2.11	30.67	参照大王庙水文站点计算结果
66		HJH-2	55.54	2.11	30.67	
67		HJH-3	51.91	1.71	17.34	点位与砖桥水文站点对应
68	浍河	HHH-1	27.11	12.14	68.21	参照黄口集水文站点计算结果
69		HHH-2	27.11	12.14	68.21	
70		HHH-3	27.11	12.14	68.21	点位位于黄口集附近,采用黄口集水文站点计算结果
71	沱河	TH-1	18.94	5.14	70.18	参照永城水文站点计算结果
72		TH-2	18.94	5.14	70.18	
73	涡河	WH-1	48.15	6.59	14.95	点位与邸阁水文站点对应
74		WH-2	31.19	3.82	14.95	点位位于邸阁和玄武水文站点附近,采用两水文站点计算结果均值
75		WH-3	14.22	1.04	14.95	参照玄武水文站计算结果
76	潢河	HH-1	78.79	4.69	0.95	点位与于潢川水文站点对应
77	史灌河	SGH-1	83.52	4.74	0	参照蒋集水文站数据
78		SGH-2	83.52	4.74	0	参照蒋集水文站数据
79		SGH-3	83.52	4.74	0	参照蒋集水文站数据

续表 6-2

序号	河流名称	点位	生态需水保证率/%	洪枯比	断流频率/%	参照站点
80		HG-1	86.54	4.26	0.11	参照大坡岭水文站点数据
81	淮河干流	HG-2	85.83	4.37	0.26	点位与长台关相对应
82		HG-3	86.62	4.33	0	点位与息县水文站对应
83		HG-4	83.26	4.25	0	点位与淮滨水文站对应

根据表 6-2 可以看出,生态需水保证率在 65% 以下或断流频率在 40% 以上或洪枯比在 5 以上的河流包括索河(SH-1、SH-2、SH-3)、索须河(SXH-1、SXH-2)、八里河(BLH-1)、小蒋河(XJH-1)、铁底河(TDH-1)、小温河(XWH-1)、包河(BH-1、BH-2)、大沙河(DSH-1、DSH-2)、黑茨河(HCH-1、HCH-2、HCH-3)、清潩河(QYH-1)、颍河(YH-2、YH-3、YH-4、YH-5、YH-6、YH-7)、汾河(FH-1、FH-2)、汾泉河(FQH-1)、小洪河(XHH-1、XHH-2)、浍河(HHH-1、HHH-2、HHH-3)、沱河(TH-1、TH-2)、涡河(WH-1、WH-2、WH-3)等河流。淮河流域(河南段)的不同类型河流生态系统分类情况见表 6-3 和表 6-4。淮河流域(河南段)内主要河流的生态系统类型如图 6-1 所示。

表 6-3　淮河流域(河南段)正常流态河流生态系统分布

序号	河流名称	河段编号	序号	河流名称	河段编号
1		HJH-1	25		SHH-1
2	惠济河	HJH-2	26		SHH-2
3		HJH-3	27		SHH-3
4		QYH-2	28	沙河	SHH-4
5		QYH-3	29		SHH-5
6	清潩河	QYH-4	30		SHH-6
7		QYH-5	31		SHH-7
8		QYH-6	32		SHH-8
9	洳河	SSH-1	33		SJH-1
10		SSH-2	34	双洎河	SJH-2
11		JLH-1	35		SJH-3
12		JLH-2	36		BRH-1
13		JLH-3	37		BRH-2
14		JLH-4	38	北汝河	BRH-3
15	贾鲁河	JLH-5	39		BRH-4
16		JLH-6	40	潢河	HH-1
17		JLH-7	41		SGH-1
18		JLH-8	42	史灌河	SGH-2
19		JLH-9	43		SGH-3
20	颍河	YH-1	44		HG-1
21		SYH-1	45	淮河干流	HG-2
22	沙颍河	SYH-2	46		HG-3
23		SYH-3	47		HG-4
24		SYH-4			

表 6-4　淮河流域(河南段)极端流态河流生态系统分布

序号	河流名称	河段编号	序号	河流名称	河段编号
1	索河	SH−1	19	颍河	YH−2
2		SH−2	20		YH−3
3		SH−3	21		YH−4
4	索须河	SXH−1	22		YH−5
5		SXH−2	23		YH−6
6	八里河	BLH−1	24		YH−7
7	小蒋河	XJH−1	25	汾河	FH−1
8	铁底河	TDH−1	26		FH−2
9	小温河	XWH−1	27	小洪河	XHH−1
10	包河	BH−1	28		XHH−2
11		BH−2	29	涡河	WH−1
12	大沙河	DSH−1	30		WH−2
13		DSH−2	31		WH−3
14	黑茨河	HCH−1	32	浍河	HHH−1
15		HCH−2	33		HHH−2
16		HCH−3	34		HHH−3
17	清潩河	QYH−1	35	沱河	TH−1
18	汾泉河	FQH−1	36		TH−2

　　淮河流域(河南段)属于极端流态河流生态系统的河段共 36 个,占 83 个调研河段的 43.37%,主要分布在索河、索须河、浍河、沱河、涡河、小温河、小蒋河、包河、大沙河、黑茨河等河流,以及清潩河、颍河等河流的部分河段;其他 47 个河段均属于正常流态生态系统类型,占 83 个调研河段的 56.63%。

　　从分布区域来看,流域内的极端流态河流主要分布在流域北部,商丘、郑州、开封、周口、许昌等省辖市均有分布。从分布特点来看,极端流态河流主要分布在淮河干流以北,这可能是流域内缺乏天然径流和近年来水资源开发利用程度不断加大造成的。

　　此外,随着淮河流域(河南段)社会经济快速发展,流域内用水需求不断加大,由于河流天然水补给能力不足,使部分河流断流现象严重。据统计,2010~2014 年,流域内 26 条主要河流中,包河、大沙河、浍河、沱河、涡河、铁底河、小温河、小蒋河、颍河和索河等河流的部分河段断流频率均在 80% 以上,且其断流情况呈恶化趋势。河流的断流使其生物多样性下降,造成河流自身生态系统功能发生退化。

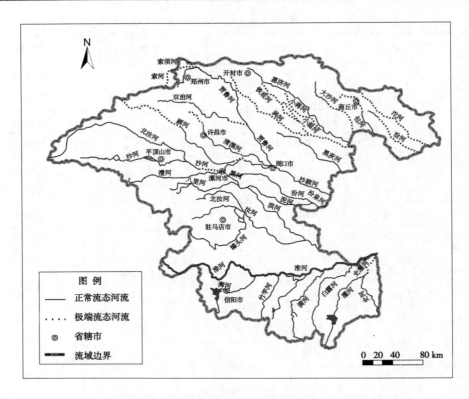

图 6-1　淮河流域(河南段)河流生态系统类型划分结果

6.2　河流生态系统退化诊断途径

目前常用的退化程度诊断方法包括单途径单因子诊断法、单途径多因子诊断法和多途径综合诊断法。

单途径单因子诊断法是指选用一个诊断途径的某一因子进行退化程度诊断的方法。例如,在以生物为途径的退化程度判别中,由于指示功能群的研究能够更有效地指示退化状况,常选取植物、动物、微生物等作为指示生物进行诊断。但单途径单因子的诊断较为片面,得到的结果不够准确。

单途径多因子诊断法是指选用一个诊断途径的多个因子进行退化程度诊断的方法。单途径多因子诊断法中,所有因子由于处在同一途径,导致各因子间具有较强的相关性,其变化趋势通常趋于一致,存在系统性不强的缺点。

多途径综合诊断法是指选用两个或两个以上的诊断途径进行退化程度诊断,每个途径中根据流域特点和判断需求,选用一个或多个因子对其退化程度进行判断。目前所采用的多途径综合诊断法有综合指数法、模糊评价法、改进的灰色关联度法等。从评价原理角度看,评价方法分为预测模型法和多指标评价法两类。其中,预测模型法是指通过对比不受人为干扰条件下生态系统原则上应该存在的物种种类与系统实际生物种类,然后对退化状况进行评价,典型代表是 RIVPACS 法[148]和 AUSRIVAS 法[149],但由于该类方法通常以生物组成对河流状况进行评价,指标多采用底栖无脊椎动物,因此存在一定的局限性。多指标评价法是指通过对生态系统物化性质、生物状况、生态系统形态特征等指标的分别评价并累计,然后将最终评价结果与设定的评价标准进行对比,从而评价生态系统退化状况;Petersen 提出的 RCE 法和 Ladson 提出的 ISC 法是典型代表。

　　根据各类退化程度诊断方法的特点,为更准确地判断淮河流域(河南段)河流生态系统的退化情况,本书研究选择多途径综合诊断法判断退化程度。由于河流生态系统是否退化主要体现在系统的结构和功能上,因此应从生态系统的结构和功能两大方面综合考虑,结构上考虑地貌状况、水文水质状况和生物状况等 3 个途径,功能上以河流功能状况作为 1 个途径。

　　淮河流域(河南段)河流生态系统退化诊断途径具体如下:

　　(1)退化程度诊断指标体系构建。

　　首先利用频率统计和理论分析方法,构建退化程度诊断指标体系的候选指标库。然后根据淮河流域(河南段)河流生态系统生态环境问题诊断,分析河流退化的主要表征因子,同时结合水生态-水资源、水生态-水环境响应关系分析,进一步筛选能够表征河流地貌状况、水文水质状况、生物状况和河流功能状况的退化程度诊断指标;最后利用层次分析法对指标进行优选,构建淮河流域(河南段)河流生态系统的退化程度诊断指标体系。

　　(2)指标评价标准和退化程度综合评价标准确定。

　　利用层次分析法,对退化程度指标体系的各指标进行权重判断,确定各指标权重。以相关文献中指标评价标准的研究为基础,并结合流域生态调研,选取沙颍河源头、北汝河源头等基本无人类干扰的生态系统健康河段作为退化程度诊断的参照河段,同时结合流域内各河流的生态现状,划分不同的退化等级。

　　(3)计算并判断退化程度。

　　利用综合指数法,根据流域生态调查数据,分别对河流生态系统的地貌状况、水文水质状况、生物状况及河流功能状况等结构和功能方面进行河流退化程度的诊断,并分析退化关键约束因子。

6.3　河流生态系统退化诊断指标体系

6.3.1　退化程度诊断指标体系构建原则

　　建立河流生态系统退化程度诊断指标体系的根本目的在于通过选择适当的评价指标,完整、准确地反映河流生态系统状况,识别和诊断造成河流退化的因素,从而为寻求河流的可持续管理提供方向。河流退化程度诊断的指标涉及多学科、多领域,其筛选应遵循以下基本原则:

　　(1)综合性原则。

　　河流生态系统是一个复杂的巨大系统,受水环境、生物、河岸带等诸多方面因素的影响,因此所选指标应涵盖水文、水质、生物、生态等多方面的指标,能够综合反映河流生态系统的结构和功能状况。

（2）代表性原则。

指标体系的设置应选取涵盖信息量大、代表性强的指标作为表征因子来反映系统的主要特征，避免冗余，力求少而精。各指标同时要保持独立性，避免交叉重复。

（3）可操作性原则。

所选指标应概念明确、易于理解，指标数据易于获取和测定，并便于计算和分析，具有较强的可比性和实用性，能够在长时间和大范围内广泛适用。同时，指标所涉及资料的收集应尽量方便且成本低，争取用最小的投入获取最多的信息。

（4）区域性原则。

指标选取时应充分考虑河流生态系统因时空差异带来的区域性。不同的河流由于自然状况和周边社会经济发展状况的不同，其结构和功能具有较大差异，导致河流退化的主要因子各不相同。所以在选取指标前应进行实地调研，因地制宜地选取能够表征该区域特点的指标。

（5）定性和定量相结合原则。

尽量采用可定量化的指标，以简化评价过程。若部分意义重大的指标实在无法进行量化，可采取定性分析的方法进行评价。定性和定量指标的结合使用更具说服力，且能够更加全面地反映河流状况。

6.3.2　退化程度诊断指标体系构建

本书选用多途径综合诊断法中的多指标评价法，因此首先应构建退化程度诊断指标体系。具体思路为：①收集关于河流生态系统健康和湿地退化等的文献，采用频度分析法，对其所采用的指标进行整理归类，在此过程中，从退化程度诊断的 4 个途径入手，初步选取采用率超过 6% 的指标用于下一步分析；②对上述整理归类的指标进行初步筛选后，将指标采用率≥10% 的指标用于构建候选指标库；③采用理论分析法，对候选指标进一步筛选，同时参考国际普遍使用的河流健康评价指标体系，得到退化程度诊断指标体系。理论分析的过程紧密结合了淮河流域（河南段）的实际情况，尤其是研究区域的特征，将对研究区域影响较大的指标，如纵向连续性、河道改造程度等全部纳入指标体系。

6.3.2.1　指标体系的初步筛选

首先，采用频度分析法对近年来的 45 篇与河流生态系统健康、退化有关的文献进行归纳整理，共涉及 203 个指标。通过去除重复指标，实际使用指标 152 个，其中 51 个指标（占该类指标的 33.12%）仅出现过 1 次。用指标的采用率来表示指标的认可度，其中采用率超过 50% 的指标仅有 1 个，是水资源开发利用率；采用率超过 30% 的指标有 8 个，除去水资源开发利用率外，还有河岸带植被覆盖率、河流生态需水满足程度、纵向连通性、河岸稳定性、生物多样性指数、防洪功能和河床稳定性；采用率超过 6%（采用频数≥3）的指标 67 个，采用率超过 10% 的指标有 43 个，采用率超过 20% 的指标有 19 个。为保证候选指标库所选择指标能够充分反映河流生态系统的退化状况，首先取采用率超过 10% 的 43 个指标作为分析对象，这 43 个指标表征了河流地貌状况、水文水质状况、生物状况和河流功能状况，能够全面地反映河流生态系统的状况。指标体系的构建同时需要根据流域特点，通过专家咨询进行修正。

各准则层内的指标初步筛选结果如下：

（1）河流地貌状况表征指标。此类指标主要用于表征河道和河岸的自然形态特征，经统计共有 16 个指标。其中，指标采用率达到 10% 时的 10 个指标基本能够反映河流的地貌状况，见表 6-5。因此，可将这 10 个指标作为河流生态系统退化程度诊断候选指标。

表 6-5　河流地貌状况表征指标的采用情况

序号	指标名称	采用频数	采用率/%	序号	指标名称	采用频数	采用率/%
1	纵向连通性	16	35.56	9	河道改造程度	6	13.33
2	河岸稳定性	15	33.33	10	横向连通性	5	11.11
3	河床稳定性	14	31.11	11	结构完整性	4	8.89
4	蜿蜒度	10	22.22	12	水土流失治理率	4	8.89
5	缓冲带宽度	9	20.00	13	河流廊道连通性	3	6.67
6	湿地保留率	8	17.78	14	河道改变	3	6.67
7	河流护岸形式	7	15.56	15	河长变化率	3	6.67
8	河岸带宽度	6	13.33	16	河流形态多样性	3	6.67

（2）河流水文水质状况表征指标。此类指标主要包括水质、水文两类要素，经统计共有指标 16 个，见表 6-6。由表 6-6 可知，采用率在 10% 以上的 9 个指标基本表征了河流生态系统的水文水质状况，可作为初选指标。

表 6-6　河流水文水质状况表征指标的采用情况

序号	指标名称	采用频数	采用率/%	序号	指标名称	采用频数	采用率/%
1	河流生态需水保证率	16	35.56	9	底泥污染指数	8	17.78
2	水功能区水质达标率	12	26.67	10	河流断流概率	4	8.89
3	流速	11	24.44	11	TN	4	8.89
4	DO	11	24.44	12	水量	4	8.89
5	水质综合污染指数	10	22.22	13	BOD	4	8.89
6	河流水质达标率	9	20.00	14	浊度	4	8.89
7	氨氮	9	20.00	15	TP	3	6.67
8	COD	8	17.78	16	底泥污染监测指标	3	6.67

（3）河流生物状况表征指标。此类指标主要包括鱼类、大型底栖无脊椎动物、水生植物、浮游动物、浮游植物多样性指数等，经统计共有 13 个指标，见表 6-7。采用率在 10% 以上的 8 个指标能够表征河流生态系统的生物状况，可作为候选指标。

表 6-7　河流生物状况表征指标的采用情况

序号	指标名称	采用频数	采用率/%	序号	指标名称	采用频数	采用率/%
1	河岸带植被覆盖率	18	40.00	8	浮游植物多样性	5	11.11
2	生物多样性指数	15	33.33	9	珍稀鱼类存活状况	4	8.89
3	鱼类生物完整性指数	10	22.22	10	鱼类种类	4	8.89
4	珍稀水生动物存活状况	7	15.56	11	大型底栖无脊椎动物物种数	4	8.89
5	浮游动物多样性	6	13.33	12	浮游藻类多样性	4	8.89
6	底栖动物多样性	6	13.33	13	固着藻类多样性指数	3	6.67
7	底栖动物完整性指数	5	11.11				

(4)河流功能状况表征指标。此类指标主要反映河流为人类及社会提供的服务功能和生态功能,经统计共有 22 个指标,见表 6-8。采用率在 10%以上的 16 个指标能够表征河流生态系统的功能特征,可作为候选指标。

表 6-8　河流功能状况表征指标的采用情况

序号	指标名称	采用频数	采用率/%	序号	指标名称	采用频数	采用率/%
1	水资源开发利用率	24	53.33	12	水能资源开发利用率	5	11.11
2	防洪标准	14	31.11	13	城镇供水满足率	5	11.11
3	污水处理率	9	20.00	14	水土流失面积比例	5	11.11
4	通航满足率	9	20.00	15	防洪非工程措施完善率	5	11.11
5	万元 GDP 取水量	9	20.00	16	栖息地质量	5	11.11
6	景观效应	7	15.56	17	河流供水满足率	3	6.67
7	防洪工程措施完善率	7	15.56	18	水资源调控能力指数	3	6.67
8	灌溉满足率	7	15.56	19	地下水埋深	3	6.67
9	景观状态指数	6	13.33	20	人口密度	3	6.67
10	公众环境满意率	5	11.11	21	湖泊富营养化状况	3	6.67
11	景观状况	5	11.11	22	景观多样性指数	3	6.67

6.3.2.2　退化程度指标的进一步筛选

通过对退化程度诊断候选指标库的分析,可以发现候选的指标体系已经体现出明显的层次性,但指标层存在很大的取舍空间,有必要进行进一步的筛选,以便挖掘到主要指标。为此,以指标选取原则为重要依据对指标进行进一步筛选。

1. 综合性强的指标予以保留

在候选指标库中,表征地貌状况的指标中,河道改造程度、河流护岸形式和横向连通性表达的含义具有相似性,均说明了河道硬质化或渠道化的影响。其中,河道改造程度的含义较广泛,还包括河道淤积的影响,因此选用河道改造程度这一指标,剔除其他 2 个指标;河床稳定性在栖息地质量的评价中已经考虑在内,地貌状况中不予考虑。河流功能状况方面,水资源开发利用率、万元 GDP 取水量、灌溉满足率、水能资源开发利用率和城镇供水满足率都表达了水资源利用对河流的影响,本书研究选用水资源开发利用率这一指标,其开发利用水量包含了工业、农业等多方面的用水,综合性和代表性均较强。

2. 代表性和独立性强的指标予以保留

地貌状况方面,河岸带宽度和缓冲带宽度的含义相似,但河岸带宽度的范围更大,包含了缓冲带宽度,因此选用河岸带宽度。

水文水质状况的指标中,水功能区水质达标率、水质综合污染指数、河流水质达标率、氨氮、溶解氧(DO)、浊度和化学需氧量(COD)所要表达的都是水质的好坏,但水质综合污染指数、底泥污染指数这类综合指标不能很好地表达出水体中某一种污染物的污染状况,因此选用单一指标进行水质退化程度的诊断,这类指标在反映断面水质污染程度上也更为直观。

河流功能方面,景观效应、景观状态指数和景观状况都表达了河流生态系统的景观美学功能,在此选用景观效应这一指标即可;通航仅在研究区域的沙颍河部分河段有所体现,其他河流均没有航运功能,该指标代表性较差,予以舍弃。

3. 可操作性差和数据难获取性的指标予以舍弃

在实际操作中,应尽量采用数据易获取的指标,以便指标能够定量化。在候选指标库中,数据难以获取的指标主要体现为以下几点:地貌状况指标中,湿地保留率和水土流失面积比例指标与河段尺度不相匹配,数据不能获取;生物状况指标中,珍稀水生动物存活状况、珍稀鱼类存活状况、鱼类的相关资料既缺乏历史资料的参考,在实际调研中也难以捕获,操作性较差,因此予以舍弃;河流功能指标中,关于防洪,仅在《淮河流域防洪规划报告》中有所体现,但具体到河段上的防洪标准和措施不易描述,因此予以舍弃;公众环境满意率需要进行问卷调查,但具体操作过程中往往只能收回几份调查问卷,问卷的科学性难以保障,因此予以舍弃。

4. 具有区域性特征的指标予以保留

反映区域特征的指标对于诊断研究区域的退化程度更加科学合理,应该保留。由于河南省淮河流域污染严重、水生生物栖息地破坏、闸坝密度高且许多河流均实施过裁弯取直、河道治理等水利工程,因此纵向连通性、河道改造程度、水质指标和生物多样性指标需要保留;在进行河流生态系统类型划分时,选取了生态需水保证率、洪枯比和断流频率作为划分依据,而洪枯比相关研究较少,退化程度诊断分级标准难以确定,因此选取生态需水保证率和断流频率作为水量指标予以保留;水质指标中,除选用常规的 COD、氨氮、DO、TP 和浊度指标外,河南省淮河流域内周口和开封 2 个地区分布有重金属产业,排放废水中重金属污染物主要为铬,因此选用 Cr^{6+} 作为重金属指标;通过河南省淮河流域水生态系统调查发现,大部分河流底质中含有黑色淤泥,含有大量有机物,由于水体 DO 浓度较低,底泥呈厌氧状态,在水流冲刷下易向水体释放有机污染物,因此保留底泥有机质指标。生物指标包括水生植物、浮游植物、浮游动物、固着藻类、底栖动物、鱼类,因此生物多样性的表达采用每种生物的多样性指标更为合适。在此,鱼类数据由于可获取性较差被舍弃;其他生物中,水生植物指标由于采样方法为定性采样,数据有所失真,暂不予考虑;底栖动物由于每个采样点采集到的物种数及研究区域采集到的总物种数均较少,因此使用底栖动物物种数指标,可以采用的生物多样性指标有浮游植物、浮游动物和固着藻类。

5. 定量和定性指标的结合

通过以上筛选,得到的指标中既有纵向连通性等定性指标,也有蜿蜒度等定量指标。

在遵循指标选取原则基础上,筛选 19 个指标构建河流退化程度诊断指标库(见表 6-9)。

表 6-9　河流退化程度诊断指标库

目标层	准则层	指标层
河流生态系统退化程度诊断指标体系	地貌状况	纵向连通性、蜿蜒度、河道改造程度、河岸稳定性、河岸带宽度
	水文水质状况	生态需水保证率、断流频率、水质指标(DO、COD、氨氮、TP、浊度)、底泥有机质
	生物状况	浮游动物多样性、浮游植物多样性、底栖动物物种数、固着藻类多样性
	河流功能状况	栖息地质量、景观效应

在淮河流域(河南段)河流生态系统退化程度诊断指标体系构建中,为完整、准确地评价河流生态系统在结构和功能上的退化状态,按照目标层、准则层和指标层 3 个层次构建指标体系。对河流生态系统退化程度诊断评价单元目标层–准则层(A–B)进行赋值,得到准则层的判断矩阵、特征向量、权重向量,并进行一致性检验;同样,对各准则层地貌状况(B1)、水文水质状况(B2)、生物状况(B3)和河流功能状况(B4)等分别对应的指标层进行判断,得到单一准则层内相应指标层的判断矩阵、特征向量、权重向量,同样进行一致性检验确定河流退化诊断指标体的准则层和指标表。最终以河流生态系统退化程度诊断为目标层,以河流生态系统的地貌状况、水文水质状况、生物状况及河流功能状况等为准则层,构建了包含 19 项指标的河流生态系统退化评价指标体系(见表 6-10),力图做到全面、客观地评价河流退化状况。

表 6-10　淮河流域(河南段)河流生态系统退化程度诊断指标体系

目标层	准则层	指标层	
河流生态系统退化程度诊断指标体系(A)	地貌状况(B1)	纵向连通性(C1)	
		蜿蜒度(C2)	
		河道改造程度(C3)	
		河岸稳定性(C4)	
		河岸带宽度(C5)	
	水文水质状况(B2)	水文指标	生态需水保证率(C6)
			断流频率(C7)
		水质指标	DO(C8)
			COD(C9)
			氨氮(C10)
			TP(C11)
			浊度(C12)
		底泥有机质(C13)	
	生物状况(B3)	浮游植物多样性指数(C14)	
		浮游动物多样性指数(C15)	
		固着藻类多样性指数(C16)	
		底栖动物物种数(C17)	
	河流功能状况(B4)	栖息地质量(C18)	
		景观效应(C19)	

6.3.3　指标解释及量化方法

6.3.3.1　地貌状况表征指标

1. 纵向连通性

河流纵向连通性是指河流空间结构、水文过程、物质循环过程及生物学过程等的连续。人类不适当的开发利用活动可能改变河流的纵向连续性,其中闸坝影响最为显著。它不仅能够拦截河流水流,也会改变河流水文及栖息地的连续性,从而引起河流生态过程等的改变。因此,在闸坝问题突出的研究区域,选择此项指标来表征河流的形态具有代表性,可用式(6-4)表示:

$$G = N/L \tag{6-4}$$

式中:G 为纵向连通性;N 为河流挡水建筑物的数量、类型;L 为河流长度。

2. 蜿蜒度

河流具有弯曲的自然属性,自然河流多是蜿蜒曲折的,具有"深槽–浅滩"的构造。它们的组合遵循能量最小消耗原理,有利于维持河流水力平衡。其组合的消失将导致河流稳定性下降及河流生境多样性降低。蜿蜒度指标反映了河流结构在纵向上的多样性水平,人类活动对河流蜿蜒状况的改变程度越大,说明河流生态受到的影响越大,河流形态结构的自然性和多样性的破坏程度越大。蜿蜒度为定量指标,采用 ArcGIS 软件进行数据提取。计算见式(6-5):

$$C = S/L \tag{6-5}$$

式中:C 为蜿蜒度;S 为河流的实际长度;L 为河流的直线距离。

3. 河道改造程度

河道渠化、拓宽等人为措施将在一定程度上影响河流流态、生境等,河道改造主要指河道渠化工程(河道裁弯取直、护岸渠化、河道拓宽等)、大坝建设及类似的河流人工改造措施。在城市化发展过程中,出于防洪排涝的考虑,需要对河道进行改造。通过改造,提高了城市防洪排涝的能力,有利于城市化发展,但河流渠道化、裁弯取直等却改变了河流的形态和布局,影响了河流水文条件、城市景观和生境异质性,由此导致河流生态系统的退化。人类活动对河流的直接改造是河道改造最明显的体现,是影响河道水文情势变化及生境条件改变的重要因素。因此,河流形态的变化反映了河流受人工干扰的程度。

4. 河岸带稳定性

河岸带稳定性指河岸的抗冲刷能力,反映河岸受到水流的冲刷侵蚀后维持自身稳定的性能。河岸的侵蚀表现为植被覆盖缺乏、土壤暴露等。河岸带稳定与否直接影响到河流系统各项功能的发挥,同时河岸带稳定性又受到河岸防护带、河道护岸形式、河流径流量及河流水位等因素的影响。人类活动带来了河岸带结构和形式的改变、河岸植被结构的变化和河流水文条件的变化,同时也在建设河流护岸工程等过程中保护了河岸的稳定性,因此河岸带稳定性不仅体现了河岸自身的稳定程度,也可反映人类活动的影响。

河岸带稳定性为定性指标,根据河岸带侵蚀程度进行现场打分。

5. 河岸带宽度

河岸带是指河水与陆地交界处的两侧,直至河水影响消失的地带,是陆地生态系统和水生态系统的交错区,是最典型的生态过渡带。河岸带具有明显的边缘效应,不仅能够截留污染物,而且具有景观等生态效应和环境效应。河岸带宽度为定量指标,通过实地测量河岸带宽度和河流宽度后进行计算。

6.3.3.2　水文水质状况表征指标

1. 生态需水保证率

河道生态需水保证率指河流的天然最小流量与维持河流水沙平和、污染物稀释自净、水生生物生产和河口生态所需的最小流量指标,反映河道内水资源量满足生态环境要求的状况。该指标的评价采用定量评价。

$$W_E = \frac{M_E}{M_T} \times 100\% \tag{6-6}$$

式中:W_E 为河道生态需水保证率;M_E 为流量大于或等于生态环境需水流量的天数;M_T 为总天数。

2. 断流频率

断流频率指一定时间序列内每年断流天数比例的平均值。其计算公式为：

$$断流频率 = \frac{\sum\limits_{i=1}^{n} \dfrac{每年断流的天数}{365} \times 100}{n} \tag{6-7}$$

式中：n 为计算年份，断流天数的计算要求至少 30 年以上的日流量监测数据，同时用丰水期、平水期和枯水期的实地调研数据验证。

3. 水质指标

水质指标具有简便、直观的优点，能够直观反映水污染状况。水体中污染物质的浓度和种类的变化能够改变河流生态系统功能的正常发挥。我国针对此形成许多实用的监测和评价体系，如《地表水环境质量标准》（GB 3838—2002），对水质理化参数的浓度和等级划分都做了相应规定。

4. 底泥有机质

底泥有机质指标为定量指标，选用参照值为河南省土壤背景值的有机物含量。

6.3.3.3　生物状况表征指标

1. 浮游生物（植物/动物）多样性指数

健康多样的浮游生物群落是健康河流生态系统的基础，是河流生态系统中食物链的始端，是河流健康的主要指示类群之一。作为河流生态系统中食物链最开始端的生物，是水体环境的主要指示类群。目前用于诊断河流退化的浮游生物指标主要有香农-威纳多样性指数、Palmer 指数等，本节研究采用香农-威纳多样性指数进行定量评价。

$$H = - \sum p_i \ln P_i \tag{6-8}$$

式中：P_i 为第 i 种物种个数占总物种个数的比例。

2. 固着藻类多样性指数

固着藻类主要是指固着生长在一定基质上的底栖藻类。其多样性指数亦可用香农-威纳多样性指数、Palmer 指数等表示，本书研究采用香农-威纳多样性指数进行定量评价。

3. 底栖动物物种数

底栖动物是河流生态系统生物群落的重要组成部分，能很好地对水体做出响应，相对来说比较稳定，并有代表性，同时有很好的指示作用，结构的变化能较好地反映河段生境条件的变化。该指标采用物种种类数表示。

6.3.3.4　河流功能状况表征指标

1. 栖息地质量

栖息地是河流生态系统的组成部分，在整个河流生态系统中发挥着至关重要的作用，栖息地的质量好坏关系到河流生态系统的完整性。该指标是指从反映栖息地的底质、堤岸稳定性、河道内有无遮蔽物等多方面综合评价栖息地状况得到的数值，通过现场打分得到，打分表格可参考表 6-11。打分后，将各项分值累加后，可参考表 6-11 中所列标准进行判断。

表 6-11　河流生态系统栖息地质量打分表

河段编号：		河流名称：	
经度：　　　　　　纬度：			填表人：

采样时间	开始：　年　　月　　日　　时		结束：　　年　　月　　日　　　时	
底质	底质组合以砾石、硬沙为主；根丛和沉水植物较为常见	软沙、淤泥或黏土混合物；以淤泥为主；有一些根丛及沉水植物	所有底质均为淤泥或黏土或沙；少量或没有根丛；没有沉水植物	硬质黏土或岩床；没有根丛或沉水植物
	20　19　18　17　16	15　14　13　12　11	10　9　8　7　6	5　4　3　2　1　0
	备注：			
河道内蔽物	有水生植被、枯枝落叶、倒木、倒凹堤岸和巨石等	有水生植被、枯枝落叶和倒凹堤岸	以 1 种或 2 种遮蔽物为主	以 1 种遮蔽物为主，底质多以淤泥或细沙为主
	20　19　18　17　16	15　14　13　12　11	10　9　8　7　6	5　4　3　2　1　0
	备注：			
河道形态	没有或只有最小限度的渠道化或疏浚；河道维持正常的模式	存在一定渠道化现象；近期没有渠道化但超过 20 年前可能有过	大规模渠道化；40%~80% 河段被疏导或受干扰	以填石笼或混凝土加固河岸；80% 以上河段被疏导或受干扰
	20　19　18　17　16	15　14　13　12　11	10　9　8　7　6	5　4　3　2　1　0
	备注：			
堤岸稳定性	堤岸很稳定，无侵蚀痕迹，观察范围内有小于 5% 的堤岸受到了损害	比较稳定，观察范围内有 5%~30% 的面积出现了侵蚀损害	观察范围内 30%~60% 的面积发生了侵蚀，且有可能会在洪水期间发生	观察范围内 60% 以上的堤岸发生了侵蚀
	20　19　18　17　16	15　14　13　12　11	10　9　8　7　6	5　4　3　2　1　0
	备注：			
流速状态	出现所有 4 种流速/深度环境	出现 3 种环境(缺乏快-浅环境的分数低于缺乏其他环境的情况)	出现 2 种环境(如果缺乏快-浅或慢-浅，则分数较低)	以 1 种流速/深度环境为主(通常为慢-深)
	20　19　18　17　16	15　14　13　12　11	10　9　8　7　6	5　4　3　2　1　0
	备注：			

2. 景观效应

景观效应指河岸带的植被景观、休闲娱乐等营造的令人感官舒适的程度,反映河流所提供的教育文化、休闲娱乐等服务价值。该指标通过景观建设率和景观美感度打分得到,打分表格可参考表 6-12。打分后,将各项分值累加后,取算数平均值,并归一化,评价标准可参考表 6-13。

表 6-12　河流生态系统景观效应打分表

河段编号:　　　　　　　　　　　　　　　　　河流名称:				
经度:　　　　　　　　　纬度:　　　　　　　　　　　　填表人:				
采样时间	开始:　年　月　日　时		结束:　年　月　日　时	

	自然河流:				
景观美感度	水体面积大,河岸带自然度高,没有裸露土地,草本、木本植物多样性高,水体及河岸带清洁度高	水体面积较大,河岸带自然度较高,基本没有裸露土地,草本、木本植物多样性较高,水体及河岸带清洁度较高	水体面积一般,河岸带自然度一般,少量土地裸露,木本植物多为本地经济树种,水体及河岸带有少量垃圾	水体面积较小,河岸带自然度较低,土地裸露较多,木本植物多为本地经济树种,水体及河岸带有较多垃圾	水体面积小或干枯断流,河岸带自然度低,大部分土地裸露,木本植物多为本地经济树种或几乎无木本植物,水体及河岸带有大量垃圾
	10　　9	8　　7	6　　5	4　　3	2　1　0
	特征描述:				
	城市河流:				
	水体面积大,亲水性好,游憩设施设置合理,植被景观自然度高,空间层次丰富	水体面积较大,亲水性较好,游憩设施设置基本合理,植被景观自然度高,空间层次较丰富	水体面积一般,亲水性一般,游憩设施较少,植被景观自然度低,缺乏空间层次感	水体面积较小,亲水性较差,缺乏游憩设施和植被景观,无空间层次感	水体黑臭或干枯断流,难以与水体接触,无游憩设施和植被景观
	10　　9	8　　7	6　　5	4　　3	2　1　0
	特征描述:				
景观建设率	景观建设面积>80%	景观建设面积为 60%~80%	景观建设面积为 40%~60%	景观建设面积为 20%~40%	景观建设面积<20%
	10　　9	8　　7	6　　5	4　　3	2　1　0
	特征描述:				

表 6-13　河流生态系统各指标退化程度评价标准

序号	准则层	指标层	退化程度				
			极度退化	重度退化	中度退化	轻度退化	未退化
1		纵向连通性	>3	3	2	1	0
2		蜿蜒度	[1,1.1)	[1.1,1.2)	[1.2,1.4)	[1.4,1.5)	[1.5,+∞)
3	地貌状况	河道改造程度	渠化严重,河岸、河床均渠化,河道内生境极大改变	渠化严重,两岸筑有堤坝,河床未经渠化	存在部分渠化,两岸筑有堤坝	存在少量拓宽、挖深河道等现象,无明显渠化	无渠化和淤积,河流保持自然状态
4		河岸带稳定性	河岸极不稳定,绝大部分区域侵蚀80%～100%	河岸不稳定,极度侵蚀,洪水时存在风险50%～80%	河岸较不稳定,中度侵蚀20%～50%	河岸稳定,少量区域存在侵蚀小于20%	河岸稳定,无明显侵蚀
5		河岸带宽度	<河宽的0.25倍	河宽的0.25～0.5倍	河宽的0.5～1.5倍	河宽的1.5～3倍	≥河宽的3倍
6	水文水质状况	生态需水保证率/%	[0,50)	[50,65)	[65,75)	[75,80)	[80,100]
7		断流频率/%	(50,100]	(40,50]	(20,40]	(10,20]	[0,10]
8		DO/(mg/L)	[0,2)	[2,3)	[3,5)	[5,6)	[6,DO$_{饱和}$]
9		COD/(mg/L)	[0,40)	(30,40]	(20,30]	(15,20]	[0,15]
10		氨氮/(mg/L)	(2.0,+∞)	(1.5,2.0]	(1.0,1.5]	(0.5,1.0]	[0,0.5]
11		TP/(mg/L)	(0.4,+∞)	(0.3,0.4]	(0.2,0.3]	(0.1,0.2]	[0,0.1]
12		浊度/NTU	(30,+∞)	(20,30]	(17.5,20]	(15,17.5]	[0,15]
13		底泥有机质/(mg/kg)	(3.71,+∞)	(2.78,3.71]	(1.85,2.78]	(1.39,1.85]	[0,1.39]
14	生物状况	浮游植物多样性指数	0	(0,1)	[1,2)	[2,3)	[3,+∞)
15		浮游动物多样性指数	0	(0,1)	[1,2)	[2,3)	[3,+∞)
16		固着藻类多样性指数	0	(0,1)	[1,2)	[2,3)	[3,+∞)
17		底栖动物种类数	0	(0,1)	[1,2)	[2,3)	[3,+∞)
18	河流功能状况	栖息地质量	[0,30)	[30,45)	[45,60)	[60,75)	[75,100]
19		景观效应/%	[0,5)	[5,25)	[25,50)	[50,75)	[75,100]

6.4　河流生态系统退化程度诊断方法

为更有效地计算河流综合退化指数,对不同的退化程度分别进行评价指数的无量纲赋值,其中"极度退化"的评价指数赋值为"0","重度退化"的评价指数赋值为"1","中度退化"的评价指数赋值为"2","轻度退化"的评价指数赋值为"3","未退化"的评价指数赋值为"4"。各指标根据各自的退化程度分别计算各指标的退化评价指数值。

在各指标退化程度诊断的基础上,采用综合指数法计算河流综合退化指数。各指标权重可参考表 6-14。

表 6-14　河流生态系统退化程度诊断指标权重

目标层	准则层	权重(w_i)	指标层	相对准则层权重(w_{ij})
河流生态系统退化程度诊断指标体系	地貌状况	0.155	纵向连通性	0.380
			蜿蜒度	0.148
			河道改造程度	0.142
			河岸稳定性	0.189
			河岸带宽度	0.141
	水文水质状况	0.309	生态需水保证率	0.201
			断流频率	0.214
			DO	0.167
			COD	0.089
			氨氮	0.088
			TP	0.073
			浊度	0.066
			底泥有机质	0.101
	生物状况	0.262	浮游植物多样性指数	0.212
			浮游动物多样性指数	0.211
			固着藻类多样性指数	0.283
			底栖动物物种数	0.294
	河流功能状况	0.274	栖息地质量	0.741
			景观效应	0.259

河流综合退化指数计算方法如下:

(1)对各准则层内的各个指标退化评价指数值与所对应的相对准则层权重的乘积进行加权求和,计算出各准则层的退化指数,其计算见式(6-9)。

$$p_i = \sum_{j=1}^{n} w_{ij} p_{ij} \qquad (6-9)$$

式中:p_i 为第 i 个准则层的退化指数;w_{ij} 为第 i 个准则层第 j 个指标的权重;p_{ij} 为第 i 个准则层第 j 个指标的评价指数;n 为指标个数。

(2)根据各准则层的退化指数值计算结果,计算河流的综合退化指数,其计算见式(6-10)。

$$P = \sum_{i=1}^{4} w_i p_i \qquad (6-10)$$

式中:P 为河流的综合退化指数;w_i 为第 i 个准则层的权重。

在河流综合退化指数计算的基础上,参考表 6-15 中河流退化程度诊断标准,判断河流退化程度。

表 6-15　淮河流域(河南段)退化程度诊断标准

退化程度	特征描述	综合退化指数(P)
未退化	河流生态系统处于原始自然状态,具有稳定的结构和功能,水体清洁,生物种类多,多样性较高,具有良好的美学和景观价值,能满足人们的功能需求,在合理规划下适宜开发和利用	(3.5,4]
轻度退化	河流受到一定程度的破坏,水位下降、水体有轻微污染现状、生物栖息地环境退化、生物多样性降低、功能下降,但消除外界胁迫后,尚能自然修复,合理规划下适度开发	(2.5,3.5]
中度退化	河流进一步受到破坏,但结构尚算完整,水位持续下降,水体污染和富营养化现象加剧,部分功能丧失,自身修复力减退,需人工促进修复来稳定生态系统	(1.5,2.5]
重度退化	河流生态系统受到严重破坏、结构失调、功能严重衰退,水环境污染严重,水面萎缩。河流生态系统本身难以自我维持,无法通过自然方式修复,必须加强保护,采取人为工程措施,促使其逐渐修复	(0.5,1.5]
极度退化	河流生态系统完全破坏,水质严重污染及恶化,几乎无生产力,且通过任何协助也不能修复原样的结构和功能,只能重建生态系统	[0,0.5]

根据河流退化程度诊断,若河流生态环境现状诊断结果为未退化状态,则可对河流采取维护和保护措施;若河流生态环境现状诊断结果为轻度退化、中度退化、重度退化,甚至极度退化状态,则需进行退化类型分析、修复等级确定、河流修复模式选择等河流修复工作。

6.5 淮河流域(河南段)河流生态系统退化程度诊断

6.5.1 退化程度诊断结果

6.5.1.1 丰水期退化诊断结果

淮河流域(河南段)丰水期河流退化程度诊断结果显示:83 个点位综合诊断结果在丰水期涉及未退化、轻度退化、中度退化和重度退化 4 种退化状态。其中,未退化点位 1 个,占 1.2%;轻度退化点位 19 个,占 22.9%;中度退化点位 56 个,占 67.5%;重度退化点位 7 个,占 8.4%。处于未退化状态的点位为北汝河(BRH-1),处于重度退化状态的点位为包河(BH-1)、双洎河(SJH-3)、铁底河(TDH-1)、沱河(TH-1)、小蒋河(XJH-1)、小温河(XWH-1)和颍河(YH-2)。

从准则层指数来看,地貌状况指数范围为 1.482~4,共涉及未退化、轻度退化、中度退化和重度退化 4 种退化状态;水文水质状况指数范围为 0~4,5 种退化状态全部涉及;生物状况指数范围为 0~2.971,共涉及轻度退化、中度退化、重度退化和极度退化 4 种退化状态,河流功能状况指数范围为 0.259~4,5 种退化状态全部涉及。

从不同类型河流生态系统来看,属于极端流态河流生态系统的 36 个河段在丰水期涉及轻度退化、中度退化和重度退化 3 种退化状态,其中轻度退化河段 4 个,为汾河上游(FH-1)、黑茨河下游(HCH-3)和涡河(WH-1、WH-3);中度退化河段 26 个,主要分布在包河下游、八里河、大沙河、汾河下游、汾泉河、黑茨河、浍河、清潩河上游、索河、索须河、沱河下游、涡河中游、小洪河、颍河中下游;重度退化河段 6 个,为包河上游、铁底河、沱河上游、小蒋河、小温河和颍河上游。

属于正常流态河流生态系统的 47 个河段在丰水期涉及未退化、轻度退化、中度退化和重度退化 4 种退化状态。其中,未退化河段有 1 个,为北汝河上游(BRH-1);轻度退化河段有 15 个,分布在北汝河中游(BRH-2、BRH-3)、淮河干流(HG-1、HG-4)、潢河、史灌河、沙河(SHH-2、SHH-6、SHH-7)、双洎河(SJH-2)、澌河(SSH-2)和沙颍河下游(SYH-4);中度退化河段有 30 个,分布在北汝河下游(BRH-4)、淮河干流中游(HG-2、HG-3)、惠济河、贾鲁河(JLH-1、JLH-2、JLH-3、JLH-4、JLH-5、JLH-7、JLH-8、JLH-9)、清潩河(QYH-2、QYH-3、QYH-4、QYH-5、QYH-6)、沙河(SHH-1、SHH-3、SHH-4、SHH-5、SHH-8)、双洎河上游(SJH-1)、澌河上游(SSH-1)、沙颍河(SYH-1、SYH-2、SYH-3)和颍河上游(YH-1);重度退化点位 1 个,为双洎河下游(SJH-3)。

丰水期退化诊断结果见图 6-2。

6.5.1.2 枯水期退化诊断结果

淮河流域(河南段)枯水期河流退化程度诊断结果显示:83 个点位综合诊断结果在枯水期涉及轻度退化、中度退化、重度退化和极度退化 4 种状态。其中,轻度退化点位 13 个,占 15.7%;中度退化点位 58 个,占 69.9%;重度退化点位 9 个,占 10.8%;极度退化点位 3 个,占 3.6%。处于重度退化状态的点位为浍河(HHH-1)、清潩河(QYH-3、QYH-4)、索河(SH-1、SH-2)、索须河(SXH-1)、沙颍河(SYH-4)、小温河(XWH-1)和颍河(YH-5);处于极度退

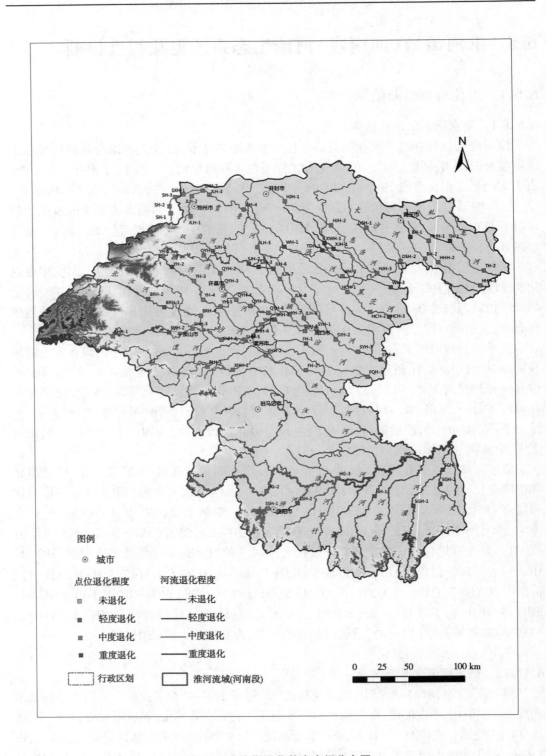

图 6-2 丰水期退化状态空间分布图

化状态的点位为清潩河(QYH-1)、小蒋河(XJH-1)和颍河(YH-2)。

从准则层指数来看,地貌状况指数范围为 0.567~4,共涉及未退化、轻度退化、中度退化和重度退化 4 种退化状态;水文水质状况指数范围为 0~3.927,5 种退化状态全部涉及;生物状况指数范围为 0~3.150,共涉及轻度退化、中度退化、重度退化和极度退化 4 种退化状态;河流功能状况指数范围为 0~3.741,5 种退化状态全部涉及。

从不同类型河流生态系统来看,属于极端流态河流生态系统的 36 个河段在枯水期涉及轻度退化、中度退化、重度退化和极度退化 4 种退化状态,其中轻度退化河段有 1 个,为黑茨河下游(HCH-3);中度退化河段有 26 个,分布在包河、八里河、大沙河、汾河、汾泉河、黑茨河、浍河(HHH-2、HHH-3)、索河下游(SH-3)、索须河下游(SXH-2)、铁底河、沱河、涡河、小洪河和颍河中下游(YH-3、YH-4、YH-6、YH-7);重度退化的河段有 6 个,分布在浍河上游(HHH-1)、索河上游(SH-1、SH-2)、索须河上游(SXH-1)、小温河和颍河(YH-5);极度退化河段有 3 个,为清潩河上游(QYH-1)、小蒋河和颍河上游(YH-2)。

属于正常流态河流生态系统的 47 个河段在枯水期涉及轻度退化、中度退化、重度退化 3 种退化状态,其中轻度退化河段 12 个,分布在北汝河(BRH-1、BRH-2、BRH-3)、淮河干流(HG-1、HG-2、HG-4)、史灌河(SGH-1、SGH-3)和沙河(SHH-2、SHH-5、SHH-6、SHH-7);中度退化河段有 32 个,分布在北汝河下游(BRH-4)、淮河干流(HG-3)、惠济河、贾鲁河、清潩河(QYH-2、QYH-5、QYH-6)、史灌河(SGH-2)、沙河(SHH-1、SHH-3、SHH-4、SHH-8)、双洎河、浉河、沙颍河(SYH-1、SYH-2、SYH-3)和颍河上游(YH-1);重度退化河段 3 个,为清潩河中游(QYH-3、QYH-4)、沙颍河下游(SYH-4)。

枯水期退化诊断结果见图 6-3。

6.5.1.3　平水期退化诊断结果

淮河流域(河南段)平水期河流退化程度诊断结果显示:83 个点位综合诊断结果在平水期 5 种状态均有涉及。其中,未退化点位 1 个,占 1.20%;轻度退化点位 21 个,占 25.30%;中度退化点位 51 个,占 61.45%;重度退化点位 8 个,占 9.64%;极度退化点位 2 个,占 2.41%。处于重度退化状态的点位为包河(BH-1)、大沙河(DSH-2)、清潩河(QYH-1、QYH-2)、索河(SH-2)、铁底河(TDH-1)、小温河(XWH-1)和颍河(YH-5);处于极度退化状态的点位为小蒋河(XJH-1)和颍河(YH-2)。

从准则层指数来看,地貌状况指数范围为 0.57~3.78,共涉及未退化、轻度退化、中度退化和重度退化 4 种状态;水文水质状况指数范围为 0.17~3.80,5 种退化状态全部涉及;生物状况指数范围为 0~3.23,共涉及轻度退化、中度退化、重度退化和极度退化 4 种退化状态;河流功能状况指数范围为 0~4,5 种退化状态全部涉及。

从不同类型河流生态系统来看,属于极端流态河流生态系统的 36 个河段在平水期涉及轻度退化、中度退化、重度退化和极度退化 4 种退化状态,其中轻度退化河段有 4 个,分布在黑茨河(HCH-2、HCH-3)和涡河(WH-1、WH-3);中度退化河段有 24 个,分布在包河下游(BH-2)、八里河、大沙河上游(DSH-1)、汾河、汾泉河、黑茨河(HCH-1)、浍河、索河(SH-1、SH-3)、索须河、沱河、涡河中游(WH-2)、小洪河和颍河中下游(YH-3、YH-4、YH-5、YH-6、YH-7);重度退化河段有 6 个,分布在包河上游(BH-1)、大沙河下游(DSH-2)、清潩河上游(QYH-1)、索河中游(SH-2)、铁底河和小温河;极度退化河段

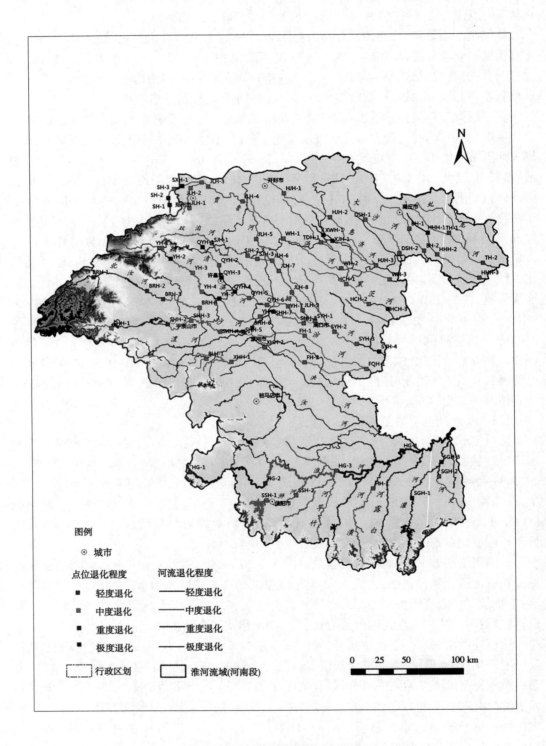

图 6-3　枯水期退化状态空间分布图

有 2 个,分布在小蒋河和颍河上游(YH-2)。

　　属于正常流态河流生态系统的 47 个河段在平水期涉及未退化、轻度退化、中度退化和重度退化 4 种退化状态,其中未退化河段有 1 个,为北汝河上游(BRH-1);轻度退化河段有 17 个,分布在北汝河中游(BRH-2、BRH-3)、淮河干流(HG-1、HG-4)、贾鲁河(JLH-3、JLH-7、JLH-8)、史灌河、沙河(SHH-2、SHH-5、SHH-6、SHH-8)、双洎河(SJH-1)、溮河(SSH-2)和沙颍河下游(SYH-4);中度退化河段有 27 个,分布在北汝河下游(BRH-4)、淮河干流中游(HG-2、HG-3)、潢河、惠济河、贾鲁河(JLH-1、JLH-2、JLH-4、JLH-5、JLH-6、JLH-9)、清潩河(QYH-3、QYH-4、QYH-5、QYH-6)、沙河(SHH-1、SHH-3、SHH-4、SHH-7)、双洎河(SJH-2)、溮河上游(SSH-1)、沙颍河(SYH-1、SYH-2、SYH-3)和颍河上游(YH-1);重度退化河段有 2 个,为清潩河中游(QYH-2)和双洎河下游(SJH-3)。

　　平水期退化诊断结果见图 6-4。

6.5.1.4　综合评价结果

　　根据淮河流域(河南段)丰水期、枯水期、平水期 3 个水期生态系统调研结果,进行流域内各准则层退化程度诊断,其结果如图 6-5 所示。

　　由图 6-5 可知,流域综合退化诊断点位地貌状况退化程度较低,主要为未退化、轻度退化和中度退化,处于重度退化状态的点位包括贾鲁河(JLH-1、JLH-7)、清潩河(QYH-4)和索河(SH-1);水文水质状况主要处于轻度退化和中度退化,处于极度退化状态的点位包括颍河(YH-2)、沱河(TH-1)、包河(BH-1)、浍河(HHH-1)、清潩河(QYH-1)、铁底河(TDH-1)、小温河(XWH-1)、小蒋河(XJH-1)和双洎河(SJH-3);生物状况处于中度退化状态的点位占总点位数的 60%,其中极度退化点位主要是河道断流造成的,处于重度退化点位主要分布在大沙河(DSH-2)、黑茨河(HCH-1)、惠济河(HJH-3)、清潩河(QYH-1、QYH-2、QYH-3)、溮河(SHH-1)、双洎河(SJH-3)、索须河(SXH-1)、铁底河(TDH-1)、小洪河(XHH-2)、小温河(XWH-1)和颍河(YH-3、YH-5);河流功能状况主要处于中度退化和重度退化,处于极度退化状态的点位为小蒋河(XJH-1)。

　　根据图 6-6,流域综合退化程度共涉及未退化、轻度退化、中度退化和重度退化 4 种退化状态,其中处于未退化状态的点位有 1 个,为北汝河上游(BRH-1);处于轻度退化状态的点位 15 个,分布在北汝河(BRH-2、BRH-3)、黑茨河(HCH-3)、淮河干流(HG-1、HG-2、HG-4)、潢河(HH-1)、史灌河(SGH-1、SGH-2)、沙河(SHH-2、SHH-6、SHH-7)、溮河(SSH-2)、涡河(WH-1、WH-3);处于中度退化状态的点位 55 个,主要分布在包河下游、八里河、北汝河下游、大沙河上游、汾河、汾泉河、黑茨河上中游、淮河干流中游(HG-3)、浍河中下游、惠济河、贾鲁河、清潩河中下游(QYH-2、QYH-3、QYH-4、QYH-5、QYH-6)、史灌河下游、索河(SH-1、SH-3)、沙河(SHH-1、SHH-3、SHH-4、SHH-5、SHH-8)、双洎河上中游、溮河上游、索须河下游、沙颍河、沱河、涡河中游、小洪河上中游和颍河(YH-1、YH-3、YH-4、YH-6、YH-7);处于重度退化状态的点位有 12 个,主要分布在包河上游、大沙河下游、浍河上游、清潩河上游、索河中游、双洎河下游、索须河上游、铁底河、小蒋河、小温河和颍河(YH-2、YH-5)。

　　从不同类型河流生态系统来看,属于极端流态河流生态系统的 36 个河段涉及轻度退化、中度退化和重度退化 3 种退化状态,其中轻度退化河段有 3 个,分布在黑茨河

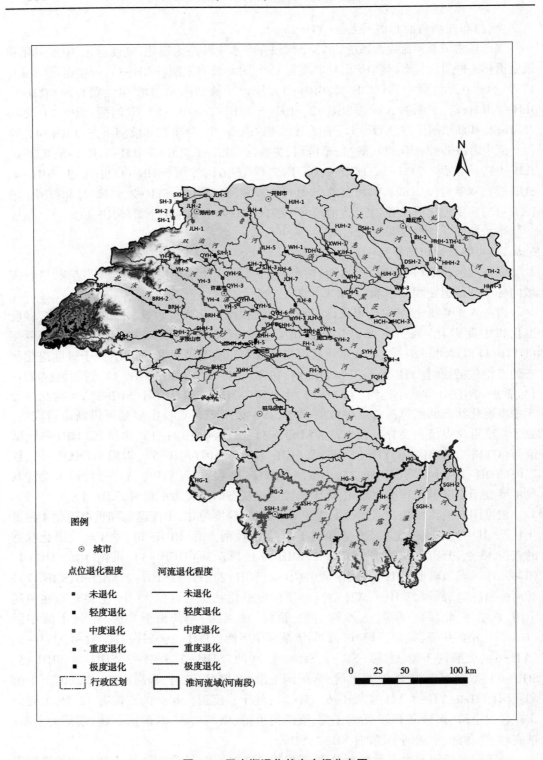

图 6-4　平水期退化状态空间分布图

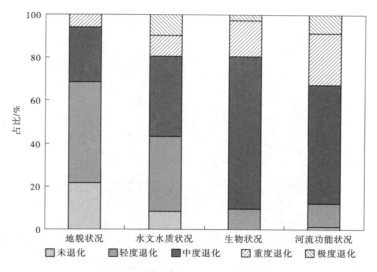

图 6-5　淮河流域(河南段)各准则层退化程度分布

(HCH-3)和涡河(WH-1、WH-3);中度退化河段有 22 个,分布在包河下游(BH-2)、八里河、大沙河上游(DSH-1)、汾河、汾泉河、黑茨河(HCH-1、HCH-2)、浍河(HHH-2、HHH-3)、索河(SH-1、SH-3)、索须河(SXH-2)、沱河(TH-1、TH-2)、涡河中游(WH-2)、小洪河(XHH-2)和颍河中下游(YH-3、YH-4、YH-6、YH-7);重度退化河段有 11 个,分布在包河上游(BH-1)、大沙河下游(DSH-2)、浍河上游(HHH-1)、清潩河上游(QYH-1)、索河中游(SH-2)、索须河(SXH-1)、铁底河、小温河和颍河(YH-2、YH-5)。

　　属于正常流态河流生态系统的 47 个河段涉及未退化、轻度退化、中度退化和重度退化 4 种退化状态,其中未退化河段有 1 个,为北汝河上游(BRH-1);轻度退化河段有 12 个,分布在北汝河中游(BRH-2、BRH-3)、淮河干流(HG-1、HG-2、HG-4)、潢河(HH-1)、史灌河(SGH-1、SGH-2)、沙河(SHH-2、SHH-6、SHH-7)和泚河(SSH-2);中度退化河段有 33 个,分布在北汝河下游(BRH-4)、淮河干流中游(HG-3)、惠济河、贾鲁河、清潩河(QYH-2、QYH-3、QYH-4、QYH-5、QYH-6)、沙河(SHH-1、SHH-3、SHH-4、SHH-5、SHH-8)、双洎河(SJH-1、SJH-2)、泚河上游(SSH-1)、沙颍河和颍河上游(YH-1)等;重度退化河段有 1 个,为双洎河下游(SJH-3)。

6.5.2　退化关键约束因子分析

6.5.2.1　分析方法

　　河流生态系统退化关键约束因子是进行河流生态修复和管理的重点。数理统计中的多元统计数据分析擅长于对多维复杂数据进行科学分析,方法体系可以更深入地挖掘复杂系统的特征,能从庞大的数据维中挖掘隐藏其中的规律和关系,因此数理统计中的多元统计分析技术可以有效地解决上述问题。因子分析是多元统计分析方法的一种,该思想始于 1904 年查尔斯·斯皮尔曼对学生成绩的研究,它是利用降维的思想,由原始变量相关矩阵内部的依赖关系出发,把一些具有错综复杂关系的变量归结为少数几个综合因子的一种多变量统

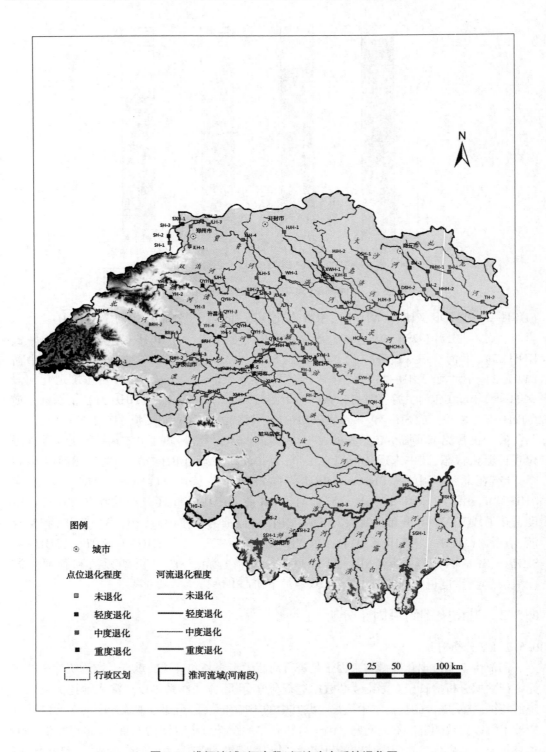

图 6-6　淮河流域(河南段)河流生态系统退化图

计分析方法。与其他方法相比,因子分析法优势在于不仅能找出主因子,更重要的是可以知道每个主因子的含义,对主因子做出合理的解释,以便对实际问题进行分析。

因此,本书研究为识别研究区域河流生态系统退化的机制和关键约束因子,分别对丰水期、平水期、枯水期河流生态系统各点位退化诊断指标数据进行因子分析(FA),开展因子分析指标为退化程度诊断指标体系指标层中涉及的 19 个指标,以此探讨河流生态系统退化的关键约束因子。

因子分析法结果分析步骤包括以下 5 大部分:

(1)KMO 测度和 Bartlett 球形检验表。

KMO 是 Kaiser-Meyer-Olkin 的取样适当性量数(其值介于 0~1),KMO 测度的值越高(接近 1.0 时),表明变量间的共同因子越多,研究数据适合用因子分析。根据 Kaiser(1974 年)的观点,KMO 值达到 0.9 以上为极佳,0.8~0.9 为良好,0.7~0.8 为适中,0.6~0.7 为普通,0.5~0.6 为欠佳;如果 KMO 的值小于 0.5,不适宜进行因子分析,进行因子分析的值至少在 0.6 以上。

Bartlett 球体检验的目的是检验相关矩阵是否是单位矩阵(Identity Matrix),如果是单位矩阵,则认为因子模型不合适。一般说来,显著性水平值越小(<0.05),表明原始变量之间越可能存在有意义的关系;如果显著性水平很大(如 0.10 以上),可能表明数据不适宜于因子分析。

(2)共同因子方差分析。

因子的共同性包含初始共同性和抽取主成分后的共同性。

因子初始共同性(Initial Communalities),即表明每个变量被解释的方差量。因子初始共同性是每个变量被所有成分或因子解释的方差估计量。对于主成分分析法来说,它总是等于 1,因为有多少个原始变量就有多少个成分(Communalitie),因此共同性等于 1。

抽取主成分后的共同性是指因子解中每个变量被因子或成分解释的方差估计量。这些抽取因子共同性是用来预测因子的变量的多重相关的平方。共同性的高低可作为因子分析时筛选因子是否适合保留的指标之一,若是因子的共同性低于 0.20 可以考虑将该指标删除。

(3)碎石图分析。

总的解释方差分析是通过分析方差表,分析确定提取的主成分数目。相关研究成果证实,变量数目介于 10~40,采用特征值大于 1 的方法提取主成分比较可靠,因此在本书研究中可按照特征值 $\lambda_i > 1$ 的原则,选取主成分。同时,累积贡献率一般要求大于 60%。

碎石图检验同样可以帮助因子分析确定主成分的数目。统计分析中,碎石图以特征值为纵轴,成分为横轴,前面陡峭的部分特征值大,包含的信息多,后面平坦的部分特征值小,包含的信息也少,因此舍弃平坦区域的成分。此外,也可通过计算特征根个数 $\Delta\lambda = \lambda_{i+1} - \lambda_i$,如果 m 个 $\Delta\lambda$ 较接近,出现了较为稳定的差值,则后 m 个分量可以确定不是主成分。

以图 6-7 为例,从第 6 个成分开始,以后的曲线变得比较平缓,最后接近一条直线。同时根据其特征值的差值,从第 6 个主成分开始,其相邻 2 个成分的差值变化范围较小,均小于 0.1。因此,可以抽取 5 个成分。

(4)成分载荷分析。

表中的数值为公因子与原始变量之间的相关系数,绝对值越大,说明关系越密切。在

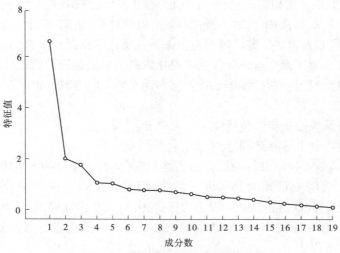

图 6-7　成分特征值碎石图示意图

进行各成分因子分析时,因子载荷大于 0.5 作为主要关联因子,因子载荷小于 0.1 的可省略,同时关联因子分析可根据实际应用情况具体分析。

　　根据以上关键因子分析步骤,使用 SPSS 软件分别对正常流态河流生态系统内主要河流和极端流态河流生态系统内主要河流进行因子分析,以综合关键约束因子分析的结果对上述分析步骤进行说明及选取关键约束因子。

6.5.2.2　正常流态河流生态系统退化关键约束因子分析

　　正常流态河流生态系统退化关键因子分析中,KMO = 0.652,结果值为一般,Bartlett 球形检验值为 0(<0.05),达到了显著性水平,说明正常流态适合进行因子分析。共同因子方差分布在 0.477~0.891,数值结果基本适合进行因子分析。

　　从图 6-8 可以看出,从第 7 个成分开始,以后的曲线变得比较平缓,最后接近一条直线。据此,可以抽取 6 个主成分。

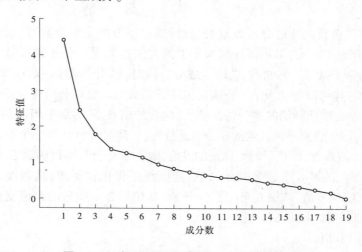

图 6-8　正常流态河流生态系统成分特征值碎石图

　　根据正常流态河流生态系统退化程度诊断结果,对其提取的 6 个主成分结果见表 6-16。表中的数值为各成分中因子与原始变量之间的相关系数,绝对值越大,说明关系越密切。

表 6-16　正常流态河流生态系统类型成分矩阵

指标	成分					
	1	2	3	4	5	6
纵向连通性	−0.272	0.628	−0.289	0.073	−0.056	0.171
蜿蜒度	−0.405	0.328	−0.476	0.407	−0.066	0.104
河道改造程度	0.164	0.550	0.142	−0.088	0.200	−0.550
河岸带稳定性	−0.068	0.490	0.392	0.201	−0.413	0.191
河岸带宽度	0.101	0.650	0.311	−0.233	0.117	−0.110
生态需水保证率	−0.410	0.494	−0.362	−0.084	0.358	0.229
断流频率	0.732	−0.141	0.245	0.127	−0.327	−0.093
DO	−0.490	−0.074	0.158	−0.214	−0.396	0.190
COD	0.569	−0.051	0.037	0.297	0.370	−0.181
氨氮	0.853	0.114	−0.169	0.270	−0.001	0.192
TP	0.825	0.182	−0.147	0.310	−0.086	0.230
浊度	0.276	0.234	0.175	−0.345	0.262	0.597
底泥有机质	0.708	0.214	0.187	0.185	0.191	0.067
浮游植物多样性指数	−0.386	−0.315	0.453	0.305	0.168	0.049
浮游动物多样性指数	−0.434	−0.244	0.197	0.474	0.106	0.192
固着藻类多样性指数	−0.518	−0.081	0.234	0.236	0.543	0
底栖动物种类数	−0.186	0.248	0.693	0.120	−0.021	0.210
栖息地综合指数	−0.282	0.570	0.214	0.141	−0.170	−0.305
景观效应	−0.387	0.122	−0.218	0.463	−0.184	−0.128

　　第 1 主成分主要包含了氨氮、TP、底泥有机质、断流频率等指标;第 2 主成分主要包含了纵向连通性、河道改造程度、河岸带稳定性、河岸带宽度、生态需水保证率和栖息地综合指数;第 3 主成分为底栖动物种类数;第 4 主成分为浮游动物多样性指数;第 5 主成分为固着藻类多样性指数;第 6 主成分为浊度。

　　由于第 1、6 主成分中的主要因子为水质指标,因此第 1、6 主成分可以代表水质对河流生态系统的影响,该类河流定义为水质污染型河流,其退化的关键约束因子为氨氮、TP、底泥有机质和浊度4个水质指标。

第2主成分中主要因子包括纵向连通性、河道改造程度、河岸带稳定性、河岸带宽度、生态需水保证率和栖息地综合指数指标,各个指标的相关系数分别为0.628、0.550、0.490、0.650、0.494、0.570,经分析,该类指标都是表征河流栖息地状况的指标,其中河道纵向连通性是河道受闸坝、构筑物等影响会对河流水量变化产生影响,河岸带稳定性、河岸带宽度和栖息地综合指数是对生物栖息地产生影响的指标,这也说明这一类点位河流生态系统的退化与闸坝分布过密、农田、公路、建筑物的构建以及人类活动对河流生态系统中生物栖息环境的干扰关联较大,因此该类河流定义为栖息地破坏型河流,同时根据河岸带稳定性、河岸带宽度退化诊断结果较为集中,且主要为轻度退化或未退化,基于此,该类河流生态系统退化关键约束因子为纵向连通性、河道改造程度、栖息地综合指数指标。

第3、4、5主成分中主要因子包括底栖动物种类数、浮游动物多样性指数和固着藻类多样性指数,说明该类河流生态系统中水生生物多样性降低,因此该类河流定义为生物退化型河流,其关键约束因子为底栖动物种类数、浮游动物多样性指数和固着藻类多样性指数3个指标。

6.5.2.3　极端流态河流生态系统退化关键约束因子分析

极端流态河流生态系统退化关键因子分析中,KMO=0.869,结果值为好,Bartlett球形检验伴随概率值为0(<0.05),达到了显著性水平,说明极端流态数据适合进行因子分析。共同因子方差表中右侧抽取共同因子方差分布在0.451~0.95,数值结果适合进行因子分析。

从碎石图(见图6-9)可以看出,从第5个主成分开始,以后的曲线变得比较平缓,最后接近一条直线。据此,可以抽取4个主成分。

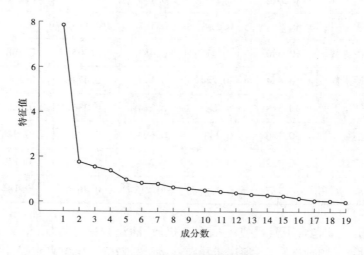

图6-9　成分特征值碎石图

为从河流生态系统退化评价指标体系19个指标中识别出造成退化的关键约束因子,对提取的4个主成分进行分析,结果见表6-17。

表 6-17　极端流态河流生态系统类型成分矩阵

指标	成分			
	1	2	3	4
纵向连通性	−0.025	0.559	0.535	−0.073
蜿蜒度	0.163	−0.572	0.423	0.251
河道改造程度	−0.089	0.576	0.297	−0.528
河岸带稳定性	0.014	0.458	0.230	0.551
河岸带宽度	0.186	0.172	0.295	0.594
生态需水保证率	0.459	−0.363	0.488	0.025
断流频率	−0.262	0.331	−0.545	0.096
DO	0.711	−0.207	0.149	0.045
COD	−0.861	0.119	−0.048	0.264
氨氮	−0.957	0.040	0.175	0.041
TP	−0.955	0.024	0.189	0.048
浊度	−0.916	0.007	0.158	0.151
底泥有机质	−0.928	0.069	0.142	0.007
浮游植物多样性指数	0.732	0.276	−0.113	0.176
浮游动物多样性指数	0.636	0.153	−0.235	0.300
固着藻类多样性指数	0.708	0.131	−0.101	0.259
底栖动物种类数	0.662	0.052	0.306	−0.271
栖息地综合指数	0.695	0.231	0.063	−0.148
景观效应	0.605	0.276	0.135	0.016

根据表 6-17,第 1 主成分主要包含 COD、氨氮、TP、浊度、底泥有机质指标;第 2 主成分主要包含纵向连通性、蜿蜒度、河道改造程度、河岸带稳定性;第 3 主成分主要包含纵向连通性、断流频率和生态需水保证率;第 4 主成分主要包含河道改造程度、河岸带稳定性和河岸带宽度。

由于第 1 主成分中的主要因子包括 COD、氨氮、TP、浊度、底泥有机质指标,因此第 1 主成分可以代表水质对河流生态系统的影响,说明造成这一类河流生态系统退化的主要原因为水质污染,该类河流定义为水质污染型河流,其关键约束因子为 COD、氨氮、TP、浊度和底泥有机质指标。

第 2、4 主成分中主要因子包括纵向连通性、蜿蜒度、河道改造程度、河岸带稳定性和河岸带宽度 5 个指标,纵向连通性、蜿蜒度、河道改造程度、河岸带稳定性和河岸带宽度都是对生物栖息地产生影响的指标,这也说明这一类点位河流生态系统的退化与闸坝分布过密、农田、公路、建筑物的构建以及人类活动对河流生态系统中生物栖息环境的干扰关联较大,因此该类河流定义为栖息地破坏型河流,同时根据河岸带宽度退化诊断结果较为集中,且主要为轻度退化或未退化,其关键约束因子为纵向连通性、蜿蜒度和河道改造程度指标。

第3主成分中主要因子为纵向连通性、生态需水保证率和断流频率3个指标,纵向连通性的破坏对水量的变化产生直接影响,说明这一类河流生态系统受水量影响较大,因此该类河流定义为基流匮乏型河流,其关键约束因子为生态需水保证率和断流频率2个指标。

6.5.3　河流生态系统退化类型划分

6.5.3.1　正常流态河流生态系统退化类型划分

1. 划分方法

本书研究中,淮河流域(河南段)正常流态河流退化类型的划分时,在关键约束因子分析的基础上,遵循河流的发展过程及治理和修复思路(污染治理、生境恢复和生物多样性恢复),同一退化程度的河段首先进行水质污染型河流的筛选,然后进行栖息地破坏型河流的筛选,最后将介于上述两种类型之间的河段归属为生物退化型河流。

同一退化程度河段中,不同退化类型河流的划分方法如下:

(1)水质污染型河流。指河道内水体受到一定程度污染,丰水期、平水期、枯水期3个水期的关键退化因子(氨氮、TP、浊度和底泥有机质)的平均评价指数($q_{水质}$)低于河段综合退化指数的河段。

(2)栖息地破坏型河流。

指河道内水质好于水质污染型河段,但丰水期、平水期、枯水期3个水期的关键栖息地退化因子(栖息地综合评价指数)的平均评价指数($q_{栖息地}$)低于河段综合退化指数的河流(河段)。

(3)生物退化型河流。指水质平均评价指数和栖息地平均评价指数介于以上两类之间的河流(河段)。

以上划分方法中所提到的平均评价指数(q)具体计算公式如下:

$$q_j = \frac{1}{n}\sum_{i=1}^{n} y_{ij} \tag{6-11}$$

式中:j表征水质污染型($q_{水质}$)、栖息地破坏型($q_{栖息地}$)、生物退化型($q_{生物}$)等3种不同退化类型;i表征不同类型河流的关键约束因子;y_{ij}为i因子的退化诊断结果值;n为每种类型中的关键约束因子个数。

以上划分方法中,"平均评价指数最低"是指$q_{水质}$、$q_{栖息地}$、$q_{生物}$三者相比,其指数最低的平均评价指数。

2. 划分结果

47个点位属于正常流态河流生态系统,根据3个水期退化诊断结果,其中北汝河源头(BRH-1)诊断结果为未退化,因此对其余46个点位综合划分其所属的退化类型,具体结果见表6-18。总体来看,水质污染型河流(河段)11个,占比23.91%;栖息地破坏型河流(河段)25 个,占比 54.35%;生物退化型河流(河段)10 个,占比 21.74%。

表 6-18　正常流态河流生态系统退化类型划分结果

退化状态	退化类型	分布河流(河段)
轻度退化	栖息地破坏型(5 个)	淮河干流(HG-4)、史灌河(SGH-2、SGH-3)、沙河(SHH-5、SHH-7)
	生物退化型(7 个)	北汝河(BRH-2、BRH-3)、淮河干流(HG-1、HG-2)、史灌河(SGH-1)、沙河(SHH-2、SHH-6)
中度退化	水质污染型(10 个)	惠济河(HJH-1)、贾鲁河(JLH-2、JLH-3、JLH-8、JLH-9)、清潩河(QYH-2、QYH-5、QYH-6)、沙河(SHH-3)、双洎河(SJH-2)
	栖息地破坏型(17 个)	北汝河(BRH-4)、淮河干流(HG-3)、潢河(HH-1)、惠济河(HJH-2)、贾鲁河(JLH-1、JLH-4、JLH-5、JLH-6、JLH-7)、沙河(SHH-1、SHH-8)、双洎河(SJH-1)、溮河(SSH-1、SSH-2)、沙颍河(SYH-1、SYH-2)、颍河(YH-1)
	生物退化型(3 个)	惠济河(HJH-3)、沙河(SHH-4)、沙颍河(SYH-4)
重度退化	水质污染型(1 个)	清潩河(QYH-3)
	栖息地破坏型(3 个)	清潩河(QYH-4)、双洎河(SJH-3)、沙颍河(SYH-3)

6.5.3.2　极端流态河流生态系统退化类型划分

1. 划分方法

本书研究中,在对淮河流域(河南段)极端流态河流退化类型进行划分时,在关键因子分析的基础上,遵循水量调控、污染治理和生境恢复的思路,同一退化程度的河段首先进行生态基流匮乏型河段的筛选,然后进行水质污染型河段的筛选,最后将不属于以上两种类型的河段归属为栖息地破坏型河流。

同一退化程度河段中,不同退化类型河流的划分方法如下:

(1)生态基流匮乏型河流。指河流(河段)水量缺乏,生态需水量保证率<50%,河道长期断流(断流频率>40%),同时由于河流生态需水量长期不足及河道断流造成河道生物类型和数量大量减少(生物多样性评价指数<1.5),且栖息地严重破坏(栖息地评价指数≤1)的河流(河段)。

(2)水质污染型河流。指河流(河段)水量缺乏,同时水体受到污染,丰、平、枯 3 个水期的关键水质退化因子(COD、氨氮、TP、浊度和底泥有机质)的平均评价指数($q_{水质}$)低于河段综合退化指数,且其不属于生态基流匮乏型河流(河段)。

(3)栖息地破坏型河流。指河流(河段)水量缺乏,造成河流栖息地一定程度的破坏,但其 $q_{水质}$ 高于水质污染型河流 $q_{水质}$ 的河流(河段)。

以上划分方法中所提到的平均评价指数(q)具体计算公式如下:

$$q_j = \frac{1}{n}\sum_{i=1}^{n} y_{ij} \tag{6-12}$$

式中：j 为生态基流匮乏型($q_{基流}$)、水质污染型($q_{水质}$)、栖息地破坏型($q_{栖息地}$)等 3 种不同退化类型；i 为不同类型河流的关键约束因子；y_{ij} 为 i 因子的退化诊断结果值；n 为每种类型中的关键约束因子个数。

2. 划分结果

36 个点位属于极端流态河流生态系统，根据丰水期、平水期、枯水期退化诊断结果，综合划分其所属的退化类型，具体结果见表 6-19。生态基流匮乏型 7 个，占比 19.44%；水质污染型 10 个，占比 27.78%；栖息地破坏型 19 个，占比 52.78%。

表 6-19　极端流态河流生态系统退化类型划分结果

退化状态	退化类型	分布河流(河段)
轻度退化	栖息地破坏型 (3 个)	黑茨河(HCH-3)、涡河(WH-1、WH-3)
中度退化	水质污染型 (8 个)	包河(BH-1、BH-2)、八里河(BLH-1)、黑茨河(HCH-1)、索河(SH-3)、索须河(SXH-2)、小洪河(XHH-1)、颍河(YH-7)
	栖息地破坏型 (16 个)	大沙河(DSH-1、DSH-2)、汾河(FH-1、FH-2)、汾泉河(FQH-1)、黑茨河(HCH-2)、浍河(HHH-2、HHH-3)、索河(SH-1、SH-2)、沱河(TH-2)、涡河(WH-2)、小洪河(XHH-2)、颍河(YH-3、YH-4、YH-6)
重度退化	生态基流 匮乏型(6 个)	浍河(HHH-1)、清潩河(QYH-1)、索须河(SXH-1)、小温河(XWH-1)、颍河(YH-2、YH-5)
	水质污染型 (2 个)	铁底河(TDH-1)、沱河(TH-1)
极度退化	生态基流 匮乏型(1 个)	小蒋河(XJH-1)

第 7 章　河流生态修复阈值等级划分研究

7.1　河流生态修复阈值指标体系

7.1.1　河流生态修复阈值界定指标体系构建原则

河流生态修复阈值指标体系构建比较复杂,须遵循一定原则,选取对生态修复效果影响较为灵敏、便于度量且便于修复实施考核的指标作为修复阈值指标,因此在指标体系构建时必须遵循以下原则:

(1)科学性原则。指标有明确的含义,且具备一定的科学内涵,指标体系的建立能够科学地判定河流生态修复阈值。

(2)整体性与代表性原则。河流生态系统是与河流地貌、水文水质状况、水生生境等相关的复合系统,其指标体系要能够全面反映河流修复的各个方面;同时影响河流修复的每个要素里包含众多子要素,因此选取的指标要具有代表性。

(3)实用性与可操作性原则。为保证界定出阈值的可操作和推广实用,指标要简化、方法要尽量简单、指标数据要可测量,同时自然属性的表征指标要可修复。

(4)河流修复与社会经济协调发展原则。由于社会经济发展不同,区域对河流生态修复的资金投入等影响生态修复,河流生态修复阈值的确定需要与河流区域社会经济发展相适应。

本书在指标体系构建原则的基础上,结合退化诊断主导因子,从河流生态系统自然属性和社会经济属性两大方面构建修复阈值指标体系,其中河流生态系统自然属性指标主要以退化诊断结果中主导退化因子为主,社会经济属性指标从水生态健康评估、栖息地评估、水生态修复评估中涉及的指标进行筛选,确定社会经济发展约束指标,以此构建不同类型河流生态修复阈值指标体系。

7.1.2　河流生态修复阈值界定指标体系初步构建

河流生态系统特征要素之间联系密切,为了全面、科学地选取修复阈值指标,且避免烦琐的工作,根据河流生态修复特征要素,基于上述指标体系构建原则,对河流生态修复阈值界定指标进行初步筛选。本书利用频度分析法和理论分析法,初步选取河流生态修复阈值指标体系中各特征要素的表征指标。频度分析方法是对现今与河流生态系统评价及修复评估相关的文献或报告中出现的相关指标进行频度统计分析,选取其中出现频率较高且具有代表性的相关指标;理论分析方法包括专家咨询和结合实际情况对河流生态系统特征要素进行综合分析,选择切合实际、代表性强的指标。

7.1.2.1　河流生态修复阈值指标频度分析

通过对 30 余篇与水生态修复相关且被引用频次超过 3 次以上的文献研究,如董哲仁、倪晋仁、郑丙辉、杨志峰等国内专业学者关于水生态健康评估、水生态退化诊断、河流栖息地评价、河流水生态修复评估等涉及建立河流水生态修复阈值指标体系的相关内容进行归纳总结[16-17,19,49-50,61,68,113,134,150-177],将文献中出现的指标进行了统计,共 120 个指标,从指标的分类上涵盖了表征河流水质状况指标、水文水势指标、河流物理结构指标、水生生物多样性指标、河流生态系统服务功能指标、社会经济发展和环境管理指标。其中,各大类表征指标见表 7-1。

表 7-1　河流生态修复阈值相关指标分类及频度

指标分类	编号	指标	频次	频率/%	指标分类	编号	指标	频次	频率/%
水文水势指标	1	月均流量/年径流量	10	30.3	水质指标	1	水功能区水质达标率	8	24.2
	2	最小环境需水量满足率	7	21.2		2	水质类别/状况	7	21.2
	3	生态需水保证率	6	18.2		3	TP	6	18.2
	4	水温/下泄水温	5	15.2		4	饮用水水源地水质达标率	5	15.2
	5	水流挟沙量变化率	5	15.2		5	底泥污染指数	5	15.2
	6	流速	4	12.1		6	TN	4	12.1
	7	河道断流频率	4	12.1		7	浊度	4	12.1
	8	河流水量状况	3	9.1		8	COD	3	9.1
	9	速度和深度结合特性	3	9.1		9	氨氮	3	9.1
	10	河流补给系数	2	6.1		10	DO	3	9.1
	11	水深	2	6.1		11	河道水质综合污染指数	3	9.1
	12	地下水埋深	2	6.1		12	营养化指数	3	9.1
	13	淤积深	2	6.1		13	BOD$_5$	2	6.1
	14	水力坡度	1	3.2		14	SS	2	6.1
	15	水文周期变化	1	3.2		15	电导率	2	6.1
	16	降雨引起的流量变幅、涨落水时间	1	3.2		16	pH	2	6.1
	17	大洪水发生概率	1	3.2		17	叶绿素 a	1	3.2
	18	中小洪水发生概率	1	3.2		18	重金属	1	3.2
	19	含沙率	1	3.2					
	20	年输沙率	1	3.2					
	21	输沙能力调节	1	3.2					

续表 7-1

指标分类	编号	指标	频次	频率/%	指标分类	编号	指标	频次	频率/%
地貌状况指标	1	河岸植被覆盖率	11	33.3	生物状况指标	1	鱼类完整性指数	9	27.3
	2	岸坡稳定性	9	27.3		2	珍稀水生生物存活状况	7	21.1
	3	河岸固化程度	8	24.2		3	底栖动物多样性指数	4	12.1
	4	河岸带宽度	7	21.2		4	物种多样性/生物多样性指数	3	9.1
	5	河岸植被多样性	6	18.2		5	浮游植物多样性指数	1	3.2
	6	蜿蜒度	6	18.2		6	固着藻类多样性指数	1	3.2
	7	纵向连通性	6	18.2		7	水生植物覆盖率	1	3.2
	8	河道稳定性/纵向稳定性	6	18.2		8	植物物种多样性指数	1	3.2
	9	与附近生态斑块的连通性	5	15.2		9	浮游动物多样性指数	1	3.2
	10	横向连通性	5	15.2	生态功能指标	1	景观舒适度	7	21.2
	11	水土流失比例	5	15.2		2	防洪工程措施完善率	7	21.2
	12	垂向透水性	4	12.1		3	灌溉水利用系数/灌溉保证率	7	21.2
	13	鱼道/过鱼设施/洄泳通道	4	12.1		4	通航保证率	4	12.1
	14	河床物质组成（底质组成）	3	9.1		5	公众对环境满意率	4	12.1
	15	土壤侵蚀深	3	9.1		6	城镇供水保证率/水库供水保证率	3	9.1
	16	河岸抗冲性	3	9.1		7	调节能力指数	3	9.1
	17	湿地保留率	2	6.1		8	过洪能力变化率	3	9.1
	18	平面形态、断面形态	2	6.1		9	栖息地状况/多样性指数	3	9.1
	19	边滩稳定性	2	6.1		10	水体自净率	2	6.1
	20	河岸天然程度	1	3.2		11	娱乐项目/人类活动需求满足度	2	6.1
	21	河床结构完好性	1	3.2		12	栖息复杂性/生境复杂性	2	6.1
	22	河岸缓冲带保留程度	1	3.2		13	遭受污染后修复能力	1	3.2
	23	生境破碎化指数	1	3.2		14	净第一性生产力	1	3.2
	24	河网结构变化率	1	3.2		15	工业用水满足率	1	3.2
						16	农业用水满足率	1	3.2
						17	城镇公共事业用水满足率	1	3.2
						18	林牧业用水满足率	1	3.2

续表 7-1

指标分类	编号	指标	频次	频率/%	指标分类	编号	指标	频次	频率/%
社会状况指标	1	河岸人口密度	3	9.1	经济状况指标	11	水电开发率	1	3.2
	2	人类活动强度	2	6.1		12	水资源费收取率	1	3.2
	3	河岸土地利用类型	2	6.1		13	吨水价格	1	3.2
	4	人口自然增长率	1	3.2	环境管理指标	1	污水处理率	6	18.2
经济状况指标	1	单位 GDP 用水量/单位 GDP 耗水量	7	21.2		2	农村饮水安全保证率	1	3.2
	2	面源污染强度	3	9.1		3	人工构筑物的类型	1	3.2
	3	工业用水重复率	2	6.1		4	河流生态系统管理水平	1	3.2
	4	居民生活用水重复率	2	6.1		5	重点污染源在线监控率	1	3.2
	5	三大产业用水比例	2	6.1		6	排污许可证发放率	1	3.2
	6	工业用水达标排放率	2	6.1		7	环评执行率	1	3.2
	7	污染物排放强度	1	3.2		8	环境案件落实率	1	3.2
	8	GDP 增长率	1	3.2		9	环保投资占 GDP 的比例	1	3.2
	9	城市化水平	1	3.2					
	10	国民经济取水率	1	3.2					

通过表 7-1 划分的河流生态修复阈值相关指标可知共有 8 大类。其中,关于水文、水势指标,现有文献共涉及相关指标 21 个,主要包括河流需水量、水深、流速、含沙情况等;关于水质指标有 18 个,主要包括河流水质综合表征指标、水质单因子表征及底泥单因子表征;关于地貌状况的表征指标有 24 个,主要是河岸带指标,河床结构,河流横向、纵向、垂向断面状况表征等指标;关于生物状况的表征指标主要有 9 个,包括鱼类完整性指数、浮游植物多样性指数、浮游动物多样性指数、固着藻类多样性指数、植物多样性指数和底栖动物多样性指数及河岸带植被情况等指标;关于河流生态系统功能的表征指标主要有 18 个,主要包括河流支持功能(净第一性生产力)、供应功能(供水)、调节功能(调节洪水、水体自净)、栖息地功能、文化功能(娱乐、休闲等);关于社会状况、经济状况及环境管理的表征指标有 26 个,主要包括社会发展(人口、城市化等)、经济发展(GDP 增长、各产业用水),环境管理(污染排放管理、环境保护管理)等。

7.1.2.2 河流生态修复阈值指标理论分析

根据上述关于河流生态修复的内涵及任务,河流生态修复主要包括以下 4 个方面:

(1)水质改善:水质条件的改善是河流生态修复的前提。主要是通过污染物浓度的控制和污染总量的控制。

(2)水文情势的改善:改善水文情势不仅包括生态基流,还要考虑自然水流的流量过程恢复,以满足生物目标良好生存。

(3)河流地貌修复:主要是消除和缓解胁迫因子,如闸坝导致的生态阻隔作用,河道渠道化、直线化,侵占河漫滩等。河流地貌修复包括河流纵向连续性修复、河流侧向连通性修复;河流形态修复包括平面形态的蜿蜒性、断面几何形态的多样性和护坡材料的透水性等修复。

(4)生物群落多样性修复:恢复生物群落多样性和物种多样性,其对象包括水生生物和陆生生物的恢复。生物群落恢复任务,主要包括指示物种的恢复。具有操作性的方法是恢复濒危、珍稀和特有生物物种。

理论上来讲,河流生态修复阈值指标体系的建立,是根据河流生态系统退化状态建立的。但考虑到河流生态系统存在的动态性和复杂性等特征,研究者对研究对象的认识不同和修复的侧重点不同及地域的差异,针对不同的研究对象,确定的生态修复阈值指标体系也会有所差别。为了确保河流生态系统修复目标制定的合理性和科学性,选取的指标一定要能反映河流生态系统的基本特征,同时也要能够涵盖修复的各个方面,此外还需考虑区域的社会经济及环境管理对河流生态系统的需求。根据本书第3章第3.3.3节分析可知,河流生态修复同时面临着政治、经济、技术、文化等多种约束。如果脱离当前社会、经济和技术条件,河流生态修复也将无法完成。因此,河流生态修复阈值指标体系的构建也是要综合考虑影响修复的各个方面。

但是,如果选取的指标众多,不仅增加河流修复目标制定的难度,同时也会混淆河流修复时考虑的主导因素,加大修复工作的难度,进一步也会增加修复阈值确定的难度;如果选取指标太少,又会造成信息覆盖不全面,指标的代表性较差,造成修复目标制定的不合理。因此,依据指标选取的全面性和科学性原则,并结合频度分析结果,水生态修复阈值指标体系各构成要素包涵指标考虑如下:

根据频度分析结果,涉及河流生态修复相关方面的指标涉及八大类,其中前四类(水文水势指标、水质指标、地貌状况指标、生物状况指标)均为河流生态系统自然属性的表征。但针对上述指标体系中涉及的河流生态功能指标、社会状况指标、经济发展指标和环境管理指标四大类,其中河流生态功能指标与河流生态系统结构相辅相成,河流生态系统结构的改善与完善,随之会带来生态系统功能的提升与恢复。因此,河流生态系统功能是河流生态系统的间接表征过程,河流水环境质量的变好、水生生物多样性的增加会使河流生态系统的功能得以提升,因此在河流生态修复阈值指标体系中暂不考虑该类指标。此外,社会状况、经济发展与环境管理指标主要是反映了人类活动等对河流生态系统带来的压力,以及社会经济发展、环境管理需求的提高对河流生态修复可以提供的支撑等,压力的改变会影响河流生态系统结构和功能的发挥,但社会经济发展状态下对河流修复的需求性等的不断增长,也会对河流生态修复提供一定动力。因此,此类指标是间接影响河流生态系统的约束性指标,其对河流生态修复发挥着重要作用,基于河流生态修复和社会经济协调发展原则,该类指标在指标体系中必须考虑。

在实施河流生态修复时,既要考虑生态系统的完整性、应采取综合而不是单一的修复措施,又要通过对关键因子的识别,有区别地采用相应的生态修复任务进行优先排序,确定修复工程的重点。

同时,结合河流生态修复阈值指标体系构建中整体性与代表性原则,河流生态修复主要是从河流水文水势改善、水质改善、物理结构调整和生物多样性恢复四大方面采用人工措施辅助进行的,但河流生态系统是否需要修复及修复阈值等级确定却是在考虑河流退化关键约束因子(水质状况、水文状况、地貌状况、生物状况)上,还要结合河流社会经济上的需求及约束(河流功能需求、区域需求及社会经济可支撑性)最终确定河流生态修复阈值指标体系。

1. 自然属性约束性指标

1) 水文状况指标

水文状况既包括水量状况也包括水文过程,水文状况是影响河流生物群落结构变化的重要生境条件因子,特定的生物群落结构和生物生存与水文状况具有明显的关联性。近百年来人类生产活动,从根本上改变了河流的水文情势,美国基西米河生态修复工程的经验说明了恢复河道的自然水文水力条件进而重建其生态环境是有效的措施。因此,河流生态修复阈值指标体系中必须要考虑河流水文状况的恢复。根据频度分析结果可知,月均流量/年径流量、最小环境需水量满足率、生态环境需水量保证率、水温/下泄水温、流速、水文同期变化、水流挟沙量变化率、河流水量状况和速度与深度结合特性等指标使用频次较高,频次超过3次,其余指标包括水深、水力坡度、水文同期变化、降水变化幅度和洪水概率以及输沙情况比率等指标。

水量指标主要有月均流量/年径流量、河流水量状况等对河流生态系统产生直接影响,水量状况的指标不同,表征的含义就各不相同,其中月径流量和年径流量都是水文方面的指标,主要表征水体的径流变化情况。天然径流是分析环境流量和水生生物群落的主要基础,天然径流总量、发生频率、历时、周期等将直接影响河道的形态、栖息地结构、生物多样性、生物生活史类型以及横向、纵向的联系。若径流的类型和径流变化程度被确定了,相应的生态系统的影响也有可能被确定。河流的月均流量或年均径流量、河流水量状况都是表征河流水量的指标,月均流量和年径流量单位为 m^3/s,但是河流大小不同,其径流量也各不相同,因此径流指标不适合作为河流生态修复阈值指标体系构建时水文水势方面的表征指标。

环境需水量是指达到水体改善、生态和谐与美化环境所需的水资源量,最小环境需水量满足率是指枯水期河道的流量与最小环境需水量的比例;生态需水量是生态系统要满足一定条件的生态水平或保持生态系统稳定所必需的水量,或是发挥其自身应具备的生态功能所需要的水量,河道生态需水保证率指河道内流量维持河道自身生态功能和生态环境所需要的最小流量的满足程度。关于上述几个概念,虽然描述稍有不同,但实质是一样的,都是为保证河流生态功能正常发挥的水量要求。同时考虑本书研究区域较大,包含干流及1~4级支流,若用环境需水量或者生态需水量,其计算结果无法统一,考虑到指标的实用性和可操作性,本书研究采用标准化结果即河道生态需水保证率作为河流生态修复阈值的表征指标。

流速为描述河流生境的指标,流速与河流的地形地貌有很大关系,同时流速大小对河流的生态系统中生物构成有一定影响。若河流流速太大,使很多大型无脊椎动物的生长将受到限制;若河流流速太小,则河床区域淤积,生产力不高。但根据现状调查,研究区域现状闸坝密度较高,河流水体流速受影响变化较大,同时,在河流修复中也是考虑流速的多样化,因此,考虑到实际可操作性,该指标不适合作为修复阈值确定的表征指标。

河道断流频率指标是表征河道中时间段内断流天数/总天数的比值,这也是反映河流水文状况的重要表征指标,由于本书研究区域内河流受高密度闸坝的影响,部分河道断流时有呈现,这对河流生态系统中水生生物的生存及生产产生严重影响,因此该指标在修复阈值指标体系中应予以考虑。

水温/下泄水温指标,主要用于水库等静止水体的表征指标,河流生态系统为一个较为开放性的水体,且水温变化主要是受季节影响,因此河流生态修复阈值确定指标体系中水温指标不予考虑。

水流挟沙量变化率,是指当前的水流输沙能力与参考状态下水流输沙能力的比率。考虑到研究区域实际状况,仅有少部分河流水体中含沙,且考虑到指标数据的可测量性,该指标在此不予考虑。

河道水量状况及流速–水深结合特性与上述河道径流量及流速等指标含义类似,因此根据代表性原则,河流生态修复阈值指标体系构建暂不考虑。

综上所述,本书研究选取河道生态需水保证率及河道断流频率 2 个指标作为水生态修复阈值指标体系中水文水势的表征指标。

2) 水质状况指标

水质标志着水体的物理特性(如色度、浊度、臭味等)、化学特性(无机物和有机物的含量)及其组成的状况,一般包括 DO、氨氮、TP、浊度和水温等要素,这些物化指标对水体中生物的生命活动有着重要影响。河流水质的变坏会导致河流水生生物多样性的下降,造成河流生态系统功能的降低,最终导致河流生态系统结构的破坏和功能的丧失。倪晋仁等[49]在相关研究中指出,水体水质变坏,对除河流航运、水流发电及泄洪功能以外的其他多数生态服务功能产生破坏,这也直接对河流生态系统的健康和生命力产生巨大影响。现如今,河流生态修复中,关于水质方面的修复是不可缺少的一部分。我国工业、农业和生活造成的水污染,已经对河流生态系统造成了重大威胁,导致不少河流的生态系统退化。如果不首先解决治污问题,河流生态系统修复也将失去前提。因此,在河流生态修复阈值指标体系构建中,水质指标也是必不可少的一部分。

通过上述频度分析的结果可知,表征水质状况的指标共 18 个,其中水功能区水质达标率、水质类别/状况、饮用水水源地水质达标率、底泥污染指数、河道水质综合污染指数、营养化指数等 6 个指标均是综合表征水体状况的指标,TP、TN、浊度、COD、氨氮、DO、BOD_5、SS、电导率、pH、叶绿素 a 和重金属等 12 个指标是以单指标表征河流水质状况的指标。

其中,水功能区水质达标率是考核功能区内水质达标状况,指在某河段水功能区水质达到其水质目标的个数(河长、面积)占水功能区总数(总河长、总面积)的比例,其反映河流水质满足水资源开发利用和生态与环境保护需要的状况。之前此指标的考核是计算COD 和氨氮的达标率,近些年随着国家及各级政府对水环境质量越来越重视,将地表水

24 项监测指标均作为达标率的考核指标。

水质类别/状况是表征河流水体的质量,按照考察河段的污染物平均浓度以及《地表水环境质量标准》(GB 3838—2002)设定的 Ⅰ ~ Ⅴ类水标准进行评价。

饮用水水源地水质达标率是以《地表水环境质量标准》(GB 3838—2002)和《生活饮用水卫生标准》(GB 5749—2006)为基础,提出的综合评价水质标准和分级指数,客观反映饮用水水源地水质状况,但该指标仅是针对水源地的水质评价。根据流域实际情况,研究区域内仅少数河流或部分河段具备饮用水源功能,因此该指标较为片面。

水质状况包括河流水质和河床底质,其中水质状况主要是通过水质标准进行评价,河床底质也是通过评价后给出定性评价结果。河道水质综合污染指数和底泥污染指数是整体表征河流水质状况的标准,水质状况对水体中的大型植物、浮游动植物、鱼类等产生影响,水质综合污染指数是综合水体中各类水质因子状况进行评价,进行相关计算得出的;底泥对水生生物中的底栖动物产生影响,进而影响整个生态系统,底泥污染指数是对河流泥中重金属的各类因子污染状况的评价。关于水质综合污染指数和底泥污染指数,在研究区域现有监测中,地表水涉及 21 项监测因子,由于部分指标(如重金属指标等)基本上都达到水质标准要求,因此,此两项指标在考虑时应结合区域特性,确定出合适的指标进行计算。

水体中营养物质(TN、TP)和污染物(COD、BOD$_5$ 及重金属)的含量、浊度、电导率、pH 等参数都可能影响河流生态系统功能的正常发挥。同时由于研究区域的特征不同,其选用的表征指标也各不相同。

水功能区水质达标率和饮用水水源地水质达标率是表征功能区河流水质整体状况的指标,且研究尺度较大,通过专家咨询以及与本书研究内容考虑,不宜将此类指标用于河流生态系统修复阈值指标体系,遵循指标选取原则,在此河流生态修复阈值指标体系中水质指标选取直接反映水体状况的水质指标和底泥污染指标作为表征,为明确单项水质指标对水体的影响,选取单指标作为水质指标的表征。根据上述指标统计结果,并结合研究区域特点,其中水体指标选取浊度、COD、氨氮、TP、DO 和重金属(Cu、Pb、Cr、Zn、Sn、Cd、Si、Hg),底泥污染指标采用底泥有机质和重金属(Cu、Pb、Zn、Cr、Cd、Hg、As)。

3)地貌状况指标

地貌状况同时也是影响河流生物群落的生境因子之一,河流地貌状况的变化,如河道开挖、河道硬质化等都会影响河流水生生物的迁徙等,进而影响河流整个生态系统的变化。董哲仁、任海等在退化水生态系统恢复研究中指出,河流生态系统的恢复包括恢复生态系统的结构。因此,地貌状况需作为河流生态修复阈值指标体系构建时必须考虑的一个方面。

从上述频度分析可知,河流地貌状况共涉及 24 个指标,可以划分为两大类,一类是河道内状况表征指标,另一类是河岸带状况表征指标。其中,河道内状况表征指标主要包括蜿蜒度、纵向连通性、与附近生态斑块的连通性、横向连通性、垂向透水性、鱼道(过鱼设施、洄泳通道)、河床底质组成等 13 个指标;河岸带状况表征指标主要是河岸植被覆盖率、岸坡稳定性、河岸固化程度、河岸带宽度、河岸植被多样性、水土流失比例、河岸抗冲性和湿地保留率、边滩稳定性等 11 个指标。

　　针对河道内,蜿蜒度是形容整个河流或河段的一个指标,蜿蜒度的变化会改变河流的水力条件,对河流生态系统产生影响。纵向连通性是河流水体流动性的表征,但水利等工程破坏了河流纵向上的连续,进而导致河流水体连续、生物流动性及泥沙输送遭受影响,纵向连通性可用河流断点或节点等障碍物的数量与河长的比例表示。横向连通性和与附近生态斑块的连通性指标含义相同,是河流主河道同泛洪区或湿地的连通性,其对洪水具有调蓄功能。垂向透水性指河流岸坡和河道底部的透水程度,现有河岸堤坡的建设和河道的修砌对河流垂向水流与生物过程的连续状态产生破坏,可用不透水性护坡河长和河流总长表示。河床结构完好性是指天然河床物理结构完整性所占比例。生境破碎化指数是指河流生态系统中生境异质性的特征描述。生境异质性包括河床、河岸带及其他物理结构等,是对河流地貌状况的一个整体描述。土壤侵蚀强度是指地壳表层土壤在自然力(水力、风力、重力及冻融等)和人类活动综合作用下,单位面积、单位时段内被剥蚀并发生位移的土壤侵蚀量,以土壤侵蚀模数表示。

　　从上述指标(见表 7-1)分析可以看出,河道的地貌状况主要是蜿蜒度,横、纵、垂向连通性指标,以及栖息地状况指标。其中,考虑蜿蜒度指标为表征整条河流的地貌状况的指标,而栖息地指标是一个综合指标,若河流蜿蜒度提高及河流纵向、横向和垂向特性提高,则会使得栖息地生境呈现异质性。因此,在选取河流生态修复阈值指标时,从河流生态修复的最基本表征进行指标选择,即将蜿蜒度、横向连通性、纵向连通性及垂向透水性作为河流地貌状况中河道结构的表征指标。

　　河岸带是从水体边缘向外延伸到一定范围内,布置永久性的、用以阻止或去除坡面径流中的沉积物、有机质、营养物质以及农业杀虫剂等污染物质进入水体的植被带。河岸带宽度表示河道生态系统的自然程度,河岸带越宽,说明人类活动对河流生态系统的干扰越小。

　　岸坡带稳定性指河岸的抗冲刷能力,反映河岸受到水流的冲刷侵蚀后维持自身稳定的性能。河岸的侵蚀表现为植被覆盖缺乏、土壤暴露等。河岸稳定与否直接影响到河流系统各项功能的发挥,同时河岸带稳定性又受到河岸防护带、河道护岸形式、河流径流量及河流水位等因素的影响。人类活动带来了河岸带结构和形式的改变、河岸植被结构的变化和河流水文条件的变化,同时也在建设河流护岸工程等过程中保护了河岸的稳定性,因此河岸带稳定性带不仅体现了河岸自身的稳定程度,也反映了人类活动的影响。

　　河岸植被可以提高河岸的绿化、对河岸土壤保护不受侵蚀,同时可提高河岸的抗冲击能力。由此可见,河岸抗冲性、边滩稳定性、水土流失比例均与河岸带植被覆盖率密切相关,因此植被覆盖率可作为河流地貌状况的表征指标之一,但是根据现状调查,研究区域内多数河流的植被覆盖率较高,基本上大于 75%,处于良好状况,因此该指标暂不考虑作为修复阈值指标。

　　河岸固化程度是指河岸带硬质化/混凝土化程度,如若河岸硬质化,必然会导致河岸带植被覆盖率的减少。因此,此指标与河岸植被覆盖率也密切相关,在此不予考虑。

　　河岸天然程度和河岸缓冲带保留程度都是表征现状河岸情况与天然河岸情况的比值。可用于评价河流健康和退化程度,由于该指标为定性指标,根据河流生态修复阈值指标体系构建原则,指标数据可量化,因此这两个指标暂不考虑。

因此,河岸带指标采用河岸带稳定性及河岸带宽度表示。

综上分析,河流生态修复阈值指标体系中地貌状况指标的构建包括:①河道结构中蜿蜒度、纵向连通性、横向连通性和垂向透水性;②岸坡稳定性、河岸带宽度。

4)水生生物状况指标

河流生态系统的组成分为两大部分,一类是非生物因子,另一类就是生物因子。上述的水文状况、水质状况、地貌状况等都是非生物因子。水生生物是河流生态系统的生物组成部分,水生生物因子大致划分为:脊椎动物(鱼类)、底栖生物、浮游生物(浮游动物、浮游植物)和水生高等植物四大生态类群。它们各自组成水生态系统十分重要的生命单元,形成错综复杂的相互依存且制约的食物链、食物网关系,发挥着能量流动和物质循环的生态功能作用。

从上述频度分析(见表 7-1)可知,共有 9 个指标表征河流水生生物状况,主要包括鱼类完整性指数、珍稀水生生物存活状况、底栖动物多样性指数、物种多样性/生物多样性指数、浮游动物多样性指数、浮游植物多样性指数、固着藻类多样性指数、水生植物覆盖率、植物物种多样性指数等。

水生植物和浮游生物(浮游动物和浮游植物)处于河流生态系统食物链的始端,可为水质变化提供早期预警信息,是河流健康监测的主要指示类群之一;底栖无脊椎动物结构的变化能反映河段生境条件的变化,是河流水质状况常用的另一项监测指标;而处于营养顶级的鱼类反映了整个水生态系统的健康状况,也是河流健康评价的重要指示生物。

珍稀水生动物存活状况指珍稀水生动物能在河流中生存繁衍,并维持在影响生存的最低种群数量以上的状况,是较为偏定性的一种描述。

结合上述分析,水生生物包括不同的营养级别,考虑到水生植物受水环境影响的变化较为缓慢,而浮游生物对水环境变化较为敏感,且研究区域现状鱼类种类较少,主要以耐污种和常见种鲫鱼、草鱼等为主,结合可修复性原则,选取底栖动物作为河流生态修复阈值指标体系中生物部分的表征指标,该指标能够在一定程度上反映河流生态系统状况,同时又可以进行修复。

2. 社会经济属性约束性指标

根据上述频度分析(见表 7-1)中,社会经济发展水平相关指标共有 26 个,主要可以划分为三大类,主要是社会约束性指标、经济约束性指标、管理约束性指标。考虑到河流生态修复与社会经济协调发展原则,在开展河流自然属性修复的基础上,修复的投资、修复的需求等需要与社会经济发展及环境管理需求相适应。

1)社会状况指标

社会状况指标共涉及 4 个指标,河岸人口密度和人类活动强度指标含义类似,人类活动对河流生态系统都会产生影响,人口密度越大,活动越强,对河流生态系统影响会越大;人口自然增长率与河岸人口密度指标有所重复,区域的人口增长率越快,则会导致区域人口密度越大,对河流生态系统影响越大;河岸土地利用类型同样也对河流生态系统产生影响,土地类型受人类影响越大,则对河流生态系统干扰越强。基于整体性原则,剔除指标含义相近的人类活动强度和人口自然增长率,选取河岸人口密度、河岸土地利用类型两个指标表征社会约束性指标。

2) 经济状况指标

经济状况指标共涉及 13 个指标,其中频度最高的为单位 GDP 用水量/单位 GDP 耗水量,单位 GDP 用水量/单位 GDP 耗水量越多,则河流生态系统自身所留水量将越少,对河流生态系统影响越大,这也表明用水量对河流生态修复有很强的影响;其次为面源污染强度,主要指农田化肥、农药等的施用量对河流生态系统的影响,农田化肥、农药等施用量越高,则由此产生面源污染的可能性越大,对河流生态系统的影响也会越严重;工业用水重复率、居民生活用水重复率、三大产业用水比例、国民经济取水率、水电开发率和污染物排放强度出现频度较低,用水重复利用率越高,则开发利用河流水量将会越少,对河流生态系统影响将越小;污染物排放强度一般指单位工业增加值的污染物排放强度,即单位工业增加值水污染物排放量越少,则对河流生态系统影响越小;单位 GDP 用水量、城市化水平,水资源费收取率和吨水价格则是间接影响河流生态状况的指标,但对河流生态系统修复的直接影响指标,如若区域的经济发展未达到一定的水平,则没有经济实力开展河流生态修复工程,此外,区域城市化水平越高,人们对水体环境的要求也越高,开展河流生态修复的需求也会越强烈,因此城市化水平也在一定程度上影响河流生态系统的修复。

面源污染强度直接影响河流生态系统,因此可作为修复阈值指标。污染物排放强度也对河流生态系统产生影响,单位 GDP 用水量和城市化水平影响河流生态系统的修复能力,因此选取面源污染强度、污染物排放强度、单位 GDP 用水量和城市化水平作为表征经济约束性的指标。

3) 管理约束性指标

管理约束性指标共涉及污水处理率、河流生态系统管理水平等 9 项指标,其中河流生态系统的管理水平、环境保护投资占 GDP 的比例直接影响开展河流生态修复的能力;其余指标污水处理率、重点污染源在线监控率、排污许可证发放率、环评执行率、环境案件落实率等都是基于环境保护开展的环境管理措施,这些措施的实施在一定程度上对河流生态系统上产生影响。根据相关研究其中污水处理率的高低与河流水环境状况有明显的相关性,污水处理后排放,污染物浓度降低,对河流生态系统影响较小,如若未处理排放,则高浓度的污染物对河流生态系统产生严重影响,特别是对河流生物有致命的危害。因此,选取污水处理率和环境保护投资占 GDP 的比例作为管理约束性指标。

综合上述分析,河流生态修复阈值确定时需要考虑河流自然属性指标、社会经济属性两大方面,其中自然属性方面包含水文状况指标(生态需水保证率、河道断流频率)、水质状况指标(浊度、COD、氨氮、TP、DO、重金属、底泥有机质、底泥重金属等)、地貌状况指标(蜿蜒度、纵向连通性、横向连通性、岸坡稳定性、河岸带宽度等)及生物状况指标(底栖动物多样性指数),社会经济属性方面主要包括社会状况(河岸人口密度、河岸土地利用类型)、经济状况(单位 GDP 用水量、面源污染强度、城市化水平)和环境管理(污水处理率、环保投资占 GDP 的比例)三大方面的指标。

7.1.3　基于主导关键因子的河流生态修复阈值指标体系构建

7.1.3.1　自然属性指标确定

以第 6 章中退化诊断结果为基础,通过对退化诊断中的主导因子分析,确定该属性层指标。

通过退化诊断结果分析可知:

(1)丰水期 83 个点位综合诊断结果涉及未退化、轻度退化、中度退化和重度退化 4 种退化状态。其中,未退化点位 1 个,占 1.20%;轻度退化点位 19 个,占 22.89%;中度退化点位 56 个,占 67.47%;重度退化点位 7 个,占 8.43%。

(2)枯水期 83 个点位综合诊断结果涉及轻度退化、中度退化、重度退化和极度退化 4 种状态。其中,轻度退化点位 13 个,占 15.66%;中度退化点位 58 个,占 69.88%;重度退化点位 9 个,占 10.84%;极度退化点位 3 个,占 3.61%。

(3)平水期 83 个点位综合诊断结果 5 种状态均有涉及。其中,未退化点位 1 个,占比 1.20%;轻度退化点位 19 个,占 22.89%;中度退化点位 53 个,占 63.85%;重度退化点位 8 个,占 9.64%;极度退化点位 2 个,占 2.41%。

同时,根据第 6 章 6.5 节中不同类型河流生态系统退化关键约束因子分析,其中河流自然属性主要涉及的退化关键约束因子如表 7-2 和表 7-3 所示。

表 7-2　正常流态河流生态系统退化关键约束因子占比分析　　　　　　　%

序号	准则层	指标层	极度退化占比	重度退化占比	中度退化占比	轻度退化占比	未退化占比
1	地貌状况	纵向连通性	14.89	12.77	19.15	10.64	42.55
2		河道改造程度	0	8.51	12.77	21.28	57.45
3	水文水质状况	氨氮	31.91	14.89	10.64	8.51	34.04
4		TP	61.70	8.51	12.77	6.38	10.64
5		浊度	36.17	8.51	4.26	2.13	46.81
6		底泥有机质	29.79	12.77	8.51	2.13	46.81
7	生物状况	浮游动物多样性指数	0	19.15	76.60	4.26	0
8		固着藻类多样性指数	0	8.51	82.98	8.51	0
9		底栖动物种类数	44.68	10.64	27.66	12.77	4.26
10	功能状况	栖息地综合指数	0	19.15	68.09	10.64	2.13

表 7-3　极端流态河流生态系统退化关键约束因子占比分析　　　　　%

序号	准则层	指标层	极度退化占比	重度退化占比	中度退化占比	轻度退化占比	未退化占比
1	地貌状况	纵向连通性	11.11	5.56	22.22	33.33	27.78
2		蜿蜒度	2.78	77.78	19.44	0	0
3		河道改造程度	0	0	11.11	11.11	77.78
4	水文状况	生态需水保证率	86.11	11.11	2.78	0	0
5		断流频率	52.78	8.33	13.89	16.67	8.33
6	水质状况	COD	36.11	19.44	27.78	5.56	11.11
7		氨氮	50.00	2.78	0	8.33	38.89
8		TP	77.78	5.56	11.11	2.78	2.78
9		浊度	25.00	8.33	8.33	8.33	50.00
10		底泥有机质	36.11	19.44	13.89	2.78	27.78
11	功能状况	栖息地综合指数	2.78	13.89	58.33	25.00	0

　　由表 7-2 和表 7-3 可知,河流退化关键约束因子在 4 个准则层均有涉及,因此在河流生态修复阈值理论指标体系构建中自然属性应涵盖这 4 个准则层。

　　其中,地貌状况中主要是纵向连通性、河道改造程度、蜿蜒度为主导退化因子,纵向连通性作为主导退化因子是由于流域内河流上闸坝数量多,对河流连通性产生了阻碍,这也是淮河流域的特点,因此,在河流生态修复时对河流连通性需进行考虑;河道改造程度为是表征河道状况的指标,河道改造程度的大小对河流生态系统具有较大影响。蜿蜒度是河流地貌形状的主要指标,适度的蜿蜒性不仅能够改善栖息地的条件,而且有利于维持河道侧向稳定性,因此,地貌状况以纵向连通性、河道改造程度、蜿蜒度作为表征指标。

　　水文水质状况中的水质指标和底泥已在阈值初步构建指标体系中,关于水文指标,由于生态需水保证率和断流频率均是影响河流生态系统的主导因子,因此阈值指标体系中该类指标均同样作为水文的表征指标;结合水质的主导退化因子,将 COD、氨氮、TP、浊度和底泥有机质作为修复阈值指标体系的表征指标。因此,水文水质状况的表征指标为生态需水保证率、断流频率、水体中 COD、氨氮、TP、浊度和底泥有机质。

　　生物状况中正常流态河流生态系统以浮游动物、固着藻类和底栖动物为主导退化因子,考虑到生物状况受河流地貌状况、水文水质状况和河流功能状况的影响,是水生态系统状况好坏的表征指标,但开展河流生态修复不仅仅只考虑河流地貌状况、水文水质状况以及栖息地等的修复,也同时应考虑水生生物的多样性修复,因此阈值指标体系中生物状况的指标应考虑底栖动物,同退化指标体系相同,采用底栖动物种类数作为表征指标。

　　河流功能状况中栖息地综合指数为主导退化因子,栖息地综合指数是由河流底质类型、河道内遮蔽物、河道形态、堤岸稳定性和流速-深浅等 5 个指标综合而成的指标,均是直接表征河流生态系统状况,同时该指标又是可修复的,栖息地状况的好坏直接影响到河流水生生物状况,因此修复阈值指标体系中予以考虑。

综上所述,正常流态河流生态修复阈值指标体系中自然属性指标包含 8 项,包括地貌状况中纵向连通性、河道改造程度 2 项指标;水文水质状况中氨氮、TP、浊度和底泥有机质 4 项指标;生物状况中底栖动物种类数 1 项指标;河流功能中栖息地综合指数 1 项指标。极端流态河流生态修复阈值指标体系中自然属性指标包含 11 项,包括地貌状况中纵向连通性、河道改造程度和蜿蜒度 3 项指标;水文水质状况中生态需水保证率、断流频率、COD、氨氮、TP、浊度和底泥有机质 7 项指标;功能状况中栖息地综合指数 1 项指标。

7.1.3.2 河流生态修复阈值指标体系初选

综合上述河流生态修复及退化关键因子分析,河流生态修复阈值确定时需要考虑河流自然属性指标、社会经济和环境管理属性两大方面,其中自然属性方面包含地貌状况、水文水质状况指标、生物状况和河流功能状况指标,社会经济属性方面主要包括社会状况、经济发展和环境管理三大方面的指标。不同类型河流生态修复阈值指标体系初选指标如表 7-4 和表 7-5 所示。

表 7-4 正常流态河流生态修复阈值指标体系

目标层	因素层	要素层	指标层	指标解释方法
河流生态修复阈值	自然属性约束因子	地貌状况	纵向连通性(X_1)	同退化诊断指标体系解释
			河道改造程度(X_2)	同退化诊断指标体系解释
		水质状况	水质:氨氮、TP、浊度($X_3 \sim X_5$)	同退化诊断指标体系解释
			底泥有机质(X_6)	同退化诊断指标体系解释
		生物状况	底栖动物种类数(X_7)	同退化诊断指标体系解释
		功能状况	栖息地综合指数(X_8)	同退化诊断指标体系解释
	社会经济属性约束因子	社会状况	河岸人口密度(X_9)	河岸每平方千米上所居住的人口数(人/km²)
			河岸土地利用类型(X_{10})	以两岸农田土地利用及营养状况表示
		经济发展	单位 GDP 用水量(X_{11})	用水量与国内生产总值的比例(m³/万元)
			面源污染强度(X_{12})	以化肥施用量表征,单位面积施用的化肥重量(kg/km²)
			城市化水平(X_{13})	市人口和镇驻地聚集区人口占全部人口的比例(%)
		环境管理	污水处理率(X_{14})	区域处理的污水量占排放的污水量的比例(%)
			环保投资占 GDP 的比例(X_{15})	环境保护投资总值占当年国内生产总值的比重(%)

表 7-5　极端流态河流生态修复阈值指标体系

目标层	因素层	要素层	指标层	指标解释方法
河流生态修复阈值	自然属性约束因子	地貌状况	纵向连通性(X_1)	同退化诊断指标体系解释
			蜿蜒度(X_2)	同退化诊断指标体系解释
			河道改造程度(X_3)	同退化诊断指标体系解释
		水文水质状况	生态需水保证率(X_4)	同退化诊断指标体系解释
			断流频率(X_5)	同退化诊断指标体系解释
			水质:COD、氨氮、TP、浊度($X_6 \sim X_9$)	同退化诊断指标体系解释
			底泥有机质(X_{10})	同退化诊断指标体系解释
		河流功能状况	栖息地综合指数(X_{11})	同退化诊断指标体系解释
	社会经济属性约束因子	社会状况	河岸人口密度(X_{12})	河岸每平方千米上所居住的人口数(人/km^2)
			河岸土地利用类型(X_{13})	以两岸农田土地利用及营养状况表示
		经济发展	单位 GDP 用水量(X_{14})	用水量与国内生产总值的比例(m^3/万元)
			面源污染强度(X_{15})	以化肥施用量表征,单位面积施用的化肥重量(kg/km^2)
			城市化水平(X_{16})	市人口和镇驻地聚集区人口占全部人口的比例(%)
		环境管理	污水处理率(X_{17})	区域处理的污水量占排放的污水量的比例(%)
			环保投资占 GDP 的比例(X_{18})	环境保护投资总值占当年国内生产总值的比重(%)

7.1.4　不同类型河流生态修复阈值指标体系构建

为选取适合本书研究区域的主要代表性修复阈值指标,在上述指标体系初筛的基础上,以全面性、科学性、独立性和代表性原则进行初选指标的优化,分别利用相关分析和主成分分析等方法评价指标间的相关关系和主导性。筛选出相关性不大、主导性强的指标作为本书研究的修复阈值指标体系,最终完成修复阈值指标体系构建。

本书利用 SPSS 软件实现初选评价指标的相关分析。指标间的相关程度用相关系数

r 的绝对值表示,其值越接近 1,表明两个指标的相关程度越高;其绝对值越接近于 0,表明两个指标的相关程度越低。

由于评价指标的量纲或数量级不同,不能直接进行指标间的相关分析或比较,为了消除量纲影响,便于区域之间的比较,需要对各点位各指标数据进行标准化处理,采用标准化后的各指标数值进行相关分析。数据标准化的常用方法有最大值–最小值标准化方法、Z-score 标准化和按小数定标标准化等。本书研究标准化处理方法采用最大值–最小值标准化方法 $[X'_{ij} = (X_{ij} - X_{imin})/(X_{imax} - X_{imin})]$。

采用 SPSS 统计软件对上述不同类型 3 个水期的各个指标标准化的数据进行相关分析,其中上述不同类型 15 个/18 个指标在 SPSS 分析汇总分别用 $X_1 \sim X_{18}$ 代表,各指标间的相关分析结果见表 7-6 和表 7-7。表中显示了各指标两两之间的 Pearson Correlation 相关系数,并用"＊"号对具有显著的相关关系值做了标示。

根据指标选取原则,选取综合性、独立性、代表性强的指标作为最终的修复阈值评价指标。依据表 7-6 和表 7-7 指标相关分析显示结果,对各指标进行筛选分析。

从表 7-6 中可以看出,正常流态生态修复阈值指标体系中纵向连通性(X_1)与其余指标中有机质(X_6)、栖息地综合指数(X_8)、河岸人口密度(X_9)、河岸土地利用类型(X_{10})、单位 GDP 用水量(X_{11})、面源污染强度(X_{13})和环保投资占 GDP 的比例(X_{15})7 个指标有明显的相关性,相关系数分别为−0.223、0.232、−0.299、0.199、0.221、0.273 和 0.403;分析其余 7 个指标间的相关性,河道改造程度(X_2)与有机质(X_6)、栖息地综合指数(X_8)、河岸土地利用类型(X_{10})、面源污染强度(X_{13})有明显相关性,相关系数分别为 0.187、0.282、0.414 和 0.251;氨氮(X_3)与 TP(X_4)、有机质(X_6)、底栖动物种类数(X_7)3 个指标有明显的相关性,相关系数分别为 0.391、0.258、−0.239;浊度(X_5)与单位 GDP 用水量(X_{11})和环保投资占 GDP 的比例(X_{15})有明显的相关性,相关系数为 0.231 和 0.182;底栖动物种类数(X_7)与城市化水平(X_{12})有相关性,但相关系数低于 0.3;污水处理率(X_{14})与环保投资占 GDP 的比例(X_{15})存在明显关系,相关系数为 0.469。

从表 7-7 中可以看出,极端流态生态修复阈值指标体系中纵向连通性(X_1)与其余指标中 5 个指标蜿蜒度(X_2)、河道改造程度(X_3)、河岸人口密度(X_{12})、污水处理率(X_{17})和环保投资占 GDP 的比例(X_{18})有明显的相关性,但相关系数均低于 0.5;分析其余 12 个指标间的相关性,生态需水保证率(X_4)与蜿蜒度(X_2)、断流频率(X_5)、COD(X_6)、氨氮(X_7)、单位 GDP 用水量(X_{14})有明显相关性,但相关系数同样低于 0.5;水质指标间相关性非常高,相关系数基本上在 0.8 左右;此外,单位 GDP 用水量与环保投资占 GDP 的比例以及污水处理率与环保投资占 GDP 的比例相关系数大于 0.5。

由上述分析可知,正常流态 15 个指标中,相关系数均小于 0.5,说明各个指标的独立性较好,因此正常流态修复阈值指标体系中 15 个指标均予以保留;关于极端流态 18 个指标中,水质指标(COD、氨氮、TP、浊度和有机质)相关系数均大于 0.6,单位 GDP 用水量与环保投资占 GDP 的比例和污水处理率与环保投资占 GDP 的比例相关系数大于 0.5,其余指标间均相对较为独立。分析水质指标,其中 COD 表征水体受到的有机污染程度;氨氮和 TP 则表征水体富营养化程度;浊度为水体的感官指标,浊度越高,则影响植物等的光合作用;底泥有机质则是表征底泥受污染的程度,因此研究中水质指标中 COD、

表 7-6　正常流态河流生态系统各指标间的相关分析结果

	X_1	X_2	X_3	X_4	X_5	X_6	X_7	X_8	X_9	X_{10}	X_{11}	X_{12}	X_{13}	X_{14}	X_{15}
X_1	1.000	0.117	-0.142	-0.080	0.144	-0.223**	-0.050	0.232**	-0.299**	0.199*	0.221**	-0.055	0.273**	0.037	0.403**
X_2	0.117	1.000	0.075	0.098	0.022	0.187*	-0.080	0.282**	0.083	0.414**	-0.048	-0.062	0.251**	0.056	0.067
X_3	-0.142	0.075	1.000	0.391**	0.022	0.258**	-0.239**	-0.090	0.107	0.053	-0.070	-0.152	0	-0.073	0.002
X_4	-0.080	0.098	0.391**	1.000	-0.069	0.470**	-0.026	-0.003	0.273**	-0.058	-0.130	-0.134	-0.039	-0.110	-0.029
X_5	0.144	0.022	0.022	-0.069	1.000	0.002	0.043	-0.126	-0.160	-0.051	0.231**	-0.047	0.082	-0.144	0.182*
X_6	-0.223**	0.187*	0.258**	0.470**	0.002	1.000	0.017	0.090	0.446**	0.066	-0.243**	0.031	-0.081	0.129	0.003
X_7	-0.050	-0.080	-0.239**	-0.026	0.043	0.017	1.000	0.133	-0.077	-0.118	-0.067	0.264**	0.123	0.057	-0.113
X_8	0.232**	0.282**	-0.090	-0.003	-0.126	0.090	0.133	1.000	0.092	0.200*	-0.114	0.119	0.093	0.303**	0.183*
X_9	-0.299**	0.083	0.107	0.273**	-0.160	0.446**	-0.077	0.092	1.000	0.095	-0.382**	0.116	0.067	0.186*	0.055
X_{10}	0.199*	0.414**	0.053	-0.058	-0.051	0.066	-0.118	0.200*	0.095	1.000	-0.232**	0.034	-0.033	0.310**	0.212*
X_{11}	0.221**	-0.048	-0.070	-0.130	0.231**	-0.243**	-0.067	-0.114	-0.382**	-0.232**	1.000	0.008	0.087	-0.363**	-0.083
X_{12}	-0.055	-0.062	-0.152	-0.134	-0.047	0.031	0.264**	0.119	0.116	0.034	0.008	1.000	0.004	0.155	-0.156
X_{13}	0.273**	0.251**	0	-0.039	0.082	-0.081	0.123	0.093	0.067	-0.033	0.087	0.004	1.000	-0.126	-0.069
X_{14}	0.037	0.056	-0.073	-0.110	-0.144	0.129	0.057	0.303**	0.186*	0.310**	-0.363**	0.155	-0.126	1.000	0.469**
X_{15}	0.403**	0.067	0.002	-0.029	0.182*	0.003	-0.113	0.183*	0.055	0.212*	-0.083	-0.156	-0.069	0.469**	1.000

注：表中带" ** "标记的数据表示通过显著水平 0.01 的检验，带" * "标记的数据表示通过显著水平 0.05 的检验。

表 7-7 极端流态河流生态系统各指标间的相关分析结果

	X_1	X_2	X_3	X_4	X_5	X_6	X_7	X_8	X_9	X_{10}	X_{11}	X_{12}	X_{13}	X_{14}	X_{15}	X_{16}	X_{17}	X_{18}
X_1	1.000	-0.206*	0.402**	-0.046	-0.038	0.109	0.113	0.025	0.035	0.038	0.113	0.247*	0.067	0.170	0.173	0.127	-0.200*	-0.311**
X_2	-0.206*	1.000	-0.246*	0.336**	-0.279*	-0.240*	-0.257**	-0.160	-0.103	-0.280**	0.066	-0.022	-0.083	-0.269**	0.068	0.023	0.032	0.109
X_3	0.402**	-0.246*	1.000	-0.150	0.055	0.073	0.119	0.014	-0.023	0.120	0.141	0.100	0.160	0.185	0.063	-0.114	-0.161	-0.249**
X_4	-0.046	0.336**	-0.150	1.000	-0.336**	-0.292*	-0.271**	-0.214*	-0.203*	-0.270**	0.148	0.089	-0.216*	-0.305**	0.196*	-0.017	0.010	0.140
X_5	-0.038	-0.279*	0.055	-0.336**	1.000	0.212*	0.167	0.152	0.213*	0.230*	-0.228*	0.110	-0.153	0.053	0.062	0.263**	0.342**	-0.025
X_6	0.109	-0.240*	0.073	-0.292*	0.212*	1.000	0.850**	0.883**	0.798**	0.755**	-0.573**	0.110	-0.153	0.053	-0.123	0.107	0.178	0.224*
X_7	0.113	-0.257**	0.119	-0.271**	0.167	0.850**	1.000	0.814**	0.647**	0.696**	-0.512**	0.064	-0.167	0.031	-0.158	0.003	0.171	0.209*
X_8	0.025	-0.160	0.014	-0.214*	0.152	0.883**	0.814**	1.000	0.666**	0.708**	-0.474**	0.078	-0.165	0.053	-0.110	0.112	0.153	0.162
X_9	0.035	-0.103	-0.023	-0.203*	0.213*	0.798**	0.647**	0.666**	1.000	0.604**	-0.611**	0.027	-0.081	-0.011	-0.013	0.167	0.191*	0.208*
X_{10}	0.038	-0.280**	0.120	-0.270**	0.230*	0.755**	0.696**	0.708**	0.604**	1.000	-0.401**	-0.009	-0.095	0.087	-0.132	0.045	0.004	0.072
X_{11}	0.113	0.066	0.141	0.148	-0.228*	-0.573**	-0.512**	-0.474**	-0.611**	-0.401**	1.000	-0.009	0.181	0.084	0.028	-0.093	-0.264**	-0.285**
X_{12}	0.247*	-0.022	0.100	0.089	0.110	0.110	0.064	0.078	0.027	-0.009	-0.009	1.000	-0.060	0.191*	-0.108	-0.007	0.226*	0.496**
X_{13}	0.067	-0.083	0.160	-0.216*	-0.153	-0.153	-0.167	-0.165	-0.081	-0.095	0.181	-0.060	1.000	0.191**	0.127	0.057	-0.117	-0.298**
X_{14}	0.170	-0.269**	0.185	-0.305**	0.053	0.053	0.031	0.053	-0.011	0.087	0.084	0.191*	0.191**	1.000	-0.030	-0.041	-0.490**	-0.538**
X_{15}	0.173	0.068	0.063	0.196*	0.062	-0.123	-0.158	-0.110	-0.013	-0.132	0.028	-0.108	0.127	-0.030	1.000	0.261**	-0.004	-0.384**
X_{16}	0.127	0.023	-0.114	-0.017	0.263**	0.107	0.003	0.112	0.167	0.045	-0.093	-0.007	0.057	-0.041	0.261**	1.000	0.169	-0.167
X_{17}	-0.200*	0.032	-0.161	0.010	0.342**	0.178	0.171	0.153	0.191*	0.004	-0.264**	0.226*	-0.117	-0.490**	-0.004	0.169	1.000	0.518**
X_{18}	-0.311**	0.109	-0.249**	0.140	-0.025	0.224*	0.209*	0.162	0.208*	0.072	-0.285**	0.496**	-0.298**	-0.538**	-0.384**	-0.167	0.518**	1.000

注:表中带"**"标记的数据表示通过显著水平0.01的检验,带"*"标记的数据表示通过显著水平0.05的检验。

氨氮、浊度和有机质予以保留。分析单位 GDP 用水量、环保投资占 GDP 的比例和污水处理率 3 个指标,其中环保投资占 GDP 的比例与其他两个指标的相关性均较高,因此将此指标剔除。

综合上述相关性分析结果,正常流态河流生态系统将参与客观分析的 15 个指标全部作为修复阈值指标体系的指标;极端流态河流生态系统将 TP、环保投资占 GDP 的比例之外的其余 16 个指标作为指标体系的构建指标,具体见图 7-1 和图 7-2。

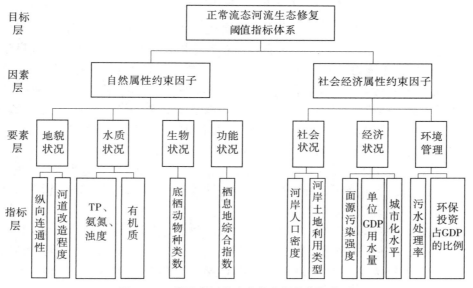

图 7-1　正常流态河流生态修复阈值指标体系

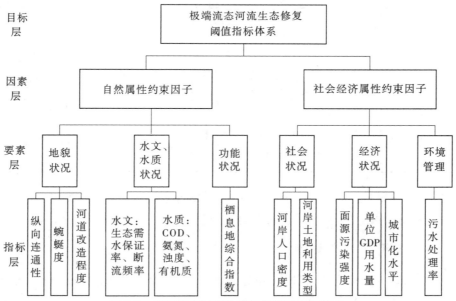

图 7-2　极端流态河流生态修复阈值指标体系

7.2 河流生态修复阈值确定方法

本书在上述修复阈值指标体系构建的基础上,采用主成分分析法开展河流生态修复能力计算,并确定河流生态修复阈值范围,进行修复等级划分。

7.2.1 河流生态修复阈值指标数据标准化处理

以河流生态修复为背景,以生态修复需求能力为目的,以河流自然属性及河流社会经济属性两大类指标为评估对象,所构建的指标框架中均有涉及正向、负向和中性指标。结合确定河流修复需求能力评估及修复阈值的研究目的,因此针对其中的自然属性指标的具体表征方法,应结合调查点位的河流生态系统现状调查结果与退化指标体系中的未退化状态目标值的差距值作为指标,参与河流生态修复阈值确定及等级划分的基础数据值,其中水质部分应考虑现状值与河流水(环境)功能区划目标值的差距值。

一般而言,指标的特性根据评价的目标取向可分为3类:指标值"越大越好""越小越好"和"适中为宜"。因此,决策指标根据指标变化方向,大致可以对应为正向指标、中性指标、负向指标。正向指标具有指标值越大越好的性质,中性指标具有变化越小越好的性质,负向指标具有指标值越小越好的性质。

如指标框架中的蜿蜒度、生态需水保证率及生物指标等均为正向指标,污染物浓度为负向指标。基于上述水文及水质数据结果,可采用不同的方法对正向、负向和中性指标进行生态修复需求能力数据化处理。自然属性指标修复能力数据处理方法及公式见表7-8。

表 7-8 自然属性指标修复能力数据处理方法及公式

序号	指标性状	指标	自然属性指标处理公式	说明
1	正向指标	蜿蜒度、生态需水保证率、底栖动物种类数、栖息地综合指数	$W = B - A$	W 为指标生态修复需求;B 为指标目标值;A 为指标基准值,即现状值
2	负向指标	纵向连通性、断流频率、COD、氨氮、TP、浊度、底泥有机质	$W = A - B$ (若 $A < B$,则 $W = 0$)	

由于两种类型指标体系最终确定为15个和16个指标,因此应针对指标体系中的指标数据重新进行标准化处理,其中标准化处理方法与上述主成分分析方法相同。

7.2.2 主成分分析及权重确定

采用SPSS软件实现主成分分析,即对上述各指标标准化后的数据进行主成分分析,其输出结果见表7-9~表7-11。

表 7-9　主成分提取后各指标信息被提取的比例

同趋势化		
	最初值	提取值
X_1(纵向连通性)	1.000	0.664
X_2(河道改造程度)	1.000	0.674
X_3(氨氮)	1.000	0.425
X_4(TP)	1.000	0.622
X_5(浊度)	1.000	0.498
X_6(有机质)	1.000	0.660
X_7(底栖动物种类数)	1.000	0.602
X_8(栖息地综合指数)	1.000	0.476
X_9(河岸人口密度)	1.000	0.586
X_{10}(河岸土地利用类型)	1.000	0.596
X_{11}(单位 GDP 用水量)	1.000	0.525
X_{12}(城市化水平)	1.000	0.458
X_{13}(面源污染强度)	1.000	0.557
X_{14}(污水处理率)	1.000	0.734
X_{15}(环保投资占 GDP 的比例)	1.000	0.820

表 7-10　主成分的特征根及相应的贡献率

	总的方差贡献率					
主成分	初始特征根			被提取的载荷的平方和		
	总特征值	方差贡献度/%	累计方差贡献度/%	总特征值	方差贡献度/%	累计方差贡献度/%
X_1(纵向连通性)	2.485	16.565	16.565	2.485	16.565	16.565
X_2(河道改造程度)	2.071	13.808	30.373	2.071	13.808	30.373

主成分	初始特征根			被提取的载荷的平方和		
	总特征值	方差 贡献度/%	累计方差 贡献度/%	总特征值	方差 贡献度/%	累计方差 贡献度/%
X_3(氨氮)	1.711	11.409	41.783	1.711	11.409	41.783
X_4(TP)	1.447	9.645	51.428	1.447	9.645	51.428
X_5(浊度)	1.183	7.890	59.318	1.183	7.890	59.318
X_6 (有机质)	0.924	6.163	65.481			
X_7(底栖动 物种类数)	0.895	5.965	71.445			
X_8(栖息地 综合指数)	0.814	5.430	76.875			
X_9(河岸 人口密度)	0.797	5.311	82.187			
X_{10} (河岸土地 利用类型)	0.673	4.483	86.670			
X_{11}(单位 GDP 用 水量)	0.526	3.505	90.175			
X_{12}(城市 化水平)	0.479	3.191	93.366			
X_{13}(面源 污染强度)	0.412	2.745	96.111			
X_{14}(污水 处理率)	0.358	2.385	98.496			
X_{15}(环保投 资占 GDP 的比例)	0.226	1.504	100.000			

总的方差贡献率

表 7-11　正常流态提取各主成分的特征向量

	成分矩阵				
	主成分				
	1	2	3	4	5
X_1(纵向连通性)	0.003	0.746	-0.260	0.110	-0.166
X_2(河道改造程度)	-0.413	0.272	-0.344	0.379	0.409
X_3(氨氮)	0.136	0.270	0.568	0.066	-0.085
X_4(TP)	0.331	0.445	0.448	-0.172	0.290
X_5(浊度)	-0.226	-0.269	0.252	-0.104	0.548
X_6(有机质)	0.562	0.368	0.178	-0.226	0.356
X_7(底栖动物种类数)	0.037	0.018	0.519	0.494	-0.295
X_8(栖息地综合指数)	-0.466	0.388	0.169	0.276	0.060
X_9(河岸人口密度)	0.606	0.442	-0.042	-0.112	0.096
X_{10}(河岸土地利用类型)	0.556	-0.351	0.102	0.076	-0.384
X_{11}(单位 GDP 用水量)	-0.613	-0.248	0.232	-0.168	0.072
X_{12}(城市化水平)	0.082	0.022	-0.568	-0.356	0.042
X_{13}(面源污染强度)	-0.027	-0.239	0.220	-0.669	-0.062
X_{14}(污水处理率)	0.620	-0.295	-0.391	0.313	0.105
X_{15}(环保投资占 GDP 的比例)	0.396	-0.535	0.140	0.397	0.448

　　由表 7-9 可知,按照所设置的主成分提取标准主成分后,各指标被提取的比例分布在 42.5%~82.0%,其中指标氨氮(X_3)、浊度(X_5)、栖息地综合指数(X_8)和城市化水平(X_{12})4 个指标提取比例分布在 40%~50%,指标河岸人口密度(X_9)、河岸土地利用类型(X_{10})、单位 GDP 用水量(X_{11})、面源污染强度(X_{13})4 个指标被提取的比例为分布在 50%~60%;纵向连通性(X_1)、河道改造程度(X_2)、TP(X_4)、有机质(X_6)、底栖动物种类数(X_7)5 个指标的提取比例分布在 60%~70%;污水处理率(X_{14})指标的提取比例为 73.4%,环保投资占 GDP 的比例则高于 80%。根据第 6 章 6.5.2 节中吴明隆[178]分析,因子的共同性低于 0.20 可以考虑将该指标删除的原则。正常流态生态修复阈值指标体系中各指标的信息被提取的相对比较充分。

　　由表 7-10 中主成分的特征根和相应的贡献率可知,第一主成分的特征根为 2.485,占特征向量总和的 16.565%,累计贡献率为 16.565%;第二主成分的特征根为 2.071,占特征根总和的 13.808%,累计贡献率为 30.373%,其余类似。表 7-10 中右侧共划分了 5 个主成分,其累计贡献率为 59.318%,基本上可以表示 15 个评价指标的信息。

　　表 7-11 为提取的 5 个主成分的特征向量,从表中可以看出,第一主成分主要包含了河道改造程度、有机质、栖息地综合指数、河岸人口密度、河岸土地利用类型、单位 GDP 用水量和污水处理率 7 个指标的大部分信息;第二个主成分主要包含了纵向连通性和环保投资占 GDP 的比例 2 个指标的大部分信息;第三个主成分主要包含了氨氮、TP、底栖动物

种类数和城市化水平 4 个指标的大部分信息;第四个主成分主要包含了面源污染强度的大部分信息;第五个主成分包含了浊度指标的大部分信息。

7.2.2.1　各个主成分的表达式确定

由表 7-11 可知,各个指标对应各个主成分的特征向量与各个指标的标准化数据即为其对应主成分的表达式,5 个主成分计算结果分别用 Y_{ij} 表示,计算公式可以表示为:

$$Y_{ij} = \sum_{i=1}^{m} w_{ij} x_{ij} \quad (j = 1, 2, \cdots, 5) \tag{7-1}$$

计算各调查点位对应各个主成分的评价结果,以第 1 个主成分数值的计算表达式为例列举:

$$Y_{正常11} = 0.003x_1 - 0.413x_2 + 0.136x_3 + 0.331x_4 - 0.226x_5 + 0.562x_6 + 0.037x_7 - 0.466x_8 + 0.606x_9 + 0.556x_{10} - 0.613x_{11} + 0.082x_{12} - 0.027x_{13} + 0.620x_{14} - 0.396x_{15}$$

其余 4 个主成分数值的计算表达式中各指标的系数如表 7-11 中第 2 主成分中各个指标对应的特征向量,在此不再一一列举计算式。

7.2.2.2　各个主成分的权重确定

各个主成分的贡献率即为各个主成分的权重,如表 7-12 所示。

表 7-12　各主成分贡献率

主成分	Y_1	Y_2	Y_3	Y_4	Y_5
贡献率(权重)	0.279	0.233	0.192	0.163	0.133

则采用综合指数法 $Q_{ij} = \sum_{i=1}^{m} W_{yj} \times Y_{ij}$ 计算各个调查点位的评价结果,计算公式为:

$$Q_{正常} = 0.279Y_{i1} + 0.233Y_{i2} + 0.192Y_{i3} + 0.163Y_{i4} + 0.133Y_{i5} \tag{7-2}$$

同理,极端流态生态修复阈值计算公式为:

$$Q_{极端} = 0.382Y_{i1} + 0.210Y_{i2} + 0.148Y_{i3} + 0.142Y_{i4} + 0.118Y_{i5} \tag{7-3}$$

7.2.3　研究区域生态修复阈值范围确定

7.2.3.1　正常流态河流生态修复阈值范围确定

根据上述研究方法,分别计算各个主成分的指标计算结果和综合计算结果。

根据 Y_1、Y_2、Y_3、Y_4、Y_5 的表达式分别计算出各个点位的 5 个主成分指标值,将各个点位的 5 个主成分指标值组成的数据库作为水生态修复阈值等级划分的基础数据库。

各个调查点位修复能力综合评价结果采用上述综合指数法计算公式,计算丰水期、平水期、枯水期 3 个水期调查点位 138 组数据修复能力价值,并对评价结果进行排序,结果见图 7-3。

由图 7-3 可知,138 个调查点位的生态修复阈值范围为-0.290~0.931。其中,以丰水期 JLH-3 综合计算结果值最高,为 0.931;以枯水期 SYH-4 修复能力最低,为-0.290。在此采用上述方法计算正常流态河流生态系统 46 个需修复点位丰水期、平水期、枯水期 3 个水期平均值的综合修复能力值,并对结果进行排序,具体如表 7-13 所示。

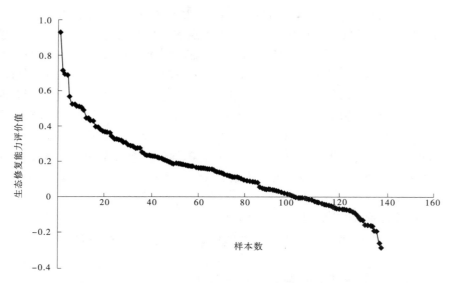

图 7-3　正常流态河流生态修复阈值结果范围

表 7-13　基于主成分分析的各个点位的生态修复需求能力结果 (正常流态河流)

点位编号	评价值	排序	点位编号	评价值	排序	点位编号	评价值	排序
JLH−3	0.849	1	SHH−4	0.264	17	JLH−9	0.085	33
QYH−3	0.760	2	JLH−5	0.260	18	SHH−5	0.083	34
JLH−2	0.601	3	QYH−6	0.247	19	JLH−8	0.063	35
QYH−2	0.537	4	HG−3	0.239	20	JLH−7	0.052	36
HJH−1	0.498	5	BRH−4	0.237	21	SGH−2	0.048	37
JLH−1	0.473	6	QYH−4	0.226	22	HG−1	0.038	38
SJH−2	0.466	7	SGH−3	0.225	23	HH−1	0.031	39
SJH−1	0.398	8	HG−2	0.201	24	SHH−1	0.010	40
JLH−4	0.391	9	HJH−2	0.191	25	JLH−6	−0.006	41
SHH−3	0.356	10	SSH−1	0.158	26	SYH−2	−0.020	42
HJH−3	0.331	11	SHH−6	0.158	27	SHH−7	−0.036	43
SSH−2	0.321	12	SYH−1	0.129	28	HG−4	−0.062	44
YH−1	0.286	13	BRH−3	0.112	29	SYH−3	−0.080	45
SGH−1	0.285	14	BRH−2	0.102	30	SYH−4	−0.093	46
QYH−5	0.285	15	SHH−8	0.100	31			
SJH−3	0.282	16	SHH−2	0.094	32			

由 3 个水期综合结果来看,以贾鲁河(JLH-3)修复需求能力最高,为 0.849;以沙颍河(SYH-4)修复能力最低,为-0.093。其中,1 个点位的修复能力大于 0.8,占需修复正常流态河流生态系统调查点位的 2.17%,主要为贾鲁河上游段(JLH-3);2 个调查点位的计算结果分布在 0.6~0.8,占总数的 4.35%,主要为清潩河中上游(QYH-3)、贾鲁河上游段(JLH-2);4 个点位的修复能力分布在 0.4~0.6,占总数的 8.70%,主要为清潩河上游段(QYH-2)、惠济河上游(HJH-1)、贾鲁河上游(JLH-1)和双洎河中游段(SJH-2);17 个点位的修复能力分布在 0.2~0.4,占总断面数的 36.96%;16 个点位的修复能力低于 0.2,占总数的 34.78%;6 个点位的计算结果小于 0,这些点位主要分布在贾鲁河扶沟段(JLH-6)、沙河下游(SHH-7)、沙颍河中下游(SYH-2、SYH-3、SYH-4)(沈丘段)和淮河干流下游(HG-4)。

7.2.3.2　极端流态河流生态修复阈值范围确定

根据上述研究方法,分别计算极端流态调查点位各个主成分的指标计算结果和综合计算结果。

1.各个主成分指标值评价结果

根据 Y_1、Y_2、Y_3、Y_4、Y_5 的表达式分别计算出各个点位的 5 个主成分指标值,将各个点位的 5 个主成分指标值组成的数据库作为极端流态水生态修复阈值等级划分的基础数据库。

2.各个调查点位修复能力综合评价结果

采用上述综合指数法计算公式,计算丰、平、枯 3 个水期调查点位 108 组数据修复能力评价值,并对评价结果进行排序,结果见图 7-4。

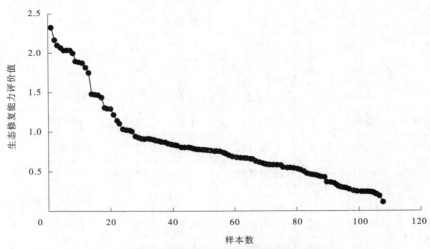

图 7-4　极端流态河流生态修复阈值结果范围

由图 7-4 可知,108 个调查点位的生态修复阈值范围为 0.103~2.321。其中,以平水期 QYH-1 综合计算结果值最高,为 2.321;以丰水期 XHH-2 修复能力最低,为 0.103。在此采用上述方法计算极端流态河流生态系统 36 个需修复点位丰水期、平水期、枯水期 3 个水期的综合修复能力值,并对结果进行排序,具体见表 7-14。

表 7-14　基于主成分分析的各个点位的生态修复需求能力结果(极端流态河流)

点位编号	评价结果	排序	点位编号	评价结果	排序	点位编号	评价结果	排序
XWH-1	1.906	1	HHH-3	0.816	13	YH-4	0.505	25
YH-2	1.883	2	YH-7	0.815	14	FQH-1	0.502	26
TDH-1	1.745	3	DSH-1	0.788	15	FH-2	0.487	27
XJH-1	1.686	4	TH-2	0.771	16	FH-1	0.484	28
TH-1	1.327	5	DSH-2	0.754	17	BLH-1	0.420	29
BH-1	1.300	6	SXH-2	0.746	18	YH-6	0.417	30
BH-2	1.008	7	HHH-2	0.734	19	XHH-1	0.303	31
SH-3	1.008	8	HCH-1	0.678	20	WH-3	0.262	32
SH-2	0.946	9	HHH-1	0.672	21	HCH-2	0.177	33
YH-3	0.942	10	SXH-1	0.660	22	HCH-3	0.164	34
SH-1	0.899	11	WH-2	0.633	23	WH-1	0.155	35
QYH-1	0.874	12	YH-5	0.623	24	XHH-2	0.147	36

由 3 个水期综合结果来看,其中以小温河(XWH-1)修复能力最高,为 1.906;以小洪河(XHH-2)修复能力最低,仅为 0.147。其中,8 个点位的修复综合计算结果大于 1,占总数的 22.22%,主要为小温河、颍河上游(YH-2)、铁底河、小蒋河、索河、包河等河流或河段;6 个点位的修复综合计算结果分布在 0.8~1.0,占总断面数的 16.67%,主要分布在索河上游(SH-1、SH-2)、清潩河上游(QYH-1)、颍河(YH-3、YH-7)和洺河下游(HHH-3);12 个点位的修复综合计算结果分布在 0.5~0.8,占总断面数的 33.33%;10 个点位的修复综合计算结果分布在 0~0.5,占总断面数的 30.56%,主要是小洪河、黑茨河中下游、颍河下游(YH-6)、汾泉河、涡河(WH-1、WH-3)、八里河等河流或河段。

7.3　淮河流域(河南段)河流生态修复等级划分

7.3.1　河流修复等级说明

现有学者针对河流生态修复的措施和方法有不同的看法,其中董哲仁提出在河流生态修复中划分为保护、被动恢复和主动修复。保护是指如果一条河流生态系统的功能尚未被破坏,那么其首要目标是保护现有的生态系统,主要是生物保护区、河岸带植被和水生物系统这些特殊目标的保护。被动恢复又称自然恢复,是指停止或者减少引起河流生态退化的人类活动。实质上,被动恢复主要依靠生态系统的自设计、自组织、自我修复和自净能力,达到生态恢复的目标,其要求对人类行为进行适当的调整,减少污水排放,扩大河岸带禁养区宽度等。被动恢复需要与管理措施相结合。主动修复是河流生态系统退化到一定程度,难以通过被动恢复向良性方向发展,在这种情况下,需要采取不同程度的人工干预措施,结合生态系统的自我恢复能力,实现生态修复的目标。

根据上述关于河流修复的程度划分,结合本书研究目的,主要针对退化的河流生态系统,确定哪些河流需要开展人工措施干预的修复及其修复程度,对河流生态修复划分为4个等级,划分级别及说明如表 7-15 所示。

表 7-15　河流生态修复等级划分及特征描述

等级名称	强度干预修复	中度干预修复	轻度干预修复	减轻干扰、自然恢复
特征描述	河流生态系统严重破坏,区域社会经济发达,政府对河流水环境管理要求严格,河流生态修复需求强烈,亟须开展河流生态修复工作	生态系统的结构和功能遭受一定程度的破坏,区域社会经济发展程度中等,政府对河流水环境管理及河流修复需求一般,可适度开展生态修复	河流生态系统破坏较轻或者区域社会经济发展和环境管理要求较低,对河流生态修复未有明显需求,可进行轻度人工干预修复	河流生态系统仅有稍许退化,河流社会经济发展较为落后,可通过环境管理,减轻人为干扰,自然恢复河流生态系统状况

7.3.2　河流修复等级标准确定

7.3.2.1　正常流态河流修复等级标准确定

根据上述不同类型河流修复综合计算结果,对正常流态河流生态系统 138 组数据的计算结果进行趋势统计,将其突变的点位作为修复阈值等级的划分,以此获得正常流态河流生态修复阈值等级划分结果,见图 7-5 和表 7-16。

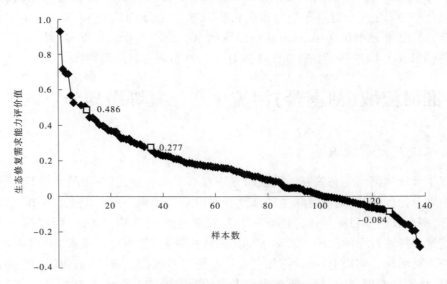

图 7-5　正常流态河流生态系统修复阈值范围

表 7-16　正常流态河流修复阈值等级划分标准

修复阈值等级	≥0.486	[0.277,0.486)	[−0.084,0.277)	<−0.084
修复等级	强度干预修复	中度干预修复	轻度干预修复	减轻干扰、自然恢复

7.3.2.2　极端流态河流修复等级标准确定

根据极端流态河流修复综合计算结果,对极端流态河流生态系统 108 组数据的计算结果进行趋势统计,将其突变的点位作为修复阈值等级的划分,以此获得极端流态河流生态修复阈值等级划分结果,如图 7-6 和表 7-17 所示。

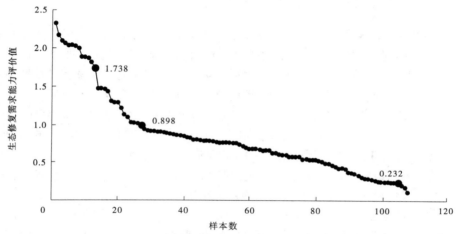

图 7-6　极端流态河流生态系统修复阈值范围

表 7-17　极端流态河流修复阈值等级划分标准

修复阈值等级	≥1.738	[0.898,1.738)	[0.232,0.898)	<0.232
修复等级	强度干预修复	中度干预修复	轻度干预修复	减轻干扰、自然修复

7.3.3　河流修复等级划分

7.3.3.1　正常流态河流修复等级划分

根据不同类型河流修复阈值等级分级结果,对正常流态 46 个点位的 3 个水期综合结果进行修复等级划分,具体结果见表 7-18。

表 7-18　正常流态河流生态系统修复等级划分

修复等级	点位数量	调查点位
强度干预修复	5	贾鲁河(JLH−2、JLH−3)、清潩河(QYH−2、QYH−3)、惠济河(HJH−1)
中度干预修复	11	贾鲁河(JLH−1、JLH−4)、双泊河(SJH−1、SJH−2、SJH−3)、沙河(SHH−3)、惠济河(HJH−3)、潕河(SSH−2)、清潩河(QYH−5)、颍河(YH−1)、史灌河(SGH−1)

修复等级	点位数量	调查点位
轻度干预修复	29	北汝河(BRH-2、BRH-3、BRH-4)、淮河干流(HG-1、HG-2、HG-3、HG-4)、沙河(SHH-1、SHH-2、SHH-4、SHH-5、SHH-6、SHH-7、SHH-8)、史灌河(SGH-2、SGH-3)、清潩河(QYH-4、QYH-6)、贾鲁河(JLH-5、JLH-6、JLH-7、JLH-8、JLH-9)、沙颍河(SYH-1、SYH-2、SYH-3)、泚河(SSH-1)、惠济河(HJH-2)、潢河(HH-1)
减轻干扰、自然恢复	1	沙颍河(SYH-4)

由表 7-18 可知,强度干预修复的河流点位为 5 个,占总点位数的 10.87%,主要分布在经济较发达的郑州、许昌等地市的贾鲁河上游、清潩河中游和惠济河上游等河流或河段,根据河流退化类型划分,全部归属于水质污染型。该类河流水环境状况及生物多样性较低,且地区对河流生态修复需求强烈,因此此类河流需开展重度干预修复。

中度干预修复的河流点位为 11 个,占总点位数的 23.91%,主要为贾鲁河中上游(中牟段)、双洎河、沙河中上游(SHH-3)、惠济河(HJH-3)、清潩河下游(QYH-5)、颍河上游(YH-1)、泚河下游和史灌河上游(SGH-1)等河流或河段。该类河流基本上为中度退化状态,归属于栖息地破坏型河流生态系统,同时该类河流所在区域社会经济发展相对较好,可根据区域情况,适度地开展人工措施进行河流生态修复工作。

轻度干预修复的河流点位为 29 个,占总数的 63.04%,主要是北汝河、淮河干流、沙河、史灌河下游、清潩河下游、贾鲁河中下游、沙颍河、泚河上游、惠济河中游和潢河河流或河段。该类河流生态系统退化程度相对较轻,基本上为生物退化型或轻度栖息地破坏型,且河流所在区域对此类河流并未有明显的生态修复需求,因此可根据河流退化程度,进行轻度干预修复。

减轻干扰、自然恢复的河流点位为 1 个,为沙颍河下游(SYH-4),由于河段整体状况相对较好,且区域修复需求不强烈,此河段暂不考虑进行人工干预修复,可通过加强环境监管或者减少人为干扰活动,使河流自行恢复。

7.3.3.2　极端流态河流修复等级划分

根据不同类型河流修复阈值等级分级结果,对极端流态 36 个点位的 3 个水期综合结果进行修复等级划分,具体结果见表 7-19。

表 7-19　极端流态河流生态系统修复等级划分

修复等级	点位数量	调查点位
强度干预修复	3	小温河(XWH-1)、颍河(YH-2)、铁底河(TDH-1)
中度干预修复	8	小蒋河(XJH-1)、沱河(TH-1)、包河(BH-1、BH-2)、索河(SH-1、SH-2、SH-3)、颍河(YH-3)

续表 7-19

修复等级	点位数量	调查点位
轻度干预修复	21	颖河(YH-4、YH-5、YH-6、YH-7)、清潩河(QYH-1)、浍河(HHH-1、HHH-2、HHH-3)、大沙河(DSH-1、DSH-2)、沱河(TH-2)、索须河(SXH-1、SXH-2)、黑茨河(HCH-1)、涡河(WH-2、WH-3)、汾泉河(FQH-1、FQH-2、FQH-3)、八里河(BLH-1)、小洪河(XHH-1)
减轻干扰、自然恢复	4	黑茨河(HCH-2、HCH-3)、涡河(WH-1)、小洪河(XHH-2)

由表 7-19 可知,强度干预修复的河流点位为 3 个,占总点位数的 8.33%,主要分布在小温河、铁底河和颖河(YH-2)。该类河流生态基流严重匮乏,基本上呈常年断流状态,河流生态系统的结构和功能已经严重破坏,亟须开展生态修复恢复其结构和功能。

中度干预修复的河流点位为 8 个,占总数的 22.22%,主要为小蒋河、沱河(TH-1)、包河(BH-1、BH-2)、颖河中游(YH-3)和索河(SH-1、SH-2、SH-3)等河流或河段。该类河流较小蒋河等河流略好,虽然流量缺乏,但是尚有一定的流量,但该类河流水体污染,需要适度地通过人工措施开展河流生态修复工作。

轻度干预修复的河流点位为 21 个,占总数的 58.33%,主要是颖河、清潩河上游、浍河、大沙河、索须河、黑茨河和涡河、汾泉河等河流或河段。该类河流生态系统退化程度相对较轻,主要为栖息地破坏导致,且区域对河流的开发需求不强烈,因此可轻微开展河流生态修复。

减轻干扰、自然恢复的河流点位为 4 个,占总数的 11.11%,主要为黑茨河下游、涡河上游和小洪河下游。该类河流修复需求不强烈,同时河流退化程度较轻,因此针对此类河流,可通过减轻人为干扰,使河流生态系统自行恢复。

7.3.3.3　研究区域修复等级划分结果

对上述不同类型的调查点位的修复等级汇总,总体淮河流域(河南段)河流生态修复等级划分如图 7-7 所示。

综上可知,针对两种不同类型的河流生态修复等级划分结果,其中强度干预修复的河流点位共 8 个,占需修复点位数的 9.76%;中度干预修复的河流点位共 19 个,占需修复点位数的 23.17%;轻度干预修复的河流点位共 50 个,占需修复点位数的 60.98%;减轻干扰、自然恢复的河流点位共 5 个,占需修复点位数的 6.10%。

同时分析各个修复等级对应的退化状态可知,其中重度退化的河流基本上处于强度或者中度干预修复河段,如双泊河(SJH-3)、小温河(XWH-1)、颖河(YH-2)、铁底河(TDH-1)等。强度干预修复或中度干预修复的河流主要分布在郑州、许昌和平顶山等区域的河流上游河段,该类河流水生态系统状况相对较差,区域社会经济发展较好,对河流水环境状况的改善需求较大,因此需开展强度干预修复或中度干预修复,希望在较短的时间内改善河流生态状况;轻度干预修复的河流或河段主要分布在东部和南部的商丘、周口及驻马店和信阳等地市,该类河流的生态系统状况,特别是水文和水质状况较前两者较好,退化程度主要为中度退化或轻度退化,短时期内区域对水生态系统状况的改善需求性不

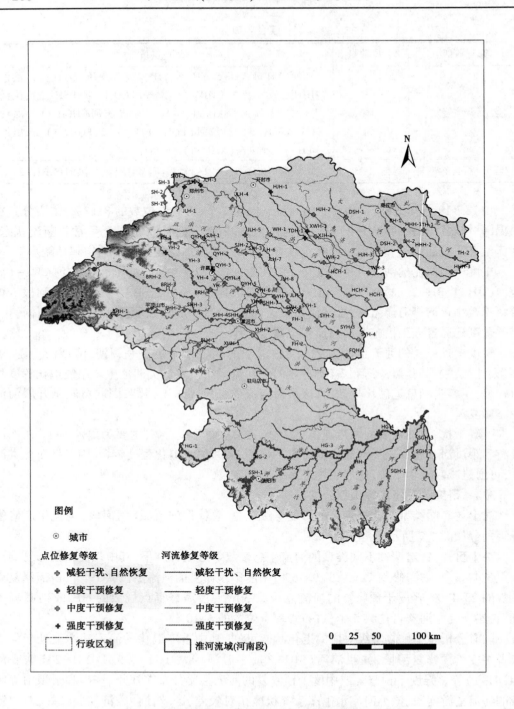

图 7-7 淮河流域(河南段)河流生态修复等级划分图

大,因此可适当地开展修复,促使河流生态系统有所改善;减轻干扰、自然恢复的点位主要分布在沙颍河下游段和黑茨河等河段,该类河流退化主要是生物退化导致的,因此应减轻人类活动的干扰,使河流生态系统得以恢复,但该类河流的恢复是需要较长时间才能实现的。

7.4　河流生态修复阈值与水质关系研究

7.4.1　关系模型对比分析与选取

7.4.1.1　生态系统与水质响应关系模型对比与分析

通过总结生态系统与水质响应的关系模型研究进展可知,现有研究方法主要划分为两大类:一是数理统计法,二是模型法。其中各类方法对比与分析如下:

(1)数理统计法已在响应关系研究中得到了广泛应用,如土地利用、富营养化水体与水质关系、径流模拟、水质水量关系响应、产业结构与污染物排放关系分析,采用的方法也涉及多种数学方法,如相关分析、偏相关分析、多元回归分析、因子分析、RDA 定量分析、偏冗余分析等,这些方法相对简单,易操作,其作用为分析两两变量或者多种变量间的相关关系、识别影响生态系统的主要因子等。

(2)模型法的应用也逐步开展,且应用范围主要集中在生态水文模型、湿地生态模型、富营养预测模型等,其中生态水文模型 NTM、DEMNAT、MOVE、ICHORS、HYVEG、ITORS、INFORM、MOVER、RIVPACS 模型也形式多样,但模型的参数设定复杂,且对数据的准确性要求严格;湿地生态模型多数为生态与动力学耦合模型,其更注重对污染物的去除研究,湿地净化功能模型、湿地调蓄功能模型、湿地生产力模型是湿地模型研究的主要热点,湿地与河流虽然同属水生生态系统,但关于湿地模型的研究侧重点与本书研究任务相关性不大;分析富营养预测模型的发展,目前的模型对生态系统组分的考虑还相当有限,模拟和验证数据缺乏,对于一些关键过程的考虑不够,由于研究的局限性,中国尚未出现大型的、综合的相关模型软件和参数库,现有模型处于一种逐步发展的阶段。

从上述两大类的模型特点可以看出,数学模型的运用更为直接、简单,但多是以定量或半定量的关系反映量与量之间的关系;生态模型运用需要较为详细、多样的参数,其模拟的结果会更为科学,但模型对数据量的要求较为严格,且多是通过现状的数据对未来的情景进行预测。汇总上述相关方法特点及优缺点如表 7-20 所示。

表 7-20　响应关系研究方法优缺点总结

模型类别	模型名称	模型特点	应用范围	缺点
数学模型	时间序列外推法	是对预测目标的历史数据按照时间顺序排列时间序列,通过趋势分析,预测目标的未来值	主要是用于单项指标的预测分析	需要长时间系列数据
	灰色关联分析法	根据因素之间发展趋势的相似或相异程度,衡量因素间关联程度	可用于两组数据的相关性分析,思路明晰,可以在很大程度上减少由于信息不对称带来的损失,并且对数据要求较低,工作量较少	要求需要对各项指标的最优值进行现行确定,主观性过强,同时部分指标最优值难以确定

续表 7-20

模型类别	模型名称	模型特点	应用范围	缺点
数学模型	主成分分析法	旨在利用降维的思想,把多指标转化为少数几个综合指标,表征结果与指标的关系	主要应用于多指标变量之间关系分析及对综合评价的影响	方法较为客观,但不能直接反映某一指标的重要性及其对综合值的关系
	回归分析法、多元线性回归模型、线性逐步回归分析法、BP神经网络模型	确定两种或两种以上变量间相互依赖的定量关系的一种统计分析方法	能够简单、直接地建立变量之间的关系	需要大量的统计数据
	冗余分析法(RDA)	通过原始变量与典型变量之间的相关性,分析引起原始变量变异的原因	能够直观地表征变量与变量间的关系,适用于生物物种的影响因素分析	为半定量的关系分析
生态模型	生态水文模型(NTM、DEMNAT、MOVE、ICHORS、HYVEG、ITORS、INFORM)、生态/水文动力学模型(WASP、MIKE)、AQUATOX生态预测模型	通过数据的收集、整理,模型的输入,预测数据的变化趋势	模型精准,模型要求数据参数较多,适合于小流域及河段的模拟	模型参数要求严格,无法应用于大范围数据的分析

7.4.1.2 本研究模型选取

通过上述不同类型的模型分析可知,生态模型虽然模拟精准,但数据参数要求严格,只能适用于小流域的模拟和预测,无法开展大范围的区域研究;数学模型能够较为直接、明了地建立变量之间的响应关系。

因此,根据实际情况,主要是开展水质因子与生态修复阈值间的关系,数据量较大,生态系统结构、机理复杂,为了更加直观地显示生态系统状况与水质之间的关系,利用回归分析和逐步回归法处理非线性、机理不明确的复杂系统的优势,选取回归分析和逐步回归分析法对阈值-水质响应关系进行研究。

多元回归分析的目的是找出一个自变量的线性组合,说明一组自变量与因变量之间的关系。逐步回归分析法的思想是:从所有解释变量中先选择影响最为显著的变量建立模型,然后将模型之外的变量逐个引入模型;每引入一个变量,就对模型中的所有变量进行一次显著性检验,当原引入的变量由于后面的变量引入而变得不再显著时,将其剔除;

逐个引入—剔除—引入,反复这个过程,直到既无显著变量引入回归方程,也无不显著变量从回归方程汇总剔除。在进行逐步回归分析中,通过模型评估、方差分析、计算截距和回归系数值、列出所排除的自变量,计算预测值和预测值方差的范围、平均值,以及残差和残差方差的范围、平均值来建立模型,并对所建立的模型进行评估。

7.4.2　基于逐步回归分析法的生态修复阈值与水质关系研究

本节研究主要是开展生态修复阈值与水质关系研究,根据前期水生态退化及修复阈值指标体系构建,其中水质因子主要是选取 DO、COD、氨氮、TP、浊度和底泥有机质 6 个指标。因此,以上述指标和各个点位的修复阈值结果建立关系,开展水质与修复阈值的研究工作。

在得到回归方程的基础上,需要对回归方程的合理性进行检验,依次采用 F 统计量检验、拟合优度检验。F 统计量检验用于判断回归方程的线性关系的显著性,拟合优度用于检验回归方程对自变量、因变量数值的拟合程度,本节研究采用修正的 R^2(拟合优度)作为判断标准。

7.4.2.1　正常流态河流生态修复阈值与水质关系模型研究

以 46 个需修复的正常流态的河流调查点位丰水期、平水期、枯水期 3 个水期共 138 组河流生态修复阈值计算结果与水质(DO、COD、氨氮、TP、浊度和底泥有机质)数据为基础,采用 SPSS16.0 软件将第 7 章 7.2 节河流生态修复阈值结果作为因变量,水质因子作为自变量输入开展回归分析和逐步回归分析,其中回归分析是确定修复阈值与各个水质指标间的线性关系,逐步回归分析是在回归分析的基础上,确定最优的回归模型。分析结果见表 7-21~表 7-24。

表 7-21　回归分析法中修复阈值与有关变量的复相关系数

模型统计量			
模型	R 值	R^2 值	修正的 R^2 值	估计标准误差
1	0.717[a]	0.514	0.491	0.150 69

注:a. 预测值:常量,有机质(%),浊度(NTU),DO(mg/L),氨氮(mg/L),COD(mg/L),TP(mg/L)。

从表 7-21 可知,正常流态河流生态修复阈值与水质的复相关系数(R)为 0.717,表明正常流态修复阈值与水质关系较为密切。

表 7-22　偏回归系数的方差分析

方差分析[b]					
	模型	平方和	自由度	均方	均方比	P 值显著水平
1	回归	3.118	6	0.520	22.884	0[a]
	剩余	2.952	130	0.023		
	总和	6.070	136			

注:a. 预测值:常量,有机质(%),浊度(NTU),DO(mg/L),氨氮(mg/L),COD(mg/L),TP(mg/L)。

b. 因变量:修复阈值。

表 7-22 是对偏回归系数进行的方差分析(F 检验),以说明偏回归系数的抽样误差大小,即检测是否具有统计学意义。由表 7-22 可见,$F = 22.884$,$P \approx 0 < 0.01$,表明修复阈值与 DO、COD、氨氮、TP、浊度和有机质的综合线性影响是极显著的。

表 7-23　各变量偏回归系数及其检验

回归方程系数[a]					
模型	非标准化系数		标准化系数	T 值	P 值 显著 水平
	B	Beta 标准化线性 回归系数	Beta 标准化线性 回归系数		
1 常量	0.189	0.049		3.875	0
DO/(mg/L)	−0.018	0.006	−0.214	−3.225	0.002
COD/(mg/L)	0.001	0.001	0.121	1.506	0.134
氨氮/(mg/L)	0.015	0.006	0.260	2.713	0.008
TP/(mg/L)	−0.016	0.010	−0.157	−1.556	0.122
浊度/NTU	−0.001	0	−0.209	−3.363	0.001
有机质/%	0.082	0.011	0.505	7.642	0

注:a. 因变量:修复阈值。

表 7-23 是表示多元回归方程的常数项、各自变量的偏回归系数及抽样误差的大小,并对各自的抽样误差做出假设检验(t 检验)。由表 7-23 中可知,偏回归系数相应的 b_1(DO),b_2(COD),$\cdots$,b_6(有机质)响应的 t 值和显著性概率中 COD 和 TP 两指标的检验值 $P_{COD} = 0.134 > 0.05$、$P_{TP} = 0.122 > 0.05$,所以偏回归系数中 b_2(COD)和 b_5(TP)不显著,该方程不是最优方程,需进一步进行逐步回归分析,具体结果见表 7-24。

表 7-24　逐步回归分析法中偏回归系数和标准偏回归系数的检验

回归方程系数[a]					
模型	非标准化系数		标准化系数	T 值	P 值 显著 水平
	B	Std. Error 标准误差	Beta 标准化线性 回归系数		
1 常量	0.052	0.018		2.814	0.006
底泥有机质	0.097	0.011	0.595	8.592	0
2 常量	0.034	0.018		1.877	0.063
底泥有机质	0.085	0.011	0.520	7.614	0
氨氮	0.016	0.004	0.271	3.965	0

续表 7-24

回归方程系数[a]

模型		非标准化系数		标准化系数	T 值	P 值显著水平
		B	Std. Error 标准误差	Beta 标准化线性回归系数		
3	常量	0.157	0.045		3.463	0.001
	底泥有机质	0.082	0.011	0.505	7.584	0
	氨氮	0.012	0.004	0.210	3.013	0.003
	DO	−0.017	0.006	−0.200	−2.946	0.004
4	常量	0.212	0.047		4.555	0
	底泥有机质	0.082	0.010	0.500	7.799	0
	氨氮	0.012	0.004	0.205	3.064	0.003
	DO	−0.019	0.005	−0.230	−3.495	0.001
	浊度	−0.001	0	−0.211	−3.395	0.001

注:a. 因变量:修复阈值。

表 7-24 是各步引入对回归方程最大的变量时有关的偏回归系数及 t 检验。由表 7-24 可知,根据生态修复阈值结果与水质数据,生成 4 个模型,t 值表示是对回归参数的显著性检验值,其中 4 个模型的 P 值(sig.)均小于 0.01,表明它们的回归检验均具有非常高的显著性。模型 4 的拟合度最高,是最优的回归方程,可用于表达正常流态生态修复阈值与水质指标间的关系。模型 4 的回归方程为:

$$Y_{正常} = 0.212 + 0.082X_{有机质} + 0.012X_{氨氮} - 0.019X_{DO} - 0.001X_{浊度} \tag{7-4}$$

由该方程可知,正常流态河流生态修复阈值与有机质、氨氮、DO 和浊度呈现显著相关,有机质每升高 1 个点,正常流态河流修复阈值则增长 0.082;氨氮升高 1 mg/L,正常流态河流修复阈值则增长 0.012;DO 每升高 1 mg/L,正常流态河流修复阈值降低 0.019;浊度每升高 1 NTU,正常流态河流修复阈值则降低 0.001。

7.4.2.2　极端流态河流生态修复阈值与水质关系模型研究

以 36 个需修复的极端流态的河流调查点位丰、平、枯 3 个水期共 108 组河流生态修复阈值计算结果与水质(DO、COD、氨氮、TP、浊度和底泥有机质)数据为基础,采用 SPSS16.0 软件将河流生态修复阈值指标作为因变量,水质因子作为自变量输入开展回归分析和逐步回归分析,具体结果见表 7-25 ~ 表 7-28。

表 7-25　回归分析法中修复阈值与有关变量的复相关系数

模型统计量			
模型	R 值	R^2 值	修正的 R^2 值	估计标准误差
1	0.771[a]	0.595	0.568	0.260 04

注:a.预测值:常量,有机质(%),浊度(NTU),DO(mg/L),氨氮(mg/L),COD(mg/L),TP(mg/L)。

从表 7-25 可知,极端流态河流生态修复阈值与水质回归分析中,复相关系数(R)为 0.771,表明极端流态修复阈值与水质关系较为密切。

表 7-26　偏回归系数的方差分析

方差分析[b]					
模型		平方和	自由度	均方	均方比	P 值显著水平
1	回归	9.024	6	1.504	22.241	0[a]
	剩余	6.154	91	0.068		
	总和	15.177	97			

注:a.预测值:常量,有机质(%),浊度(NTU),DO(mg/L),氨氮(mg/L),COD(mg/L),TP(mg/L)。

　　b.因变量:修复阈值。

表 7-26 是对偏回归系数进行的方差分析(F 检验),以说明偏回归系数的抽样误差大小,即检测是否具有统计学意义。由表 7-26 可见,$F = 22.241$,$P \approx 0 < 0.01$,表明修复阈值与 DO、COD、氨氮、TP、浊度和有机质的综合线性影响是极显著的。

表 7-27　各变量偏回归系数及其检验

回归方程系数						
模型		非标准化系数		标准化系数	T 值	P 值显著水平
		B	Beta 标准化线性回归系数	Beta 标准化线性回归系数		
1	常量	0.451	0.087		5.175	0
	DO/(mg/L)	−0.021	0.009	−0.177	−2.356	0.021
	COD/(mg/L)	0.004	0.002	0.215	2.247	0.027
	氨氮/(mg/L)	0.016	0.007	0.175	2.247	0.027
	TP/(mg/L)	−0.010	0.017	−0.049	−0.573	0.568
	浊度/NTU	0.014	0.002	0.494	6.110	0
	有机质/%	0.037	0.022	0.114	1.679	0.097

注:b.因变量:修复阈值。

从表 7-27 中可知,偏回归系数相应的 $b_1(\text{DO})$, $b_2(\text{COD})$, $\cdots$, $b_6($有机质$)$响应的 t 值和显著性概率 COD 和 TP 两指标的检验值 $P_{\text{TP}}=0.568>0.05$、$P_{\text{有机质}}=0.097>0.05$,所以偏回归系数中 $b_4(\text{TP})$ 和 $b_6($有机质$)$不显著,该回归方程不是最优方程,需进一步进行逐步回归分析,具体结果见表 7-28。

表 7-28　逐步回归分析法中偏回归系数和标准偏回归系数的检验

回归方程系数[a]					
模型	非标准化系数		标准化系数	T 值	P 值 显著 水平
	B	Std. Error 标准误差	Beta 标准化线性 回归系数		
1 常量	0.461	0.043		10.756	0
1 浊度	0.019	0.002	0.669	8.813	0
2 常量	0.406	0.042		9.671	0
2 浊度	0.018	0.002	0.635	8.958	0
2 氨氮	0.027	0.007	0.287	4.054	0
3 常量	0.327	0.052		6.309	0
3 浊度	0.015	0.002	0.543	6.910	0
3 氨氮	0.020	0.007	0.215	2.861	0.005
3 COD	0.004	0.002	0.209	2.455	0.016
4 常量	0.486	0.085		5.709	0
4 浊度	0.014	0.002	0.490	6.099	0
4 氨氮	0.016	0.007	0.168	2.197	0.030
4 COD	0.004	0.002	0.203	2.437	0.017
4 DO	−0.020	0.009	−0.175	−2.320	0.023

注:a. 因变量:修复阈值。

由表 7-28 可知,根据生态修复阈值结果与水质数据,生成 4 个模型,t 值表示是对回归参数的显著性检验值,其中 4 个模型的 P 值(sig.)均小于 0.01,表明它们的回归检验均具有非常高的显著性。

　　由上述分析可知,模型 4 的拟合度最高,是最优的回归方程,可用于表达极端流态生态修复阈值与水质指标间的关系。模型 4 的回归方程为:

$$Y_{极端} = 0.486 + 0.014X_{浊度} + 0.016X_{氨氮} - 0.004X_{COD} - 0.020X_{DO} \tag{7-5}$$

　　由该方程可知,极端流态河流生态修复阈值与浊度、氨氮、COD 和 DO 呈现显著相关,该方程式表明浊度每升高 1 NTU,极端流态河流修复阈值则增长 0.014;氨氮升高 1 mg/L,极端流态河流修复阈值则增长 0.016;COD 每升高 1 mg/L,极端流态河流修复阈值降低 0.004;DO 每升高 1 mg/L,极端流态河流修复阈值则降低 0.020。

第 8 章　河流生态修复模式研究

8.1　河流生态修复原则

河流生态修复是为了充分发挥自然资源的生态效益、经济效益和社会效益,以河流小流域为单元,在全面规划的基础上,有效控制污染物排放,合理安排各种取用水,因地制宜地布设生态修复措施,对流域生态系统进行修复和保护。河流生态修复需遵循的原则如下:

(1)因地制宜原则。

河流生态修复是一个涉及时间、空间及特定物种的工程,不同河流甚至同一河流不同河段的退化特征、水生态系统功能定位、社会经济条件都有所差异。因此,河流生态修复首先要立足于实际情况,在充分了解流域自然地理、社会经济及生态环境等资料的基础上,因地制宜、分河段细化建立修复目标,并选择适合的修复技术。

(2)经济可行原则。

河流生态修复工程是一项投资大、见效慢、经济效益不明显的工程。因此,要坚持经济可行的原则,一方面尽量将资金放在生态系统退化的主导因素上,用于减少或消除环境的退化;另一方面尽可能充分利用自然要素,因势利导地选择适当的人工辅助措施,恢复河流的自然形态和生物栖息地,充分利用生态系统自我设计、自我调节的功能,最大限度地发挥生态系统的自我修复功能,实现少投入、高效益的水生态系统修复效果。

(3)多目标兼顾原则。

河流兼具自然功能和社会服务功能。其中,自然功能是河流生命活力的体现,包括栖息地功能、通道功能、屏障功能等;社会服务功能是河流对人类社会经济系统支撑能力的体现,包括供水、发电、旅游及景观等功能。因此,河流生态修复工程的设计一定要遵循多目标兼顾的原则,同时考虑社会服务与生态服务两方面的要求,在保持其栖息地功能、通道功能、屏障功能等生态服务功能的同时,合理配置生产、生活与生态用水,满足供水、发电、旅游及景观美感等多种社会服务。

(4)生物群落多样性与生境多样性的原则。

生物群落多样性是指生物群落结构与功能的多样性,即在物种水平上的生物多样性,它是河流健康状况最高级的外在体现,是生态系统的保障;生境多样性是指河流形态的多样性,它是生物群落的生存条件,是维持流域生物多样性的基础。有什么样的生境就造就了什么样的生物群落,二者是不可分割的。然而近年来由于河道拓宽工程、闸坝建设及河道硬质化等水利工程的大量兴建,极大地破坏了生境的多样性,进而导致生物群落多样性受到严重威胁,生态系统功能衰竭。因此,保持生物群落多样性与生境多样性刻不容缓。

(5)整体景观原则。

从三维空间考虑,统筹进行上下游、左右岸,由河底至堤岸多层次立体修复,社会经济发展模式优化与河流各要素恢复相结合,统筹考虑沿岸的土地利用、水土保持、水资源利用等多方面的整体要求。此外,河流生态修复工程设计中应考虑景观美学要求,合理规划河岸带宽度,控制污染,突出景观设计,尽显回归自然,将河道景观与周围社区环境有机地融为一体,满足居民的休闲娱乐与亲水需求,将治理、净化、修复与环境景观美化有机统一,营造人水和谐的生态空间。

在以上原则的基础上,通过全面认识河流生态系统的整体性、相似性与差异性,针对不同生态系统类型和修复等级,因地制宜地确定修复目标和修复措施,尊重自然规律,确立人与自然和谐共处的发展方针,从而保证淮河流域河流生态系统的有效修复。

8.2　河流生态修复技术适用性分析

河流生态修复是指通过修复技术改善受损河流物理、生物或生态状态的过程,以使修复工程实施后的河流生态系统较目前状态更加健康和稳定。对退化的河流生态系统进行修复,首先是要尽可能地消除引起河流生态系统进一步退化的外界人为影响因素,如陆源控制、乱垦乱伐等;然后根据河流的退化状况,结合河流修复目标,采用适宜的修复技术,恢复或提高河流的自净能力,创造良好的生境条件,提高河流的生物多样性,最终达到修复河流生态系统的目的,同时应该做好河流修复后的管理维护,确保河道生态状态持续改善。

从淮河流域(河南段)河流生态系统现状调查结果分析来看,闸坝密度大造成连通性破坏、水量缺乏、水质污染、生境破坏、生物多样性差是流域内存在的主要环境问题。根据国内外相关河流生态修复技术理论分析和工程实践研究[171, 179-180],结合淮河流域特点,分别提出了相应的修复技术。但一个修复技术的作用是多方面的,如河道补水技术,不仅补充河流水量、改善水质,对恢复河岸带植被也能起到有效的改善作用,因此这种分类不是绝对的。

8.2.1　河流水量调控技术

针对河道内水量缺乏问题,可通过闸坝流量调控、库(塘)坝(堰)技术、分流导流生态修复技术等闸坝调控措施保障河道内环境流量;针对枯水期或全年严重缺水的河流,可采用河道补水技术保障环境流量。

解决河流水量缺乏问题,可参考表8-1中所列修复技术的适用范围进行选择。

8.2.2　河流水质修复技术

针对河道内水质污染问题,通过底泥有机质分析,底泥污染严重的河道应首先进行河道底泥疏浚,消除内源污染;针对水质污染比较严重且河岸带较宽的河流,可采用人工湿地、氧化塘等异位生态净化技术进行水体强化净化,同时可以根据河道特点辅以水生生物修复技术、生态浮岛技术、河岸植被缓冲带技术等原位净化技术,确保水体持续净化;针对

表 8-1　解决河流水量缺乏问题的修复技术

修复技术类型	修复技术	技术特点	适用范围
闸坝调控	闸坝流量调控	该技术主要针对由于闸坝过多,造成河流环境流量缺乏的问题,通过闸坝下泄水量、泄流时间的调节,保障河流环境流量,从而改善由于闸坝控制造成的生态破坏问题	主要用于由于闸坝过多造成水量缺乏的河流
	库(塘)坝(堰)技术	该技术是把有限的水资源集中在部分河道上,在低流量流态下保证部分河道生态系统结构的完整以及功能的正常发挥。主要包括两种模式:一种是在主河道上修建溢流坝,坝上设置闸门,形成闸坝一体的库(塘)坝(堰)模式;另一种是在主河道上修建溢流坝,同时在河道旁侧开辟一条保证在枯水期也能够维持最小生态基流的副河道,副河道上设置闸门,形成闸坝分离的库(塘)坝(堰)模式	主要适用于生态基流缺乏、时常断流的河流修复
	分流导流生态修复技术	主要是打破基流的汇流效应。在水量较小的枯水期,通过建立生态栓系统,拦截河水,使其形成辫状流,增加河水与河道植被的接触面,从而保证部分区域生态系统的正常运行	主要适用于生态基流缺乏、时常断流的河流修复
生态补水	河道补水技术	该技术主要通过流域内或流域外调水为生态基流缺乏的水体补充水量。该技术不仅可为河道补水,还能通过冲刷稀释污染水域,置换死水区的河水,使河流由厌氧状态变为好氧状态,在短时期内降低水体的污染负荷,改善水生动物、水生植物的生存环境,提高河流的自净能力,改善水环境质量	适用于水量缺乏型河流,或者作为改善河流水质的一项补充性措施

　　水质污染比较严重但尚不适宜开展异位生态净化措施的河流,可采用微生物菌剂修复技术降低水体内污染物浓度,同时辅以其他原位生态净化技术;针对微污染水体,可直接采取微地形增氧技术、水生生物修复技术、生态浮岛技术、河岸植被缓冲带技术等原位净化技术净化河流水质;针对环境流量不足、生态基流匮乏的河流,可采取复式河道生态修复技术净化河道水质。

解决河流水质污染问题,可参考表 8-2 中所列修复技术的适用范围进行选择。

表 8-2　解决河流水质污染问题的修复技术

修复技术类型	修复技术	技术特点	适用范围
消除内源污染	底泥疏浚技术	该技术是指通过物理方法(机械疏挖或水力冲洗等)来清除污染底泥或底泥中的污染物,以减少底泥污染物向上覆水体的释放,进而缓解内源污染,是目前应用最广泛的异位处理技术。该技术能够迅速增加河流水体容量和过水能力,处理污染见效快,但工程量大、投资费用高、疏浚深度难以精确控制、易造成沉积物再悬浮污染水体等	主要适用于一些底泥严重污染的河段修复
原位生态净化技术	微生物菌剂修复技术	该技术是利用微生物菌剂改变污染物的氧化还原状态,进而降低或消除污染物的浓度。与其他修复技术相比,该技术具有微生物繁殖快、种类多、生长周期短、净化效果好、便于管理、成本低廉等众多优点	适用于污染严重类型河流的快速修复
	水生生物修复技术	该技术主要利用绿色耐性植物或超富集动植物通过吸收、挥发、固化、根滤作用来转移、贮存或转化石油碳氢化合物、除草剂、杀虫剂、氯化剂、木材防腐剂及表面活性剂等有机污染物和金属、类金属、非金属、废料及放射性核素等无机污染物,达到净化底泥的目的	适用于任何污染水体,进行原位修复,可根据河流本土植被特点选择适宜的水生生物修复技术
	微地形增氧技术	该技术又可称为人工增氧技术,主要指通过改造河流基底,设置石笼坝、投放抛石、构建河流生境岛屿以及增建深潭-浅滩等,增加水力循环,加快溶解氧与污染物之间的氧化还原反应速度,提高好氧微生物的活性,以达到降解有机污染物的目的	主要适用于坝前静止性或水流缓慢的污染水体修复
	生态浮岛技术	该技术是一种长有水生或陆生植物并可为野生生物提供生境的悬浮岛。以浮岛作为载体,在水面上种植植物,构成微生物、昆虫、鱼类、鸟类、植物等自然生物栖息地,从而增加物种多样性,形成生物链来帮助水体恢复,降低水体 COD、氨氮、TP 及重金属含量,加快生态修复进程。同时,浮岛上植物根系拥有巨大的表面积,为水中微生物生长提供良好的固着载体。该技术工程量小,并可实现资源可持续利用	适用于没有航运要求、富营养化及有机污染的小型河流修复。对于有航运要求的河道,要慎重选择生物浮岛的位置,一般选在河道较宽的部位,或在人工开凿港湾设置浮岛,也可设计小型浮岛,零星多点分布

续表 8-2

修复技术类型	修复技术	技术特点	适用范围
原位生态净化技术	河岸植被缓冲带技术	该技术主要是利用具有较好耐旱、耐水能力的本地植物品种,在邻近受纳水体的水域,利用生物净化和拦截、沉淀作用有效去除污染物。但是当缓冲带的泥沙截留量超出其截留容量后,底部的泥沙在紊动作用下可重新悬浮,容易出现沟蚀现象,营养物随水流出缓冲带,缓冲带的作用就会大大下降	适用于面源污染较为严重,具有较宽河岸带的河段修复
	复式河道生态修复技术	该技术的实施可以使河道在枯水期依然保留完整生态系统所需的水量,并使河水在流经深坑时得到净化。当来水水质较差,污染物浓度较高时,污水主要通过周边的排污沟流出;当来水水质相对较好,则通过中间的深水塘蓄水,用于水质净化和生态多样性保护等	适用于环境流量不足、水质较差的河段修复
异位生态净化技术	人工湿地技术	该技术主要是利用自然生态系统中的物理、化学和生物的协同作用去除水体的污染物。在河岸带建立人工湿地,通过地形或利用水泵将污水引入人工湿地,处理后排入河流中,在暴雨时也可将暴雨径流引入人工湿地中加以处理,以削减面源污染	适用于地理条件比较宽裕、经济发展水平不高、能源短缺、技术力量相对缺乏的广大农村中小城镇的污水处理
	稳定塘技术	该技术是以水塘为点、沟渠为线的流域系统,利用天然低洼地进行筑坝或人工开挖的水塘,削减面源污染	

8.2.3　河流生境改善技术

针对河道内栖息地破坏的问题,可采用构建鱼道、深槽-浅滩、基质恢复、河岸覆盖物和设置乱石堆、丁坝等的栖息地修复技术,或利用生物栅技术、河滩地与河岸带修复技术、生态岛技术、生态护岸技术等为生物生存提供多样化的流速环境、栖息地等生境类型,从而改善河流生境类型单一的状况。

解决河流栖息地破坏的问题,可参考表 8-3 中所列修复技术的适用范围进行选择。

表 8-3　解决河流栖息地破坏问题的修复技术

修复技术类型	修复技术	技术特点	适用范围
栖息地构建	栖息地修复技术	该技术主要是修复鱼类和底栖动物的生活场所,如产卵场、索饵场、停歇地和通道等的河流生态技术。主要通过构建鱼道、深槽–浅滩、基质恢复、河岸覆盖物和设置乱石堆、丁坝等模拟水生动物偏好的场所	适用于生境类型单一的水体修复
	生物栅技术	该技术主要利用掉落的一些植物枝干捆绑而成,可以减缓水流速度,为水生植物、鱼类、底栖动物提供生活场所	适用于生境破坏的水体修复
	河滩地与河岸带修复技术	该技术主要利用河滩地和河岸带周期性淹没的特点,丰水期河岸带可作为草食性鱼类索饵和产黏性卵鱼类产卵的重要场所,因此通过恢复河滩地和河岸带植被,以有效恢复水生生物的生境	适用于河岸带植被类型单一、存在一定面源污染的水体修复
	生态岛技术	该技术主要模拟天然河道所具有的江心洲,丰富河道的生境多样性,创造多种流速格局,为鱼类提供多样化的栖息环境,丰富鱼类的生境多样性	适用于生境类型单一、流速类型单一的水体修复
	生态护岸技术	该技术主要利用块石、无砂混凝土槽和水生植物综合进行岸坡防护的护岸技术。在坡脚堆以块石护坡脚,在常水位种植水生植物,可以很好地兼顾防侵蚀和植物生长。也可以在坡脚利用无砂混凝土构件挡土槽体,在槽中种植水生植物,并填充卵石,构造多样化的生物生境	适用于河岸带生境类型单一、生物多样性较低,且存在一定面源污染的水体修复

8.2.4　河流生物多样性恢复技术

　　针对河道内生物退化的问题,可利用生物栅或生态浮岛等为水生生物和微生物制造出良好生境的方式,恢复水生生物食物链;或通过挺水植物、沉水植物等功能群构建、鱼类功能群构建、底栖动物功能群构建等水生生物功能群构建技术,改善河流生物退化的问题。

　　解决河流生物退化的问题,可参考表 8-4 中所列修复技术的适用范围进行选择。

表 8-4　解决河流生物退化问题的修复技术

修复技术类型	修复技术	技术特点	适用范围
水生生物食物链构建	水生生物食物链构建技术	该技术是指利用生物栅或生态浮岛等为水生生物和微生物制造出良好的生境,提供生活场所,恢复食物链	适用于生物多样性较低的水体修复
水生生物功能群构建	沉水植物功能群构建技术	该技术是将沉水植物提前种植在生态网笼中,将其沉入河道底部使得植物能够更好地在河道底泥中种植生长	适用于生物多样性低、生境遭到一定程度破坏的水体修复
	挺水植物功能群构建技术	该技术主要选用当地品种,使用本土生物使其能够更好地在贫瘠河道及沿岸种植生长	
	底栖动物功能群构建技术	该技术主要是投放一些适应性较强的当地物种,使用一种主要由竹片组成的水栅栏进行培养,形成底泥微生境	
	鱼类功能群构建技术	该技术主要包括增设过鱼设施、设置人工鱼礁及鱼类放养等3类。过鱼设施是连通鱼类洄游或迁移的工程措施,主要用于增加鱼类的洄游和迁移;人工鱼礁的设置增加了鱼类和底栖生物的栖息环境,增加了鱼类索饵和生活的空间;鱼类放养不仅可以使食物链完整,同时投放滤食性鱼类还可以起到控制藻类、水华,净化水质的作用	

8.2.5　河流生态修复技术适用性划分

一般情况下,一个修复技术的作用是多方面的,如河道补水技术,不仅补充河流水量、改善水质,对恢复河岸带植被、加强生态系统的连通性也能起到有力的作用,因此这种分类不是绝对的。

根据表 8-1 ~ 表 8-4 所示技术,针对淮河流域(河南段)河流生态系统出现的问题,进行该流域河流生态修复技术的适用性划分,具体见表 8-5。

表 8-5　河流生态系统修复技术及适用性划分

河流生态问题	类型名称	修复技术	适用河流
闸坝密度大,河流连续性破坏	类型 A	闸坝调控技术	适用于由于闸坝过多造成河道水量缺乏的河流

续表 8-5

河流生态问题	类型名称	修复技术	适用河流
生态基流缺乏	类型 B-1	基底改造、库(塘)坝(堰)生态修复、分流导流生态修复、水生植物修复技术	适用于常年生态基流缺乏的极端流态型河道
	类型 B-2	河道补水	适用于季节性缺水的正常流态河道和极端流态河道
水质污染	类型 C-1	底泥疏浚、微地形增氧	适用于水质严重污染,河流处于重度退化状态,需要进行强度修复的河流
	类型 C-2	化学净化技术	
	类型 C-3	河道补水、微生物菌剂修复	
	类型 C-4	河岸植被缓冲带、生物栅、复式河道生态修复、水生植物修复、生态浮岛、生态护岸等	适用于水体污染较严重,处于中度退化的河流
	类型 C-5	人工湿地、氧化塘	
生物多样性差	类型 D-1	水生生物功能群构建、鱼类修复技术	适用于生物多样性处于极度或重度退化的河流
	类型 D-2	河滩地植被恢复、水生生物食物链构建等	适用于生物多样性处于中度或轻度退化的河流
生境破坏	类型 E-1	河道补水、栖息地修复技术等	适用于生物多样性处于极度或重度退化的河流
	类型 E-2	生物栅、生态护岸、生态岛、深槽-浅滩、丁坝、河滩地与河岸带修复等	适用于生物多样性处于中度或轻度退化的河流

8.3 淮河流域(河南段)河流生态修复模式构建

8.3.1 修复思路

8.3.1.1 基于退化等级的河流生态修复思路

根据不同类型河流生态系统退化程度诊断结果,在主导退化因子分析的基础上,结合河流社会经济要求及河流水功能需求等和河流生态修复目标,对比主导退化因子与修复目标的差距,分别从陆源截污、生态净化和生态修复等方面提出不同退化类型河流的生态修复模式。具体实施思路如下。

1. 修复技术(措施)的选择

根据退化因子的现状分析,结合各个修复技术的技术特点,根据现有环境管理以及河流所处的阶段,基于陆源截污—生态净化—生态修复等河流生态修复思路,确定河流生态修复顺序及适宜的修复措施,同时应将环境管理贯穿于整个修复过程。具体选取方式如下:

(1)开展水质指标现状与目标差距分析,分析现状水质情况,若河流水质大于区域内颁布的或者省内要求的相关标准值[COD≤50(40)mg/L、氨氮≤5(3)mg/L],则说明区域内入河污染源的治理工作还未完成,应首先开展陆上污染源的控制,将入河污染物的浓度降低至相关标准要求。

(2)在陆源控制的基础上,又要考虑现有标准与河流Ⅴ类水质目标的差距,考虑采用生态净化的措施使污染物浓度降低至具有水体功能Ⅴ类水要求。

(3)进一步根据河流主导退化因子,确定适宜的修复技术。

(4)在上述措施实施的同时,区域内河流的水生态系统监测、水资源保护、生态修复保障措施、水生态保护制度等环境管理措施应贯穿其中。

2. 不同退化类型河流生态修复模式

按照某一类型生态修复模式构建方法,总结提炼不同类型河流生态系统不同退化类型的水生态修复模式。

8.3.1.2　基于修复等级的河流生态修复思路

根据不同修复等级河流生态系统划分结果,针对各修复等级内不同河段进行主导退化因子分析,结合河流修复目标,对比主导退化因子与修复目标的差距,分别从陆源截污、生态净化和生态修复等方面提出不同退化类型河流的生态修复模式。

不同修复等级河流生态修复模式的构建思路为:

(1)主要是区分不同修复等级对应的措施和区域开展生态修复的人工干预程度及急迫性,一是关于修复技术和措施主要是针对强度、中度干预修复,除考虑针对主导退化因子采取相应修复技术外,也辅助完成其他需修复的方面,同时应考虑修复技术措施的实效性,且修复效果能够快速见效。

(2)轻度干预修复等级仅针对主导退化因子进行修复。

(3)针对减轻干扰、自然恢复的点位,则建议区域现阶段暂不开展河流生态修复,主要通过保护措施实现河段的自然恢复功能。

8.3.1.3　不同类型河流生态修复思路

淮河流域(河南段)正常流态河流主要存在纵向连通性差、水质污染严重、生物多样性差及河流功能不完善等问题;极端流态河流存在的主要问题是水量严重不足、水质污染严重、生物多样性差及河流功能不完善,其中水量严重不足是关键。在河流生态修复中,以上几个问题之间的修复是相辅相成的。根据退化因子的现状分析,结合现有环境管理以及河流所处的阶段,根据陆源控源截污—河道生态净化—河流生态功能恢复的河流生态修复思路,确定修复路线。同时注重修复工程的过程控制和修复工程实施后的工程维护,将环境管理贯穿于整个修复过程。

淮河流域(河南段)河流生态修复中,具体修复思路如下:

(1)综合考虑河流生态系统现状、河流功能要求和流域社会经济发展要求,确定河流的修复目标。其中,地貌状况中河道改造程度、河岸带稳定性、河岸带宽度等指标应在现状基础上有所改善或提高;水质状况应满足河段水功能区划和水环境功能区划的相应目标要求;生物状况中各类生物的香农-威纳多样性指数应至少在 2.0 以上;河流功能也应根据流域景观和生态需求设定。

(2)根据河流修复等级确定,若河流为强度干预修复等级或中度干预修复等级河流,则不仅需要对主导退化因子开展修复,也需对该河流的其他退化因素采取相应的修复措施,修复中应考虑修复技术措施的实效性;若河流为轻度干预修复等级河流,则仅需针对该河流的主导退化因子进行修复;若河流为减轻干扰、自然恢复等级河流,则建议区域现阶段暂不开展河流生态修复,主要通过加强环境管理实现河段的自然恢复功能。结合河流生态系统退化程度和关键因子的退化状况分析,确定退化类型。

(3)结合退化因子分析,并根据河流的修复目标,分别选择合适的水生态修复过程。正常流态河流生态系统修复过程一般是:控源截污→水质净化→多样化生境构建→生物多样性提高,流域环境管理贯穿始终(见图 8-1)。极端流态河流生态系统中,水量缺乏是其生态系统退化的主要因素,该类型河流生态系统修复过程一般是:控源截污—环境流量调控—水质净化—多样化生境构建—生物多样性提高,整个修复过程也需加强流域环境监管(见图 8-2)。具体内容如下:

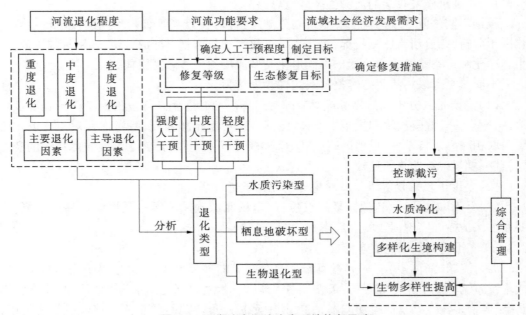

图 8-1 正常流态河流生态系统修复思路

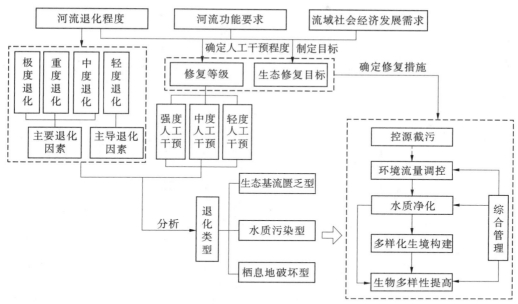

图 8-2 极端流态河流生态系统修复思路

①由于水质改善是河流生态修复的基础,因此建议首先根据河流水质指标现状与修复目标差距,结合流域入河污染负荷现状和水环境管理现状,分析流域入河负荷是否超出水环境容量,若超出,则应首先实施陆源入河负荷控制,然后根据河流水文、水质状况和水生态状况等,选取适合的水质净化措施,净化水质,提高河道自净能力。

②针对生态水量缺乏的河段,应该在其底泥疏浚工程实施后,再通过补水或复式河道构建等措施保障河流环境流量。

③根据河流主导退化因子,确定适宜的生境构建或生物修复技术。

④在河流各项修复措施实施中,区域内河流的水生态系统监测、水资源保护、生态修复保障措施、水生态保护制度等环境管理措施应贯穿其中。

8.3.2 正常流态河流生态系统修复模式

淮河流域(河南段)正常流态河流生态系统是基于退化类型和修复等级来制定河流生态系统修复模式,结合正常流态退化河流生态系统的关键退化因子(水质污染、栖息地破坏、生物退化或复合型)分析结果,分别针对不同修复等级下的不同退化状态河流生态系统进行修复措施设计(见表 8-6)。

8.3.2.1 强度干预修复等级河流

淮河流域(河南段)正常流态河流强度干预修复等级类型河流中包括重度退化和中度退化两种类型的河流。在强度干预修复中除考虑针对主导退化因子采取相应的修复技术外,也需要辅助完成其他需修复的环境要素,同时需要考虑修复技术措施的时效性,保证修复措施能够快速实现河段生态功能的恢复。结合河段修复目标和社会需求,各退化程度河段中不同退化类型河流的修复措施设计如下。

表 8-6　正常流态河流修复模式

序号	修复等级	退化状态	退化类型	主要解决的生态问题	修复措施	适用的修复技术	修复模式
1	强度干预修复	重度退化	水质污染复合退化型	①水质污染；②栖息地破坏；③生物多样性破坏	①陆源控制；②底泥疏浚+原位+异位生态净化；③栖息地构建，闸坝调控；④水生生物功能群构建	①水质:类型C-1，C-3，C-4；②生境:类型E-1；③生物:类型D-1	强化净化复合修复模式
2			水质污染-栖息地破坏型	①水质污染；②栖息地质量差；③水量缺乏	①陆源控制；②原位+异位生态净化；③栖息地构建，闸坝调控	①水质:类型C-3，C-4，C-5；②生境:类型A，E-2	强化净化-栖息地修复模式
3		中度退化	水质污染-生物退化型	①水质污染；②生物多样性差	①陆源控制；②原位+异位生态净化；③生物多样性恢复	①水质:类型C-3，C-4，C-5；②生物:类型D-2	强化净化-生物多样性提高模式
4				①水质污染，底泥污染；②生物多样性差	①陆源控制；②底泥疏浚；③原位生态净化；④生物多样性恢复	①水质:类型C-1，C-3，C-4；②生物:类型D-2	

续表 8-6

序号	修复等级	退化状态	退化类型	主要解决的生态问题	修复措施	适用的修复技术	修复模式
5		重度退化	栖息地破坏复合退化型	①栖息地破坏;②水质污染;③生物多样性破坏;④水量缺乏	①陆源控制;②原位+异位生态净化;③栖息地调整;④闸坝构建;⑤水生生物功能群构建	①生境:类型 A,E-1、E-2;②水质:类型 C-4、C-5;③生物:类型 D-1、D-2	河流功能复合修复模式
6			栖息地破坏复合退化型	①栖息地破坏;②水质污染;③生物多样性破坏	①原位生态净化;②栖息地构建;③水生生物功能群构建	①生境:类型 E-2;②水质:类型 C-4;③生物:类型 D-2	河流功能复合修复模式
7	中度干预修复	中度退化	栖息地破坏-生物退化型	①栖息地质量差;②生物多样性差;③枯水期水量缺乏	①栖息地构建;②闸坝调控;③生物多样性恢复	①生境:类型 A,E-1、E-2;②生物:类型 D-2	功能恢复-生物多样性提高模式
8			水质污染-栖息地破坏型	①水质污染;②栖息地质量差;③水量缺乏	①陆源控制;②原位+异位生态净化;③栖息地构建,闸坝调控	①水质:类型 C-4、C-5;②生境:类型 A,E-2	强化净化-栖息地修复模式
9				①水质污染,底泥污染;②栖息地质量差	①陆源控制;②底泥疏浚+原位+异位生态净化;③栖息地构建	①水质:类型 C-1,C-3、C-4、C-5;②生境:类型 E-2	
10			生物退化-栖息地破坏型	①生物多样性破坏;②栖息地破坏;③水量缺乏	①栖息地构建;②闸坝调控;③水生生物功能群构建	①生物:类型 D-1,D-2;②生境:类型 A,E-1、E-2	生物多样性恢复-栖息地修复模式
11		轻度退化	生物退化型	①生物多样性破坏	①水生生物功能群构建	①生物:类型 D-1,D-2	生物多样性恢复模式

续表 8-6

序号	修复等级	退化状态	退化类型	主要解决的生态问题	修复措施	适用的修复技术	修复模式
12		重度退化	栖息地破坏复合退化型	①栖息地破坏;②水量缺乏	①栖息地构建;②闸坝调控	①生境:类型 A、E-1,E-2	功能恢复模式
13			栖息地破坏-水质污染型	①栖息地破坏;②枯水期水量缺乏	①栖息地构建;②闸坝调控	①生境:类型 A、E-1,E-2	
14			水质污染-栖息地破坏型	①水质污染;②水量缺乏	①陆源控制;②原位+异位生态净化;③闸坝调控	①水质:类型 A、C-3,C-4,C-5	强化净化模式
15	轻度干预修复		水质污染-生物退化型	①水质污染	①原位+异位生态净化	①水质:类型 C-3、C-4,C-5	
16		中度退化	栖息地破坏复合退化型	①栖息地破坏	①栖息地构建	①生境:类型 E-1,E-2	
17			栖息地破坏-水质污染型	①栖息地破坏;②枯水期水量缺乏	①栖息地构建;②闸坝调控	①生境:类型 A、E-2	功能恢复模式
18			栖息地破坏-生物退化型	①栖息地质量差;②枯水期水量缺乏	①栖息地构建;②闸坝调控	①生境:类型 A,E-1,E-2	
19			生物退化-栖息地破坏型	①生物多样性破坏;②水量缺乏	①闸坝调控;②水生生物功能群构建	①生物:类型 A,D-1,D-2	生物多样性恢复模式

续表 8-6

序号	修复等级	退化状态	退化类型	主要解决的生态问题	修复措施	适用的修复技术	修复模式
20	轻度干预修复	轻度退化	栖息地破坏-水质污染型	①栖息地破坏	①栖息地构建	①生境:类型 E-2	栖息地修复模式
21			栖息地破坏-生物退化型	①栖息地质量差	①栖息地构建	①生境:类型 E-2	
22			生物退化-栖息地破坏型	①生物多样性破坏	①生物多样性恢复	①生物:类型 D-1、D-2	生物多样性提高模式
23			生物退化型	①生物多样性破坏	①生物多样性恢复	①生物:类型 D-1、D-2	

1. 重度退化类型河段

水质污染复合退化型河流是以水质污染为主导退化因素的全面退化型河流,可采用强化净化复合修复模式进行修复。为确保该类型河流水质能够实现快速好转且生态功能逐步改善,可在陆源控制、底泥疏浚的基础上,实施河道补水和微生物菌剂修复措施,实现水质快速好转,同时利用栖息地构建和水生植物功能群构建,改善栖息地质量,提高生物多样性,依靠水生植物实现水质持续改善。

2. 中度退化类型河段

水质污染-栖息地破坏型河流是以水质污染为主导且栖息地遭到一定度破坏的河流,可采用强化净化-栖息地修复模式进行修复。为确保河段水质快速好转、生境得到有效恢复,可在陆源控制的基础上,积极采取河道补水、微生物菌剂修复、人工湿地等措施快速改善水质,同时构建栖息地,并利用水生植物确保水质持续改善。

水质污染-生物退化型河流是以水质污染为主导且生物多样性遭到一定程度破坏的河流,可采用强化净化-生物多样性提高修复模式进行修复。该类型河流可在陆源控制的基础上,结合河道补水、微生物菌剂修复等措施实现水质快速改善,同时利用水生生物食物链构建等措施,实现生物多样性恢复。针对河岸带较宽的河段还可以采用人工湿地等异位净化措施净化水质,针对底泥有机物污染相对严重的河流,可在水质净化措施实施前采取底泥疏浚措施。

8.3.2.2　中度干预修复等级河流

淮河流域(河南段)正常流态河流中度干预修复等级类型河流中包括重度退化、中度退化、轻度退化3种类型的河流。在中度干预修复中除考虑针对主导退化因子采取相应的修复技术外,也需要辅助完成其他需修复的环境要素,同时需要考虑修复技术措施的时效性,保证修复措施能够实现河段生态功能的恢复。结合河段修复目标和社会需求,各退化程度河段中不同退化类型河流的修复措施设计如下。

1. 重度退化类型河段

栖息地破坏复合退化型河流是以栖息地破坏为主导的复合退化型河流,可采用河流功能复合修复模式进行修复。针对该类河流,应首先进行陆源控制,并采取人工湿地或水生生物等净化措施进行水体净化,在水质改善到一定程度时,构建多样化生境,为水生生物提供栖息空间,同时通过水生生物食物链构建恢复生物多样性。

2. 中度退化类型河段

栖息地破坏复合退化型河流是以栖息地破坏为主导的复合退化型河流,可采用河流功能复合修复模式进行修复。该类型河流应首先采取水生生物净化措施进行水体净化,在水质改善到一定程度时,进行栖息地构建,为水生生物提供栖息空间。

栖息地破坏-生物退化型河流是以栖息地破坏为主导的生物多样性破坏型河流,可采用功能恢复-生物多样性提高模式进行修复。该类型河流应首先通过补水或栖息地构建等措施构建多样化的生境,为水生生物提供不同类型的栖息空间,满足不同种类生物生存,同时通过水生生物食物链构建等措施恢复生物多样性。

水质污染-栖息地破坏型河流是以水质污染为主导的栖息地破坏类型的河流,可利用强化净化-栖息地修复模式进行修复。该类型河流需要在陆源控制的基础上,利用生态净化措施改善河流水质,然后进行栖息地构建,提高生境多样性。针对底泥污染严重的河流,可在采取水质净化措施前采取底泥疏浚措施。

生物退化-栖息地破坏型河流是以生物多样性破坏为主导的栖息地破坏类型的河流,可利用生物多样性恢复-栖息地修复模式进行修复。针对由于闸坝调控作用导致的水量缺乏问题,可在多样化栖息地构建的基础上,采取闸坝调控措施,然后利用多样化的生境,进行水生生物功能群构建。

3. 轻度退化类型河段

生物退化型河流可采用生物多样性恢复模式进行修复。该类型河流可通过水生生物功能群构建恢复生物多样性。

8.3.2.3　轻度干预修复等级河流

淮河流域(河南段)正常流态河流轻度干预修复等级类型河流中包括重度退化、中度退化、轻度退化 3 种类型的河流。在轻度干预修复中主要考虑主导退化因子的修复,同时考虑修复技术措施的时效性,保证修复措施能够实现河段生态功能的恢复。结合河段修复目标和社会需求,各退化程度河段中不同退化类型河流的修复措施设计如下。

1. 重度退化类型河段

栖息地破坏复合退化型和栖息地破坏-水质污染型河流均是以栖息地破坏为主导退化类型的河流,可采用功能恢复模式进行修复。通过多样化生境的构建,为水生生物提供栖息空间,实现生物多样性的缓慢恢复。如清潩河上闸坝分布广泛,建议结合闸坝调控措施调节枯水期流量。

2. 中度退化类型河段

水质污染-栖息地破坏型和水质污染-生物退化型河流均是以水质污染为主导退化类型的河流,可采用强化净化模式进行修复。该类型河流应首先进行陆源控制,通过原位和异位生态净化措施相结合的方法进行水体净化。

栖息地破坏复合退化型、栖息地破坏-水质污染型、栖息地破坏-生物退化型河流均是以栖息地破坏为主导退化类型的河流,可采用功能恢复模式进行修复。该类型通过栖息地构建等措施构建多样化的生境,为水生生物提供不同类型的栖息空间,满足不同种类生物生存。针对这类枯水期水量相对缺乏的河流,建议在枯水期结合闸坝调控措施提高河道流量。

3. 轻度退化类型河段

栖息地破坏-水质污染型、栖息地破坏-生物退化型河流均是以栖息地破坏为主导的河流,可采用栖息地修复模式进行修复。该类型河流可通过栖息地构建措施构建多样化生境。

生物退化-栖息地破坏型和生物退化型河流,可采用生物多样性提高模式进行修复。该类型河流可通过构建水生生物功能群或水生生物食物链恢复生物多样性。

8.3.2.4　淮河流域(河南段)正常流态河流生态修复模式

淮河流域(河南段)正常流态类型河流中强度干预修复等级河流主要包括贾鲁河、清潩河、惠济河等 3 条河流的 5 个河段。根据综合退化程度诊断结果,该类型河流中重度退化类型河段有 1 个,为清潩河(QYH-3);中度退化类型河段有 4 个,分布在惠济河

(HJH-1)、贾鲁河(JLH-2、JLH-3)、清潩河(QYH-2)。根据各河段退化类型分析,该修复等级中各河段修复模式见表8-7。

表8-7　淮河流域(河南段)正常流态强度干预修复类型河流修复模式

序号	退化状态	退化类型	修复河段	修复模式
1	重度退化	水质污染复合退化型	清潩河(QYH-3)	强化净化复合修复模式
2	中度退化	水质污染-栖息地破坏型	惠济河(HJH-1)	强化净化-栖息地修复模式
3		水质污染-生物退化型	清潩河(QYH-2)、贾鲁河(JLH-2、JLH-3)	强化净化-生物多样性提高模式

中度干预修复等级河流主要包括贾鲁河、双洎河、沙河、惠济河、泇河、清潩河、颍河、史灌河等8条河流的11个河段。根据综合退化程度诊断结果,该类型河流中重度退化类型河段有1个,为双洎河(SJH-3);中度退化类型河段有9个,分布在惠济河(HJH-3)、贾鲁河(JLH-1、JLH-4)、清潩河(QYH-5)、沙河(SHH-3)、泇河(SSH-2)、双洎河(SJH-1、SJH-2)、颍河(YH-1);轻度退化类型河段有1个,为史灌河(SGH-1)。根据各河段退化类型分析,该修复等级中各河段修复模式见表8-8。

表8-8　淮河流域(河南段)正常流态中度干预修复类型河流修复模式

序号	退化状态	退化类型	修复河段	修复模式
1	重度退化	栖息地破坏复合退化型	双洎河(SJH-3)	河流功能复合修复模式
2	中度退化	栖息地破坏复合退化型	贾鲁河(JLH-4)	河流功能复合修复模式
3		栖息地破坏-生物退化型	贾鲁河(JLH-1)、泇河(SSH-2)、双洎河(SJH-1)、颍河(YH-1)	功能恢复-生物多样性提高模式
4		水质污染-栖息地破坏型	清潩河(QYH-5)、沙河(SHH-3)、双洎河(SJH-2)	强化净化-栖息地修复模式
5		生物退化-栖息地破坏型	惠济河(HJH-3)	生物多样性恢复-栖息地修复模式
6	轻度退化	生物退化型	史灌河(SGH-1)	生物多样性恢复模式

轻度干预修复等级河流主要包括北汝河、淮河干流、沙河、史灌河、清潩河、贾鲁河、沙颍河、泇河、惠济河、潢河等10条河流的29个河段。根据综合退化程度诊断结果,该类型

河流中重度退化类型河段有 2 个,分布在沙颍河(SYH-3)、清潩河(QYH-4);中度退化类型河段有 16 个,分布在北汝河(BRH-4)、潢河(HH-1)、惠济河(HJH-2)、淮河干流(HG-3)、贾鲁河(JLH-5、JLH-6、JLH-7、JLH-8、JLH-9)、清潩河(QYH-6)、泖河(SSH-1)、沙颍河(SYH-1、SYH-2)、沙河(SHH-1、SHH-4、SHH-8);轻度退化类型河段有 11 个,分布在北汝河(BRH-2、BRH-3)、淮河干流(HG-1、HG-2、HG-4)、沙河(SHH-2、SHH-5、SHH-6、SHH-7)、史灌河(SGH-2、SGH-3)。根据各河段退化类型分析,该修复等级中各河段修复模式见表 8-9。

表 8-9　淮河流域(河南段)正常流态轻度干预修复类型河流修复模式

序号	退化状态	退化类型	修复河段	修复模式
1	重度退化	栖息地破坏复合退化型	沙颍河(SYH-3)	功能恢复模式
2		栖息地破坏-水质污染型	清潩河(QYH-4)	
3	中度退化	水质污染-栖息地破坏型	清潩河(QYH-6)	强化净化模式
4		水质污染-生物退化型	贾鲁河(JLH-8、JLH-9)	
5		栖息地破坏复合退化型	贾鲁河(JLH-5、JLH-7)	功能恢复模式
6		栖息地破坏-水质污染型	淮河干流(HG-3)、贾鲁河(JLH-6)、泖河(SSH-1)、沙颍河(SYH-1)	
7		栖息地破坏-生物退化型	北汝河(BRH-4)、潢河(HH-1)、惠济河(HJH-2)、沙河(SHH-1、SHH-8)、沙颍河(SYH-2)	
8		生物退化-栖息地破坏型	沙河(SHH-4)	生物多样性恢复模式
9	轻度退化	栖息地破坏型	淮河干流(HG-4)、史灌河(SGH-2、SGH-3)、沙河(SHH-5、SHH-7)	栖息地修复模式
10		生物退化型	北汝河(BRH-2、BRH-3)、淮河干流(HG-1、HG-2)、沙河(SHH-2、SHH-6)	生物多样性提高模式

8.3.3　极端流态河流生态系统修复模式

淮河流域(河南段)极端流态河流生态系统是基于退化类型和修复等级来制定河流生态系统修复模式,结合极端流态退化河流生态系统的关键退化因子(生态基流匮乏、水质污染、栖息地破坏或复合型)分析结果,分别针对不同修复等级下的不同退化状态河流生态系统进行修复措施设计(见表8-10)。

8.3.3.1　强度干预修复等级河流

淮河流域(河南段)极端流态河流强度干预修复等级类型河流中包括极度退化和重度退化两种类型的河流。各退化程度河段中不同退化类型河流的修复措施设计如下。

1. 极度退化类型河段

生态基流匮乏复合退化型河流可采用生态补水复合修复模式进行修复。为确保该类型河流生态系统功能得到有效恢复,建议首先采取陆源控制,并进行底泥疏浚,然后采取生态补水措施改善河道基流,再实施微生物菌剂修复措施,实现水质快速好转,同时利用栖息地构建和水生植物功能群构建或水生生物食物链构建措施,改善栖息地质量,提高生物多样性,利用水生植物实现水质持续改善。

2. 重度退化类型河段

重度退化类型河段的生态基流匮乏复合退化型河流可采用生态补水复合修复模式进行修复。生态修复思路可采用极度退化类型中同类河流的修复思路,但在修复技术选择中应结合退化特征。

水量缺乏-水质污染-生物退化型河流是以水量缺乏、水质污染为主导且生物多样性遭到一定程度破坏的河流,可采用水量调控-强化净化-生物多样性提高模式进行修复。该类型河流可在陆源控制的基础上,通过生态补水补充河道生态基流,然后结合微生物菌剂修复等措施实现水质快速改善,同时利用水生生物食物链构建等措施,实现生物多样性恢复。

8.3.3.2　中度干预修复等级河流

淮河流域(河南段)极端流态河流中度干预修复等级类型河流中包括重度退化和中度退化两种类型的河流。各退化程度河段中不同退化类型河流的修复措施设计如下。

1. 重度退化类型河段

重度退化类型河段的生态基流匮乏复合退化型河流可采用生态补水复合修复模式进行修复。修复思路可采用极度退化类型中同类退化类型河流的修复思路,但在修复技术选择中应结合流域社会经济特点和流域需求,选择适应的修复强度。

水量缺乏-水质污染-栖息地破坏型河流可采用水量调控-强化净化-栖息地修复模式进行修复。针对该类型河流的生态修复应首先采取陆源控制,并进行底泥疏浚,然后采取生态补水措施改善河道基流,再实施水生生物净化修复措施,实现水质快速好转,在水质改善到一定程度时,通过栖息地构建改善栖息地质量。

表 8-10　极端流态河流修复模式

序号	修复等级	退化状态	退化类型	主要解决的生态问题	修复措施	适用的修复技术	修复模式
1		极度退化	生态基流匮乏复合退化型	①水量匮乏；②水质污染	①陆源控制；②底泥疏浚；③生态补水；④原位生态净化	①水量：类型 A、B-1、B-2；②水质：类型 C-1、C-3、C-4、C-5	生态补水复合修复模式
2	强度干预修复	重度退化	生态基流匮乏复合退化型	①水量匮乏；②水质污染；③栖息地破坏；④生物多样性破坏	①陆源控制；②底泥疏浚；③生态补水；④原位+异位生态净化；⑤栖息地构建；⑥水生生物功能群构建	①水量：类型 B-1、B-2；②水质：类型 C-1、C-3、C-4、C-5；③生境：类型 E-1、E-2；④生物：类型 D-1、D-2	生态补水复合修复模式
3			水量缺乏-水质污染-生物退化型	①水量缺乏；②水质污染；③生物多样性破坏	①陆源控制；②生态补水；③原位生态净化；④水生生物多样性恢复	①水量：类型 B-1、B-2；②水质：类型 C-3、C-4；③生物：类型 D-1、D-2	水量调控-强化净化-生物多样性提高模式

续表 8-10

序号	修复等级	退化状态	退化类型	主要解决的生态问题	修复措施	适用的修复技术	修复模式
4		重度退化	生态基流匮乏复合退化型	①水量匮乏;②水质污染;③栖息地破坏;④生物多样性破坏	①陆源控制;②底泥疏浚;③生态补水;④原位+异位生态净化;⑤栖息地构建;⑥水生生物功能群构建	①水量:类型 B-1,B-2;②水质:类型 C-1,C-3,C-4,C-5;③生境:类型 E-1,E-2;④生物:类型 D-1,D-2	生态补水复合修复模式
5			水量缺乏-水质污染-栖息地破坏型	①水量缺乏;②栖息地破坏;③水质污染	①陆源控制;②生态补水,闸坝调控;③原位+异位生态净化;④栖息地构建	①水量:类型 A,B-1,B-2;②水质:类型 C-3,C-4,C-5;③生境:类型 E-1,E-2	水量调控-强化净化-栖息地修复模式
6	中度干预修复	中度退化	水量缺乏-水质污染-生物退化型	①水量缺乏;②水质污染;③生物多样性破坏	①陆源控制;②生态补水;③原位+异位生态净化;④水生生物功能群构建	①水量:类型 A,B-1,B-2;②水质:类型 C-4,C-5;③生物:类型 D-1,D-2	水量调控-强化净化-生物多样性提高模式
7				①水量缺乏;②水质污染,底泥污染;③生物多样性破坏	①陆源控制;②底泥疏浚;③生态补水;④原位+异位生态净化;⑤水生生物功能群构建	①水量:类型 A,B-1,B-2;②水质:类型 C-1,C-4,C-5;③生物:类型 D-1,D-2	
8			水量缺乏-栖息地破坏-生物退化型	①水量缺乏;②栖息地破坏;③生物多样性破坏	①闸坝调控,生态补水;②栖息地构建;③水生生物食物链构建	①水量:类型 A,B-1,B-2;②生境:类型 E-1,E-2;③生物:类型 D-2	水量调控-功能恢复-生物多样性提高模式

续表 8-10

序号	修复等级	退化状态	退化类型	主要解决的生态问题	修复措施	适用的修复技术	修复模式
9		重度退化	生态基质匮乏复合退化型	①水量匮乏；②水质污染	①陆源源控制；②底泥疏浚；③生态补水；④原位+异位生态净化	①水量：类型 B-1,B-2；②水质：类型 C-1,C-3,C-4,C-5	生态补水-水质改善模式
10			生态基质流匮乏-水质污染-生物退化型	①水量匮乏；②水质污染	①陆源源控制；②底泥疏浚；③生态补水；④原位+异位生态净化	①水量：类型 A,B-1,B-2；②水质：类型 C-1,C-3,C-4	
11	轻度干预修复	中度退化	水量缺乏-水质污染-生物退化型	①水量缺乏；②水质污染	①陆源源控制；②生态补水；③原位+异位生态净化	①水量：类型 A,B-1,B-2；②水质：类型 C-4,C-5	水量调控-强化净化模式
12			水量缺乏-水质污染型	①水量缺乏；②水质污染，底泥污染	①陆源源控制；②底泥疏浚；③生态补水；④原位+异位生态净化	①水量：类型 A,B-1,B-2；②水质：类型 C-1,C-4,C-5	
13			水量缺乏-栖息地破坏型	①水量缺乏；②水质污染	①陆源源控制；②生态补水；③原位+异位生态净化	①水量：类型 A,B-2；②水质：类型 C-4,C-5	
14			水量缺乏-水质污染-栖息地破坏型	①水量缺乏；②水质污染，底泥污染	①陆源源控制；②底泥疏浚；③生态补水，闸坝调控；④原位+异位生态净化	①水量：类型 A,B-2；②水质：类型 C-1,C-3,C-4	

续表 8-10

序号	修复等级	退化状态	退化类型	主要解决的生态问题	修复措施	适用的修复技术	修复模式
15	轻度干预修复	中度退化	水量缺乏-栖息地破坏-水质污染型	①水量缺乏;②栖息地破坏	①栖息地构建;②闸坝调控	①水量:类型 A,B-1,B-2;②生境:类型 E-1,E-2	水量调控-功能恢复模式
16			水量缺乏-栖息地破坏-生物退化型	①水量缺乏;②栖息地破坏	①闸坝调整,生态补水;②栖息地构建	①水量:类型 A,B-1,B-2;②生境:类型 E-1,E-2	
17			水量缺乏-栖息地破坏型	①水量缺乏;②栖息地破坏	①闸坝调控,生态补水;②栖息地构建	①水量:类型 A,B-1,B-2;②生境:类型 E-1,E-2	
18		轻度退化	水量缺乏-栖息地破坏型	①水量缺乏;②栖息地破坏	①生态补水;②栖息地构建	①生境:类型 E-1,E-2;②水质:类型 C-4,C-5	水量调控-栖息地修复模式

2. 中度退化类型河段

水量缺乏–水质污染–生物退化型河流是以水量缺乏、水质污染为主导的生物退化型河流,可采用水量调控–强化净化–生物多样性提高模式进行修复。修复思路可采用极度退化类型中同类退化类型河流的修复思路,但在修复技术选择中应结合流域社会经济特点和流域需求,在开展水生态强化净化技术和生物多样性提高等修复技术时选择适合的修复强度。

水量缺乏–栖息地破坏–生物退化型河流是以水量缺乏、栖息地破坏为主导的生物多样性破坏型河流,可采用水量调控–功能恢复–生物多样性提高模式进行修复。该类型河流应首先通过闸坝调控、生态补水措施补充河道内生态流量,然后通过栖息地构建等措施构建多样化的生境,为水生生物提供不同类型的栖息空间,满足不同种类生物生存,同时通过水生生物食物链构建等措施恢复生物多样性。

8.3.3.3　轻度干预修复等级河流

淮河流域(河南段)极端流态河流轻度干预修复等级类型河流中包括重度退化、中度退化、轻度退化 3 种类型的河流。各退化程度河段中不同退化类型河流的修复措施设计如下。

1. 重度退化类型河段

生态基流匮乏复合退化型、生态基流匮乏–水质污染–生物退化型等以生态基流匮乏、水质污染为主导退化类型的河流,可采用生态补水–水质改善模式进行修复。为确保该类型河流生态系统功能得到有效恢复,建议首先采取陆源控制,并进行底泥疏浚,然后采取生态补水措施改善河道基流,再实施水生生物净化修复措施,实现水质快速好转。

2. 中度退化类型河段

水量缺乏–水质污染–生物退化型、水量缺乏–水质污染型、水量缺乏–水质污染–栖息地破坏型等以水量缺乏、水质污染为主导退化类型的河流,可采用水量调控–强化净化模式进行修复。该类型河流应首先进行陆源控制,然后根据河道可调水情况,进行生态补水,再通过原位和异位生态净化措施相结合的方法进行水体净化。针对该类具有底泥污染类型的河流,建议同时在生态补水前开展底泥疏浚措施。

水量缺乏–栖息地破坏–水质污染型、水量缺乏–栖息地破坏–生物退化型、水量缺乏–栖息地破坏型等以水量缺乏、栖息地破坏为主导退化类型的河流,可利用水量调控–功能恢复模式进行修复。该类型河流需要在陆源控制的基础上,根据河道情况进行生态补水,然后采取相应的生态净化措施改善河流水质。针对这类具有底泥污染类型的河流,建议同时在生态补水前开展底泥疏浚措施。

3. 轻度退化类型河段

水量缺乏–栖息地破坏型河流是以水量缺乏、栖息地破坏为主导退化类型的河流,可采用水量调控–栖息地修复模式进行修复。该类型河流可首先进行生态补水、采取栖息地构建措施构建多样化生境,然后通过构建水生生物食物链恢复生物多样性。

8.3.3.4　淮河流域(河南段)极端流态河流生态修复模式

极端流态类型河流中强度干预修复等级河流主要包括小蒋河、颖河、铁底河等 3 条河流的 3 个河段。根据综合退化程度诊断结果,该类型河流中极度退化类型河段有 1 个,为小蒋河(XJH-1);重度退化类型河段有 2 个,分布在颍河(YH-2)、铁底河(TDH-1)。根据各河段退化类型分析,该修复等级中各河段修复模式见表 8-11。

表 8-11　淮河流域(河南段)极端流态强度干预修复类型河流修复模式

序号	退化状态	退化类型	修复河段	修复模式
1	极度退化	生态基流匮乏复合退化型	小蒋河(XJH-1)	生态补水复合修复模式
2	重度退化	生态基流匮乏复合退化型	颍河(YH-2)	生态补水复合修复模式
3		水量缺乏-水质污染-生物退化型	铁底河(TDH-1)	水量调控-强化净化-生物多样性提高模式

中度干预修复等级河流主要包括小温河、沱河、包河、索河、颍河等 5 条河流的 8 个河段。根据综合退化程度诊断结果,该类型河流中重度退化类型河段有 2 个,为小温河(XWH-1)和沱河(TH-1);中度退化类型河段有 6 个,分布在包河(BH-1、BH-2)、索河(SH-1、SH-2、SH-3)、颍河(YH-3)。根据各河段退化类型分析,该修复等级中各河段修复模式见表 8-12。

表 8-12　淮河流域(河南段)极端流态中度干预修复类型河流修复模式

序号	退化状态	退化类型	修复河段	修复模式
1	重度退化	生态基流匮乏复合退化型	小温河(XWH-1)	生态补水复合修复模式
2		水量缺乏-水质污染-栖息地破坏型	沱河(TH-1)	水量调控-强化净化-栖息地修复模式
3	中度退化	水量缺乏-水质污染-生物退化型	包河(BH-1、BH-2)、索河(SH-3)	水量调控-强化净化-生物多样性提高模式
4		水量缺乏-栖息地破坏-生物退化型	索河(SH-1、SH-2)、颍河(YH-3)	水量调控-功能恢复-生物多样性提高模式

轻度干预修复等级河流主要包括颍河、清潩河、浍河、大沙河、沱河、索须河、黑茨河、涡河、汾泉河、八里河、小洪河等 11 条河流的 21 个河段。根据综合退化程度诊断结果,该类型河流中重度退化类型河段有 4 个,分布在浍河(HHH-1)、清潩河(QYH-1)、索须河(SXH-1)、颍河(YH-5);中度退化类型河段有 16 个,分布在索须河(SXH-2)、黑茨河(HCH-1)、八里河(BLH-1)、小洪河(XHH-1)、颍河(YH-4、YH-6、YH-7)、涡河(WH-2)、大沙河(DSH-1、DSH-2)、汾河(FH-1、FH-2)、浍河(HHH-2、HHH-3)、沱河(TH-2)、汾泉河(FQH-1);轻度退化类型河段有 1 个,为涡河(WH-3)。根据各河段退化类型分析,该修复等级中各河段修复模式见表 8-13。

表 8-13 淮河流域(河南段)极端流态轻度干预修复类型河流修复模式

序号	退化状态	退化类型	修复河段	修复模式
1	重度退化	生态基流匮乏复合退化型	浍河(HHH-1)、清潩河(QYH-1)、索须河(SXH-1)	生态补水-水质改善模式
2		生态基流匮乏-水质污染-生物退化型	颍河(YH-5)	
3	中度退化	水量缺乏-水质污染-生物退化型	索须河(SXH-2)、黑茨河(HCH-1)	水量调控-强化净化模式
4		水量缺乏-水质污染-栖息地破坏型	八里河(BLH-1)、小洪河(XHH-1)、颍河(YH-7)	
5		水量缺乏-栖息地破坏-水质污染型	大沙河(DSH-2)、涡河(WH-2)	
6		水量缺乏-栖息地破坏-生物退化型	大沙河(DSH-1)、汾河(FH-1、FH-2)、浍河(HHH-2、HHH-3)、沱河(TH-2)、颍河(YH-4、YH-6)	水量调控-功能恢复模式
7		水量缺乏-栖息地破坏型	汾泉河(FQH-1)	
8	轻度退化	水量缺乏-栖息地破坏型	涡河(WH-3)	水量调控-栖息地修复模式

8.4 河流生态修复效果评估方法研究

水生态系统修复效果的评估应在修复工程实施半年后进行。"强度干预修复等级""中度干预修复等级""轻度干预修复等级"的水生态修复的修复目标均为使河流恢复到区域水环境管理要求的状态,但为准确判断河流的修复状态,不同修复等级水生态系统修复效果评估应使用统一的修复效果评价指标体系。

8.4.1 修复效果评价指标体系

8.4.1.1 指标体系

为更好地说明修复措施实施后河流生态修复效果,在修复效果评价中的指标体系与退化评价的指标体系相同,各指标的权重也相同。正常流态河流生态系统和极端流态河流生态系统的修复效果评价指标体系见表8-14。

表 8-14　河流生态系统修复效果评价指标体系

目标层	准则层	权重(w_i)	指标层	相对准则层权重(w_{ij})
河流修复效果评价指标体系	地貌状况	0.155	纵向连通性	0.380
			蜿蜒度	0.148
			河道改造程度	0.142
			河岸稳定性	0.189
			河岸带宽度	0.141
	水文水质状况	0.309	生态需水保证率	0.201
			断流频率	0.214
			DO	0.167
			COD	0.089
			氨氮	0.088
			TP	0.073
			浊度	0.066
			底泥有机质	0.101
	生物状况	0.262	浮游植物多样性指数	0.212
			浮游动物多样性指数	0.211
			固着藻类多样性指数	0.283
			底栖动物物种数	0.294
	河流功能状况	0.274	栖息地质量	0.741
			景观效应	0.259

8.4.1.2　评估指标指数的标准化

在选择的修复效果评价指标中,由于各指标的量纲不同,如果直接用这些原始数据进行综合评价是不科学的。同时,不同指标对评价结果的影响方向也不同,有的指标实际值越高,则生态系统恢复得越好,这种指标为正指标;有的指标实际值越高,其生态系统越不健康,这种指标称为负指标;还有些指标在一定区间内,生态系统才安全,过高或过低都不好,这种指标称为适度指标。因此,在进行综合评价前应将这些量纲、数量级、影响方向不同的指标标准化。

在进行标准化时,首先根据修复目标确定其分级标准,然后根据分级级数确定其评价值。一级标准为修复目标,级数越高,距离修复目标越接近。评价值设定中,一级标准的评价值设定为1.0,最末级标准的评价值设定为0,中间标准的评价值根据分级的级数平均设定。本研究中结合退化程度诊断标准,将修复效果评价分为四级,一级为1.0,二级为0.67,三级为0.33,四级为0,分别代表该指标"成功修复""大部分成功修复""部分成功修复"和"未成功修复"。

8.4.2　河流生态修复效果评价方法

8.4.2.1　评价指标评估标准

任何评价都需要一个衡量尺度,也就是一个评价标准。没有评价标准,人们无法对结果的好坏优劣做出判断。因此,河流生态修复效果评价指标体系确定后,就需要明确各项指标具体的修复效果评判标准。

河流生态修复效果评价的目的是判断修复阶段以及与目标之间的差距。因此,河流生态恢复的评价标准需根据修复工程实施前的状况及修复目标来制定。而对于那些修复目标中未明确限制或未作限制的指标则需根据生态系统的协调性、可持续性来设定评估标准,如本研究仅以生物多样性作为修复目标,而又不能仅仅将生物多样性作为修复效果的标尺,在此种情况下,水质、形态结构、河岸带等指标的评估标准则需要结合生态系统的协调性及可持续性来制定。

根据淮河流域(河南段)河流生态系统修复等级,将分别针对强度干预修复、中度干预修复和轻度干预修复等 3 个修复等级制定修复效果评估标准。

1.强度干预修复等级修复效果评价指标及评估标准

根据前期淮河流域(河南段)河流修复目标和水生态系统修复工程实施前状况,强度干预修复等级河流各评价指标的修复效果评估标准划分为"成功修复""大部分成功修复""部分成功修复""未成功修复"4 个等级。其中,"成功修复"对应评价河流生态系统预期修复目标,"未成功修复"对应水生态系统修复工程实施前状况。

强度干预修复等级河流修复前的水生态系统受到严重破坏,但区域对其生态状况的修复具有强烈的社会需求。强度干预修复等级河流修复效果评价指标评估标准按表 8-15 确定。

表 8-15　强度干预修复等级河流修复效果评价指标评估标准

序号	准则层	指标层	修复效果			
			未成功修复	部分成功修复	大部分成功修复	成功修复
1	地貌状况	纵向连通性	>3	3	2	1
2		蜿蜒度	[1,1.1)	[1.1,1.2)	[1.2,1.4)	[1.4,+∞)
3		河道改造程度	渠化严重,河岸、河床均渠化,河道内生境极大改变	渠化严重,两岸筑有堤坝,河床未经渠化	存在部分渠化,两岸筑有堤坝	存在少量拓宽、挖深河道等现象,无明显渠化
4		河岸带稳定性	河岸极不稳定,绝大部分区域侵蚀80%~100%	河岸不稳定,极度侵蚀,洪水时存在风险50%~80%	河岸较不稳定,中度侵蚀20%~50%	河岸稳定,少量区域存在侵蚀<20%
5		河岸带宽度*	小于河宽的0.25 倍	河宽的0.25~0.5 倍	河宽的0.5~1.5 倍	大于河宽的1.5 倍

续表 8-15

序号	准则层	指标层	修复效果			
			未成功修复	部分成功修复	大部分成功修复	成功修复
6	水文水质状况	生态需水保证率/%	[0,48.15)	[48.15,65)	[65,75)	[75,100]
7		断流频率/%	(50,100]	(40,50]	(20,40]	[0,20]
8		DO/(mg/L)	水生态系统修复前水质状况	根据水生态系统修复前水质状况与水功能/水环境功能目标的差距确定		水功能/水环境功能目标
9		COD/(mg/L)				
10		氨氮/(mg/L)				
11		TP/(mg/L)				
12		浊度/NTU				
13		底泥有机质/%	(3.71,+∞)	(2.78,3.71]	(1.85,2.78]	[0,1.85]
14	生物状况	浮游植物多样性指数	0	(0,1)	[1,2)	[2,+∞)
15		浮游动物多样性指数	0	(0,1)	[1,2)	[2,+∞)
16		固着藻类多样性指数	0	(0,1)	[1,2)	[2,+∞)
17		底栖动物种类数	0	(0,1)	[1,2)	[2,+∞)
18	河流功能状况	栖息地质量	[0,30)	[30,45)	[45,60)	[60,100]
19		景观效应/%	[0,5)	[5,25)	[25,50)	[50,100]

注：*表示表中所列河岸带宽度等级标准是指河流宽度大于15 m的情况；当河流宽度小于15 m时，按表中退化程度排序，对应标准依次为：<5 m、5~10 m、10~30 m、30~40 m、>40 m。

2. 中度干预修复等级修复效果评价指标评估标准

根据前期淮河流域(河南段)河流修复目标和水生态系统修复工程实施前状况，中度干预修复等级河流各评价指标的修复效果评估标准划分为"成功修复""大部分成功修复""部分成功修复""未成功修复"4个等级。其中，"成功修复"对应评价河流生态系统预期修复目标，"未成功修复"对应水生态系统修复工程实施前状况。

中度干预修复等级河流修复前的水生态状况较差，但区域对其生态状况的修复具有一定的社会需求。中度干预修复等级河流修复效果评价指标评估标准按表8-16确定。

表 8-16　中度干预修复等级河流修复效果评价指标评估标准

序号	准则层	指标层	修复效果			
			未成功修复	部分成功修复	大部分成功修复	成功修复
1	地貌状况	纵向连通性	3	2	1	0
2		蜿蜒度	[1.1,1.2)	[1.2,1.4)	[1.4,1.5)	[1.5,+∞)
3		河道改造程度	渠化严重,两岸筑有堤坝,河床未经渠化	存在部分渠化,两岸筑有堤坝	存在少量拓宽、挖深河道等现象,无明显渠化	无渠化和淤积,河流保持自然状态
4		河岸带稳定性	河岸不稳定,极度侵蚀,洪水时存在50%~80%的风险	河岸较不稳定,中度侵蚀20%~50%	河岸稳定,少量区域存在侵蚀<20%	河岸稳定,无明显侵蚀
5		河岸带宽度*	小于河宽的0.5倍	河宽的0.5~1.5倍	河宽的1.5~3倍	大于或等于河宽的3倍
6	水文水质状况	生态需水保证率/%	[0,65)	[65,75)	[75,80)	[80,100]
7		断流频率/%	[0,50]	(20,40]	(10,20]	[0,10]
8		DO/(mg/L)	水生态系统修复前水质状况	根据水生态系统修复前水质状况与水功能/水环境功能目标的差距确定		水功能/水环境功能目标
9		COD/(mg/L)				
10		氨氮/(mg/L)				
11		TP/(mg/L)				
12		浊度/NTU				
13		底泥有机质/%	(2.78,+∞]	(1.85,2.78]	(1.39,1.85]	[0,1.39]
14	生物状况	浮游植物多样性指数	[0,1)	[1,2)	[2,3)	[3,+∞)
15		浮游动物多样性指数	[0,1)	[1,2)	[2,3)	[3,+∞)
16		固着藻类多样性指数	[0,1)	[1,2)	[2,3)	[3,+∞)
17		底栖动物种类数	[0,1)	[1,2)	[2,3)	[3,+∞)

续表 8-16

序号	准则层	指标层	修复效果			
			未成功修复	部分成功修复	大部分成功修复	成功修复
18	河流功能状况	栖息地质量	$[0,45)$	$[45,60)$	$[60,75)$	$[75,100]$
19		景观效应/%	$[0,25)$	$[25,50)$	$[50,75)$	$[75,100]$

注: * 表示表中所列河岸带宽度等级标准是指河流宽度大于 15 m 的情况;当河流宽度小于 15 m 时,按表中退化程度排序,对应标准依次为:<5 m、5~10 m、10~30 m、30~40 m、>40 m。

3. 轻度干预修复等级修复效果评价指标评估标准

根据前期淮河流域(河南段)河流修复目标和水生态系统修复工程实施前状况,轻度干预修复等级河流各评价指标的修复效果评估标准划分为"成功修复""大部分成功修复""部分成功修复""未成功修复"4 个等级。其中,"成功修复"对应评价河流生态系统预期修复目标,"未成功修复"对应水生态系统修复工程实施前状况。

轻度干预修复等级河流修复前的水生态系统的结构和功能虽受到一定程度的破坏,但生态系统状况相对较好,且区域对其生态状况的修复没有明显需求。轻度干预修复等级河流修复效果评价指标评估标准按表 8-17 确定。

表 8-17 轻度干预修复等级河流修复效果评价指标评估标准

序号	准则层	指标层	修复效果			
			未成功修复	部分成功修复	大部分成功修复	成功修复
1	地貌状况	纵向连通性	2	1	1	0
2		蜿蜒度	$[1.2,1.4)$	$[1.4,1.45)$	$[1.45,1.5)$	$[1.5,+\infty)$
3		河道改造程度	存在部分渠化,两岸筑有堤坝	存在少量拓宽、挖深河道等现象,无明显渠化	存在少量渠化和淤积,河流基本保持自然状态	无渠化和淤积,河流保持自然状态
4		河岸带稳定性	河岸较不稳定,中度侵蚀20%~50%	河岸稳定,部分区域存在侵蚀10%~20%	河岸稳定,少量区域存在侵蚀<10%	河岸稳定,无明显侵蚀
5		河岸带宽度 *	河宽的0.5~1.5倍	河宽的1.5~2倍	河宽的2~3倍	大于或等于河宽的3倍

续表 8-17

序号	准则层	指标层	修复效果			
			未成功修复	部分成功修复	大部分成功修复	成功修复
6	水文水质状况	生态需水保证率/%	$[65,70)$	$[70,75)$	$[75,80)$	$[80,100]$
7		断流频率/%	$(20,40]$	$(15,20]$	$(10,15]$	$[0,10]$
8		DO/(mg/L)	水生态系统修复前水质状况	根据水生态系统修复前水质状况与水功能/水环境功能目标的差距确定		水功能/水环境功能目标
9		COD/(mg/L)				
10		氨氮/(mg/L)				
11		TP/(mg/L)				
12		浊度/NTU				
13		底泥有机质/%	$(1.85,2.78]$	$(1.62,1.85]$	$(1.39,1.62]$	$[0,1.39]$
14	生物状况	浮游植物多样性指数	$[1,2)$	$[2,2.5)$	$[2.5,3)$	$[3,+\infty)$
15		浮游动物多样性指数	$[1,2)$	$[2,2.5)$	$[2.5,3)$	$[3,+\infty)$
16		固着藻类多样性指数	$[1,2)$	$[2,2.5)$	$[2.5,3)$	$[3,+\infty)$
17		底栖动物种类数	$[1,2)$	$[2,2.5)$	$[2.5,3)$	$[3,+\infty)$
18	河流功能状况	栖息地质量	$[45,60)$	$[60,70)$	$[70,80)$	$[80,100]$
19		景观效应/%	$[25,50)$	$[50,70)$	$[70,80)$	$[80,100]$

注：* 表示表中所列河岸带宽度等级标准是指河流宽度大于 15 m 的情况；当河流宽度小于 15 m 时，按表中退化程度排序，对应标准依次为：<5 m、5~10 m、10~30 m、30~40 m、>40 m。

8.4.2.2　修复效果综合评价指数计算

在修复评价指标等级划分的基础上，通过指标标准化，选取评估指标相应的评价值。将评价值与修复效果评价指标体系中各指标的权重相乘，得到水生态修复效果综合评价指数。各指标层指数值的计算方法如下：

(1)对各准则层的多个指标等级分值进行加权求和，各准则层的综合指数应按照下式计算：

$$r_i = \sum_{j=1}^{n} w_{ij} r_{ij} \tag{8-1}$$

式中：r_i 为第 i 个准则层的综合指数；w_{ij} 为第 i 个准则层第 j 个指标的权重；r_{ij} 为第 i 个准则层第 j 个指标的评价指数；n 为指标个数。

(2)根据各准则层的指数值，河流的修复效果综合评价指数应按照下式计算：

$$RECI = \sum_{i=1}^{4} w_i r_i \qquad (8-2)$$

式中:RECI 为河流的修复效果综合评价指数;w_i 为第 i 个准则层的权重。

在修复工程实地调研的基础上,根据生态系统所处修复等级的修复效果评价标准,计算修复效果综合指数值。

8.4.3 河流生态系统的修复效果评价标准

根据不同修复等级河段的修复需求,修复工程实施后,通过各个指标的修复效果进行评价。针对修复效果评价标准的设定,若其综合评价指数 RECI≥90,则修复程度评价结果设定为"成功";若其综合评价指数为 60≤RECI<90,则修复程度评价结果设定为"大部分成功";若其综合评价指数为 30≤RECI<60,则修复程度评价结果设定为"部分成功";若其综合评价指数为 RECI<30,则修复程度评价结果设定为"未成功"。各修复程度的修复效果、综合评价指数及对应的修复状态见表 8-18。

表 8-18 河流生态系统修复效果评价标准

修复效果	综合评价指数	相关描述
成功修复	RECI≥90	退化要素基本成功修复,修复技术的实施对河流其他未退化要素的影响较小,基本达到了河流生态系统的修复目标,水生态系统结构完整,具有自动适应和自调控能力,能在人工调节下持续发展,能够发挥正常的生态功能,景观舒适
大部分成功修复	60≤RECI<90	河流生态系统结构得到较好修复,但部分功能尚未得到完全修复,少数指标未能达到河流生态系统的修复目标,尚需进一步消除胁迫因子的影响,促进生态系统的自行修复
部分成功修复	30≤RECI<60	河流生态系统的大部分功能尚未得到修复,部分指标未能达到河流生态系统的修复目标,需要对河流退化特点进行进一步分析,并补充相应的修复措施
未成功修复	RECI<30	生态系统仍处于重度甚至极度退化状态,大部分指标未能达到河流生态系统的修复目标,需要重新根据河流退化特点设计相应的修复措施

第 9 章 典型案例分析

9.1 正常流态河流贾鲁河典型河段生态修复案例

9.1.1 贾鲁河水生态状况和需求

沙颍河是淮河重要的一级支流,其流域面积占淮河流域的 1/7,污染负荷占淮河流域的 1/3,"欲治淮河必先治沙颍河,欲治沙颍河必先治贾鲁河"。贾鲁河是淮河流域沙颍河的主要支流之一,被郑州人民亲切地唤为"母亲河",在郑州市境内贾鲁河自上而下依次流经新密市、郑州市市辖区、中牟县,具有灌溉、防洪排涝、景观和娱乐等重要功能,在缓解由城市发展引起的水环境污染问题、维持城市生态环境稳定等方面发挥着不可忽视的作用。国家重大水专项"淮河流域(河南段)水生态修复关键技术研究与示范课题(编号:2012ZX07204004)"选择郑州市中牟县贾鲁河(京港澳高速—陇海铁路桥段,全长 31.95 km),开展正常流态河流水生态修复工程示范(见图 9-1)。

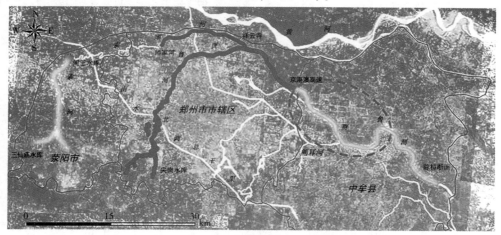

图 9-1 正常流态河流——贾鲁河水生态修复工程示范河段

根据贾鲁河郑州段现状退化程度诊断结果,该河段整体呈现中度退化状态,具体表现为河道人工渠化现象严重、蜿蜒度较差,水质污染较为严重,生物多样性差,生境单一等特征。

针对贾鲁河郑州段的生态状况(见图 9-2),根据河段退化特点和区域的社会需求,该河段栖息地质量最低,属于栖息地破坏型河流,通过进一步分析,该河流退化类型为栖息地破坏复合退化型。

结合修复能力综合指数计算结果,该河段的修复能力指数为 0.62,属于强度干预修复类型河段,需要及时开展功能复合修复模式进行生态修复。

(a)　　　　　　　　　　　　　　　　(b)

图 9-2　修复前贾鲁河工程示范河段水生态状况

9.1.2　确定修复模式

根据贾鲁河郑州段的水功能区划要求和社会需求,该河段的修复目标见表 9-1。

表 9-1　正常流态河流——贾鲁河(中牟段)生态修复目标

序号	准则层	指标层	修复目标
1		纵向连通性	维持现状,无新增闸坝
2		蜿蜒度	维持现状
3	地貌状况	河道改造程度	河道原渠化部分拆除,河流趋向自然状态
4		河岸稳定性	河岸稳定,无明显侵蚀
5		河岸带宽度	河岸带拓宽,大于河宽的 3 倍
6		生态需水保证率/%	(80,100]
7		断流频率/%	(0,0.1]
8		DO/(mg/L)	[3,∞)
9	水文水质	COD/(mg/L)	[0,30)
10	状况	氨氮/(mg/L)	[0,1.5)
11		TP/(mg/L)	[0,0.3)
12		浊度/NTU	[0,20)
13		底泥有机质/(mg/kg)	[0,1.39)
14		浮游植物多样性指数	[2.5,∞)
15	生物状况	浮游动物多样性指数	[2.5,∞)
16		固着藻类多样性指数	[2.5,∞)
17		底栖动物物种数	[5,∞)
18	河流功能	栖息地质量	[75,∞)
19	状况	景观效应/%	[75,∞)

　　该河段整体为栖息地复合修复模式,在具体进行修复技术选择时,需要根据各个河段的生态退化特点(见图 9-3),分别设计不同的修复技术,最终实现各河段生物多样性恢复、栖息地质量提高、水质改善的目标。分河段修复技术选择具体见表 9-2。

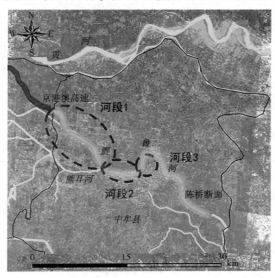

图 9-3　正常流态河流——贾鲁河分段修复图

表 9-2　正常流态河流——贾鲁河修复技术选择

序号	河段	主要生态问题	修复措施	修复技术
河段 1	魏河口—万三路段	生境类型单一、生物多样性低	①栖息地构建; ②水生生物功能群构建	生态护岸、生态岛、深槽-浅滩、丁坝
河段 2	万三路—农科所桥段	部分生物功能群缺失,水质污染	①原位生态净化; ②水生生物功能群构建	生态岛、挺水植物功能群、沉水植物功能群、鱼类功能群、底栖动物功能群
河段 3	农科所桥—北三官庙桥段	水质相对较差、生物多样性差、生境类型单一	①陆源控制; ②原位+异位生态净化; ③栖息地构建; ④水生生物功能群构建	生态浮岛、生物栅、微生物修复技术、水生动植物修复技术、人工湿地技术、生态护岸

9.1.3　修复效果评价

　　修复工程实施半年后,对修复工程河段的水生态状况开展详细调研,通过资料收集、野外实地踏勘、统计分析等手段对修复工程效果进行评价。

9.1.3.1　修复后生态状况调查

　　在不同工程河段中修复工程上游、修复工程内及修复工程下游分别选择合适点位,对其水质、底泥、栖息地状况进行系统调查,为准确地评价不同修复模式对河流生态的改善效果奠定基础。在正常流态河流贾鲁河水生态修复示范河段,从示范工程起点京港澳高速桥到北三官庙桥,共设定了 5 个调查点位,具体点位设置见表 9-3。

表 9-3　调查点位布设

序号	评估河流	位置	纬度	经度	评估修复模式
点位 1		005 县道	N34°48′32.87″	E113°50′29.80″	
点位 2		万三公路	N34°44′31.16″	E113°55′11.03″	
点位 3	贾鲁河	清源大桥	N34°43′40.39″	E113°57′38.86″	栖息地复合 修复模式
点位 4		农科所桥	N34°43′56.91″	E113°59′36.85″	
点位 5		北三官庙桥	N34°45′21.86″	E114°01′19.24″	

1. 水质改善结果

在 2015 年 7~12 月的水质调查中,贾鲁河各调查点位水质变化情况如图 9-4~图 9-7 所示。从调查时间来看,各点位污染物浓度均呈现出强烈的波动。从空间变化来看,除 DO 外,示范河段上游点位 1 和点位 2 的污染物浓度相对较低,点位 3、点位 4 和点位 5 的污染物浓度相对有所升高。

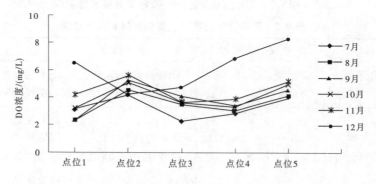

图 9-4　贾鲁河各调查点位 DO 浓度变化

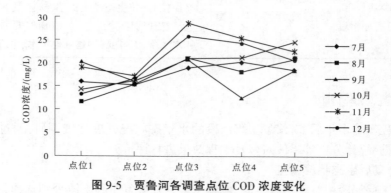

图 9-5　贾鲁河各调查点位 COD 浓度变化

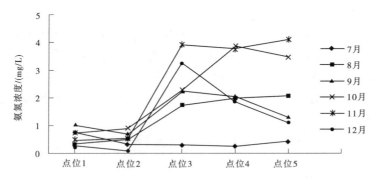

图 9-6　贾鲁河各调查点位氨氮浓度变化

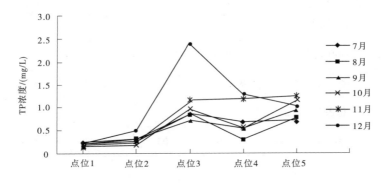

图 9-7　贾鲁河各调查点位 TP 浓度变化

如图 9-4 所示,各调查点位中 DO 浓度的变化范围为 2.33~8.33 mg/L,点位 1 和点位 3 的 DO 浓度处于波动状态,其余点位 DO 浓度处于上升趋势。其中,除点位 1 在 8 月和 9 月、点位 3 在 7 月和点位 4 在 7 月的调查数据低于 3.0 mg/L 外,其余点位的 DO 浓度均在 Ⅳ类水质标准以内。

如图 9-5 所示,各调查点位中 COD 浓度的变化范围为 13.2~28.6 mg/L,各点位的 COD 浓度在不同月份的变化较大,沿程 COD 浓度也处于波动状态,但各点位的 COD 浓度均未超过Ⅳ类水质标准。

如图 9-6 所示,各调查点位中氨氮浓度的变化范围为 0.237~4.112 mg/L,各点位的氨氮浓度基本都呈上升趋势。其中,除 7 月各点位的氨氮浓度变化不明显外,其余月份从点位 3 开始氨氮浓度均处于陡增状态,表明该点位从 8 月开始可能存在持续的外源入汇,对该点位及以下河段的氨氮浓度造成严重影响,从而造成水质处于劣Ⅴ类。

如图 9-7 所示,各调查点位中 TP 浓度的变化范围为 0.15~2.41 mg/L。除点位 1 和点位 2 的 10 月和 11 月的 TP 浓度为Ⅳ类水质外,其余点位的 TP 浓度为Ⅴ类或劣Ⅴ类。其中,点位 3 的浓度变化幅度最大,为 0.73~2.41 mg/L,说明点位 3 污染相对严重。

2. 底泥改善结果

通过对底泥理化性质的监测(见表9-4)可知,除点位4由于橡胶坝工程施工对底泥有较大干扰未采集外,点位1底泥主要由淤泥和黏土组成,有机质含量较高,高达53.1 g/kg,是点位2和点位3底泥有机质含量的近8倍;点位2、点位3和点位5的底泥理化性质较为接近,其中,有机质含量相差不大,TP和TN的含量略有差异,但点位5的氨氮含量较高,为21.84 g/kg。

表9-4 贾鲁河各调查点位底泥理化性质

监测点位	底泥物理特征	有机质/(g/kg)	氨氮/(g/kg)	TP/(g/kg)	TN/(g/kg)
点位1	以淤泥和黏土为主,有部分根丛和沉水植物;颜色为褐色	53.1	155.33	596	1.14
点位2	以细沙和淤泥为主;颜色为灰褐色	7.32	11.22	422	1.57
点位3	以细沙和淤泥为主;颜色为灰褐色	7.08	11.57	408	1.33
点位4	橡胶坝工程施工中				
点位5	以细沙和淤泥为主;颜色为灰褐色	7.05	21.84	479	1.96

3. 河岸带和栖息地调查结果

根据实地调查,如图9-8所示,点位1所处河段河岸带宽度较宽,人类活动对河岸带的影响相对较小,两侧植被覆盖度相对较好,覆盖率≥85%,河道左岸相对比较稳定,右岸有部分侵蚀,局部有塌落现象;河岸带的主要土地利用类型为人工林、牧场、居民点、道路等。水面覆盖率约为50%,部分底质裸露;河道人工干扰程度较小,河道内蔽物有水生植被、枯枝落叶、倒木等,流速多样。河岸带植物主要有葎草、水花生、狼尾草、苋菜、椿树、芦苇、小飞蓬、慈姑、紫叶萍、浮萍等;底栖动物主要有负子蝽、扁卷螺等。

图9-8 贾鲁河点位1河岸带和栖息地调查

如图9-9所示,点位2所处河段河岸较为稳定,部分河段存在侵蚀现象。河岸带宽度较宽,主要土地利用类型包括人工林、原生草地、荒地、农田等。河道内目前已经形成了连片的小型生态岛,并利用挑流坝的作用和生态岛的分布,使水体形成了多样化的流态,水流较快。河道内有水生植物,同时可见鸟类栖息,生物多样性较为丰富,钓鱼的人较多。河道内水生植物主要有篦齿眼子菜、轮叶黑藻、菹草、浮萍等,底栖动物主要有负子蝽、扁卷螺、蟋科等。

图9-9　贾鲁河点位2河岸带和栖息地调查

如图9-10所示,点位3所处河段河岸带较窄,河道两岸均被建成硬质护岸,植被覆盖率相对较低,约40%。由于河道内存在挑流坝,使河道内水体形成了多样化的流态。河道两岸的主要土地利用类型为居民点。该河段清源大桥正在进行施工建设。岸边有多人钓鱼。河岸带植物主要有麻、苋菜、葎草、狗尾草、灰灰菜、浮萍、水花生等,底栖动物主要有负子蝽、摇蚊幼虫等。

图9-10　贾鲁河点位3河岸带和栖息地调查

如图 9-11 所示,点位 4 所处河段正在进行橡胶坝、人工湿地的建设,河道右侧拟建的人工湿地尚未建成,由于橡胶坝的建设,河道在工程处被缩窄。河岸带宽度为 12~18 m,其中 50%~70% 的河岸带有植被覆盖,由于工程施工,河岸带受人工干扰较为明显,约 30% 的面积出现侵蚀,两侧土地利用类型主要为农田和道路。水面覆盖率约 50%,部分底质存在裸露现象,河道人工渠道化严重,河道内水流出现快-深、慢-浅、慢-深 3 种水流类型。河岸带植物主要有麻、葎草、灰灰菜、狗尾草、水花生、狼尾草、马齿苋、苍耳、毛茛等,底栖动物主要有负子蝽、摇蚊幼虫等。

图 9-11　贾鲁河点位 4 河岸带和栖息地调查

如图 9-12 所示,点位 5 所处河段水体呈黄绿色、河岸带较窄,带宽 5~8 m,河岸右侧有侵蚀,部分土体裸露,两岸植被覆盖度一般,部分河段岸边有生活垃圾。河岸带主要土地利用类型为农田。河岸带植物主要有葎草、灰灰菜、水花生、狗尾草、野苋菜、杨树、甜瓜秧、玉米、构树等,底栖动物主要有负子蝽、划蝽、螅科、贝类等。

图 9-12　贾鲁河点位 5 河岸带和栖息地调查

9.1.3.2　修复效果评价标准

根据贾鲁河示范河段修复前整体呈现中度退化状态的河流生态状况和修复目标,以河流退化程度诊断标准为基础,制定贾鲁河各指标修复效果评价标准,如表 9-5 所示。

表 9-5　正常流态河流——贾鲁河各指标修复效果评价标准

序号	准则层	指标层	各指标修复效果评价标准			
			0 （未成功修复）	0.33 （部分成功修复）	0.67 （大部分成功修复）	1.0 （成功修复）
1	地貌状况	纵向连通性	河段内新增河道闸坝	河段内新增河道构筑物，阻挡水流	—	维持现状，无新增闸坝
2		蜿蜒度	河道出现人工裁弯取直现象	—	—	维持现状
3		河道改造程度	河道被部分渠化、两岸新筑堤坝	河道出现少量拓宽、挖深河道等现象	河道维持原状	河道原渠化部分拆除，河流趋向自然状态
4		河岸稳定性	河岸较不稳定，中度侵蚀<40%	河岸稳定，少量区域存在侵蚀<20%	河岸稳定，少量区域存在侵蚀<10%	河岸稳定，无明显侵蚀
5		河岸带宽度	河岸带被其他土地利用类型占用	维持原状，无河岸带占用情况	河岸带有一定程度拓宽	河岸带拓宽，大于河宽的 3 倍
6	水文水质状况	生态需水保证率/%	$(0,70]$	$(70,75]$	$(75,80]$	$(80,100]$
7		断流频率/%	$(0.35,1]$	$(0.2,0.35]$	$(0.1,0.2]$	$(0,0.1]$
8		DO/(mg/L)	$[0,2)$	$[2,2.5)$	$[2.5,3)$	$[3,\infty)$
9		COD/(mg/L)	$[40,\infty)$	$[35,40)$	$[30,35)$	$[0,30)$
10		氨氮/(mg/L)	$[2,\infty)$	$[1.8,2)$	$[1.5,1.8)$	$[0,1.5)$
11		TP/(mg/L)	$[0.4,\infty)$	$[0.35,0.4)$	$[0.3,0.35)$	$[0,0.3)$
12		浊度/NTU	$[30,\infty)$	$[25,30)$	$[20,25)$	$[0,20)$
13		底泥有机质/(mg/kg)	$[2.78,\infty)$	$[1.85,2.78)$	$[1.39,1.85)$	$[0,1.39)$

续表 9-5

序号	准则层	指标层	各指标修复效果评价标准			
			0 (未成功修复)	0.33 (部分成功修复)	0.67 (大部分成功修复)	1.0 (成功修复)
14	生物状况	浮游植物多样性指数	[0,1.5)	[1.5,2)	[2,2.5)	[2.5,∞)
15		浮游动物多样性指数	[0,1.5)	[1.5,2)	[2,2.5)	[2.5,∞)
16		固着藻类多样性指数	[0,1.5)	[1.5,2)	[2,2.5)	[2.5,∞)
17		底栖动物物种数	[0,3)	[3,4)	[4,5)	[5,∞)
18	河流功能状况	栖息地质量	[0,55)	[55,65)	[65,75)	[75,∞)
19		景观效应/%	[0,40)	[40,60)	[60,75)	[75,∞)

9.1.3.3 贾鲁河示范河段修复效果评价结果与分析

根据修复效果评价方法,对正常流态河流贾鲁河的修复效果进行分段评价,结果见表 9-6。

表 9-6 贾鲁河各河段修复效果评价结果

序号	各准则层修复效果综合指数值				修复效果综合指数值(RECI)	修复程度
	地貌状况	水文水质状况	生物状况	河流功能状况		
河段 1	0.953 3	0.829 6	0.953 3	0.914 4	90.44	成功修复
河段 2	0.589 5	0.737 6	0.740 6	0.670 0	69.69	大部分成功修复
河段 3	0.708 0	0.763 4	0.823 6	0.670 0	74.50	大部分成功修复

在贾鲁河示范河段内,3 个河段的修复效果评价结果中,河段 1 为"成功修复",河段 2 和河段 3 为"大部分成功修复",但各点位不同准则层的修复状况差异较大。其中,河段 1 的修复效果相对河段 2 和河段 3 的修复效果好,其修复效果综合指数值的主要差异体现在生物状况和河流功能状况两个方面。

通过分析各点位修复效果评价情况,各河段的水文水质状况中,底泥有机质污染问题仍未解决,水生生物对底泥污染物的削减作用尚不明显,需要在该河段的修复模式中增加底泥疏浚措施;同时贾鲁河 TP 污染仍然比较严重,除河段 1 外,其他点位的 TP 仍远超修复目标值,需要进一步采取除磷措施;河段 2 同时存在氨氮超标问题,需要增强氨氮的去除。

贾鲁河 3 个河段修复后河道水生态状况如图 9-13~图 9-15 所示。由于贾鲁河郑州段闸坝分布较为广泛,同时由于流经城市,河流裁弯取直现象相对比较严重,但在河道生态修复过程中,并未对河道的闸坝和蜿蜒度等进行改变,所以其地貌状况修复效果评价指数相对较低。

(a)材料覆盖度好,但局部有塌落

(b)生境多样但水生生物仍有待恢复

图 9-13 贾鲁河河段 1 修复后河道水生态状况

(a)生境多样,但水质较浑浊

(b)部分河道渠道化,河岸带窄

图 9-14 贾鲁河河段 2 修复后河道水生态状况

贾鲁河由于部分河段施工导致的河段 2 的底栖动物种类数和固着藻类生物多样性较低,从而致使这两个点位的生物状况修复效果评价指数较低。

河段 3 的河岸带被农田占用,该河段河岸带存在坍塌现象,且河道内水质浑浊、有屠宰场在河流 100 m 范围内,有废污水排入河道。建议拓宽河岸带,增强河道的稳定性,加强河岸带垃圾清理和杂草清理,增强其景观效应,同时取缔排污口。

下游河道河岸带较窄,水体浑浊

图 9-15　贾鲁河河段 3 修复后河道水生态状况

9.1.3.4　示范河段类型河流修复模式完善

由于该示范河段为栖息地破坏型河段,所采取的修复模式为栖息地复合修复型,根据上文对该河段的修复效果评价结果,该类型河段的修复中建议增加"底泥疏浚"修复措施。由于河段生物修复工程完工时间较短,生物多样性恢复需要一定的时间,且有部分河段的河道工程尚在实施中,对河道内生物多样性具有一定的影响,因此本书研究将对示范河段的生物修复效果进行持续监测,然后根据效果实施情况进行修复模式的调整。

9.2　极端流态河流清潩河典型河段生态修复案例

9.2.1　清潩河水生态状况和需求

清潩河属淮河流域沙颍河水系,是颍河最大的一条支流。清潩河全长 149 km,流域面积 2 362 km²,占颍河流域面积近 32.1%。其中,许昌市境内河流总长 79 km,流域面积 1 585 km²,占清潩河流域面积的 67%。清潩河(许昌段)自北向南依次流经长葛市、建安区、魏都区(许昌市区)和鄢陵县,于鄢陵陶城闸下游入颍河。主要担负许昌沿河区域防洪排涝、纳污自净及景观娱乐等功能。"十二五"期间许昌市实施了清潩河流域水环境综合整治行动计划、成功创建了水生态文明城市,源头污染得到有效控制,许昌城区水环境质量优先得到改善。国家重大水专项"清潩河流域水环境质量整体提升与功能恢复关键技术集成研究与综合示范课题"选择许昌市清潩河干流源头长葛段和支流灞陵河-小泥河,开展极端流态河流水质提升及水生态修复工程综合示范(见图 9-16)。示范河段修复前存在的主要问题有:水系水资源匮乏、水系不畅、水环境功能退化、自净能力低等,下游考核断面水质稳定达标仍存在较大隐患及压力(见图 9-17、图 9-18)。

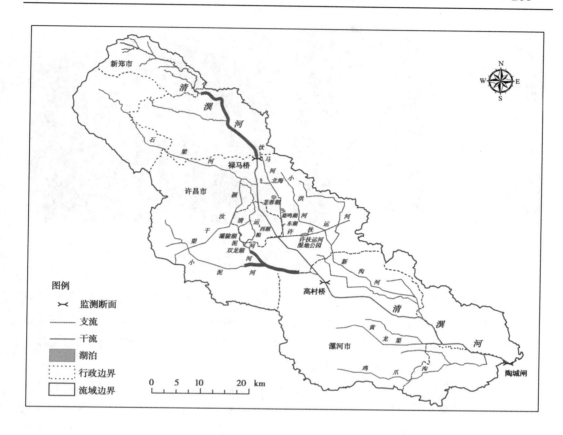

图 9-16　清渪河水生态修复河段

图 9-17　修复前清渪河水生态状况

（1）干流源头基流匮乏，常年断流。清渪河源头段位于长葛市郊区，河床已严重退化萎缩，原有河床空间被用于造林及耕种，需要进行河流生态系统全方位的重建。

(a)   (b)

图 9-18　修复前灞陵河–小泥河水生态状况

(2)干流城区段水环境严重超载且人工化改造痕迹严重。清潩河进入长葛市城区后,由于行洪需求以及城区规划遗留的生态护岸空间不足的现实状况,河岸均进行了硬质化且短期内无法进行拆除,同时汇集了城市雨污散排和污水处理厂出水的污染,河流演变为强度人工化的排水渠,水体自净能力丧失。

(3)干流出境边界(长葛—许昌交界)受排水和闸坝影响,水流不畅,存在富营养化风险。清潩河出长葛市城区后,河床及河岸均处于自然状态,但河岸稳定性及景观美感度均不理想,同时受到尾水出水和下游闸坝的影响,水体营养水平偏高且流动性差,浮萍、水绵滋生。

(4)支流灞陵河–小泥河中灞陵河受上游污水处理厂出水水质影响,此河段水质不能稳定达标,水质波动大,氮、磷污染较严重,支流小泥河未经过整治,为近自然河段,但由于面源污染影响及生态退化,自净能力相对较差,水质不稳定。

根据清潩河现状退化程度诊断结果,该流域整体呈现重度退化–中度退化状态,具体表现为重度退化河段基流匮乏且污径比高,局部河段人工渠化现象严重,且受闸坝干扰影响,生境空间萎缩且单一,生物多样性差。中度退化河段水质不稳定,河床河岸生态退化明显,自净能力偏低。

针对清潩河生态状况调查结果,根据河段退化特点和区域的社会需求,干流上游长葛段为重度退化的生态基流匮乏复合退化型,干流下游郊区段和支流灞陵河–小泥河(灞陵河)属于中度退化的水量缺乏–水质污染–生物退化型,支流灞陵河–小泥河(小泥河)属于中度退化的水量缺乏–栖息地破坏–生物退化型。

结合修复能力综合指数计算结果,干流上游长葛段属于强度干预修复类型河段,干流下游郊区段和支流灞陵河属于中度干预修复类型河段,支流小泥河属于轻度干预修复类型河段,需要结合实际的功能修复需求,因地制宜选择修复模式进行系统性修复。

9.2.2　确定修复模式

根据清潩河流域的水功能区划要求和社会需求,设定干支流统一的修复目标,见表9-7。

表9-7　极端流态下清潩河流域生态修复目标

序号	准则层	指标层	修复目标
1	地貌状况	纵向连通性	科学调蓄,优化闸坝
2		蜿蜒度	维持现状
3		河道改造程度	新治理河段采用生态护岸,不增加硬质护岸
4		河岸稳定性	河岸稳定,无明显侵蚀
5	水文水质状况	生态需水保证率/%	(80,100]
6		COD/(mg/L)	[0,30)
7		氨氮/(mg/L)	[0,1.5)
8		TP/(mg/L)	[0,0.3)
9	生物状况	水生植物多样性指数	提高40%
10		底栖动物多样性指数	提高40%
11		鱼类多样性指数	提高40%
12	河流功能状况	栖息地质量	断面形态不少于2种
13		透明度/cm	(25,∞)或见底
14		悬浮物/(mg/L)	≤20

该河段上游长葛段选择生态补水复合修复模式,下游郊区段和支流灞陵河选择水量调控-强化净化-生物多样性提高模式,支流小泥河选择水量调控-功能恢复模式。具体根据各个河段的生态退化特点,分别设计不同的修复技术,最终实现各河段基流保障、水质改善、生物多样性恢复的目标。分河段修复技术选择具体见图9-19和表9-8。

9.2.3　修复效果评价

修复工程实施半年后,对修复工程河段的水生态状况开展详细调研,通过资料收集、野外实地踏勘、统计分析等手段对修复工程效果进行评价。

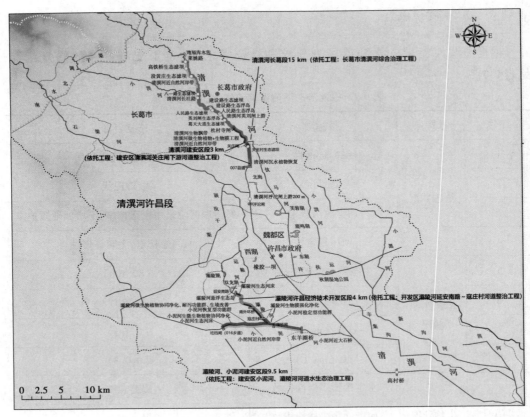

图 9-19　清溪河分段修复图

表 9-8　修复模式选择

序号	河段	主要生态问题	修复措施	修复技术
干流河段 1	清溪河干流上游长葛段 15 km	源头段常年断流、河床河岸严重退化	①水量调控;②栖息地重构	①生态补水;②生态滤坝、近自然缓冲岸修复
		城区段污径比高,水质差,河床硬质化	①污染源控制;②原位生态净化	①污水处理工艺优化;②清淤、悬浮生态岛、生态滤坝、生物飘带、微生物–植物协同
河段 2	清溪河干流下游郊区段 3 km	上游来水水质较差且受闸坝调控影响,水质不稳定,河道生态退化明显,自净能力偏低	①水量调控;②原位生态净化;③生物自净强化	①闸坝调度优化;②生态滤坝;③沉水植被构建
河段 3	灞陵河 5.5 km	受上游污水处理厂尾水排放影响,水质不稳定且易富营养化,自净能力偏低	①水量调控;②原位生态净化;③栖息地构建;④生物自净强化	①尾水人工湿地建设;②悬浮生态岛、生物膜强化净化;③挑流丁坝;④纳污型功能群配置
河段 4	小泥河 8 km	受面源污染影响,河岸河床稳定性较差,生物多样性偏低	①栖息地恢复;②生物多样性提升	①生态河床、近自然缓冲岸构建;②恢复型、稳定型功能群配置

9.2.3.1 修复后生态状况调查

在不同工程河段中修复工程上游、修复工程内及修复工程下游分别选择合适点位，2019 年对其水质、底泥、栖息地状况进行系统调查，为准确评价不同修复模式对河流生态的改善效果奠定基础。在极端流态河流清潩河水生态修复 4 个示范河段，设定了 5 个调查点位，具体点位设置见表 9-9。

表 9-9　清潩河调查点位布设

序号	评估河流	位置	纬度	经度	评估修复模式
点位 1	清潩河	清潩河长社路桥	N34°13′26″	E113°45′13″	生态补水复合修复模式
点位 2		英刘闸上游 500 m	N34°12′13″	E113°46′48″	
点位 3		禄马桥	N34°9′8″	E113°48′43″	水量调控-强化净化-生物多样性提高模式
点位 4	灞陵河	南外环桥	N33°58′37″	E113°49′0″	水量调控-强化净化-生物多样性提高模式
点位 5	小泥河	大石桥	N33°56′34″	E113°54′15″	水量调控-功能恢复模式

1. 水质改善成效

示范实施前，清潩河河流水质分布在Ⅳ类~劣Ⅴ类，属于重度污染。其中，中游河段由于无天然径流，河床中主要为周边生活污水，水质极差。示范工程建设后，清潩河河流水质可稳定达到Ⅳ类，上游污染源较少的河段水质可达Ⅲ类，劣Ⅴ类水体全面消除，水质状况为轻度污染。清潩河修复前后水质状况对比见表 9-10。

表 9-10　清潩河修复前后水质状况对比

序号	修复前水质状况				修复后水质状况			
	COD/(mg/L)	氨氮/(mg/L)	总磷/(mg/L)	水质类别	COD/(mg/L)	氨氮/(mg/L)	总磷/(mg/L)	水质类别
点位 1	133.33	34.23	2.01	劣Ⅴ类	18.75	0.23	0.03	Ⅲ类
点位 2	128.70	37.07	3.26	劣Ⅴ类	24.25	0.40	0.04	Ⅳ类
点位 3	19.43	0.42	0.45	劣Ⅴ类	27.67	0.83	0.23	Ⅳ类
点位 4	45.53	3.28	0.20	劣Ⅴ类	33.67	1.04	0.19	Ⅴ类
点位 5	34.77	2.01	0.19	劣Ⅴ类	35.83	0.37	0.06	Ⅴ类

2. 自净功能提升成效

选择河道顺直、水流稳定、中间无支流汇入、无排污口的河段(点位 2 至点位 3)进行修复前后特征污染物(COD、氨氮)降解系数核算，修复后清潩河自净能力明显提升(见表 9-11)。

表 9-11 清潩河修复前后污染物降解系数核算结果

污染物	污染物降解系数 K	
	修复前	修复后
COD	0.107 5	0.288 9
氨氮	0.098 2	0.102 6

3. 生物多样性提升成效

修复前流域内鱼类物种总数为 15 种,其中大部分为常见种,修复后流域内鱼类物种总数为 21 种,提升幅度达 40%,并且出现了如沙塘鳢,黑鱼等多种肉食性鱼类,说明河流食料丰富,生态结构趋于稳定,而对环境适应性差的大鳍鱼也出现在流域内,说明河流水质与栖息地改善很好地引导了区域生物多样性恢复。

9.2.3.2 清潩河示范河段修复效果评价标准

根据清潩河示范河段修复前呈现重度-中度退化状态的河流生态状况,以及表 9-7 所示清潩河的修复目标,以河流退化程度诊断标准为基础,制定清潩河各指标修复效果评价标准见表 9-12。

表 9-12 清潩河各指标修复效果评价标准

序号	准则层	指标层	各指标修复效果评价标准			
			0 (未成功修复)	0.33 (部分成功修复)	0.67 (大部分成功修复)	1.0 (成功修复)
1	地貌状况	纵向连通性	河段内新增闸坝且河流无明显流速	新增闸坝,但大部分河流无明显流速	大部分闸坝保持生态流量下泄,河流保持一定流速	闸坝均保持生态流量下泄,河流流速多样化
2		蜿蜒度	河道出现人工裁弯取直现象	—	—	维持现状
3		河道改造程度	河道被部分渠化、两岸新筑堤坝	河道出现少量拓宽、挖深河道等现象	河道维持原状	河道原渠化部分拆除,河流趋向自然状态
4		河岸稳定性	河岸较不稳定,中度侵蚀<40%	河岸稳定,少量区域存在侵蚀<20%	河岸稳定,少量区域存在侵蚀<10%	河岸稳定,无明显侵蚀
5	水文水质状况	生态需水保证率/%	$(0,70]$	$(70,75]$	$(75,80]$	$(80,100]$
6		COD/(mg/L)	$[40,\infty)$	$[35,40)$	$[30,35)$	$[0,30)$
7		氨氮/(mg/L)	$[2,\infty)$	$[1.8,2)$	$[1.5,1.8)$	$[0,1.5)$
8		TP/(mg/L)	$[0.4,\infty)$	$[0.35,0.4)$	$[0.3,0.35)$	$[0,0.3)$

续表 9-12

序号	准则层	指标层	各指标修复效果评价标准			
			0（未成功修复）	0.33（部分成功修复）	0.67（大部分成功修复）	1.0（成功修复）
9	生物状况	水生植物多样性指数	提高比例低于10%	提高比例为[10%,20%)	提高比例为[20%,40%)	提高比例为(40%,∞)
10		底栖动物多样性指数	提高比例低于10%	提高比例为[10%,20%)	提高比例为[20%,40%)	提高比例为(40%,∞)
11		鱼类多样性指数	提高比例低于10%	提高比例为[10%,20%)	提高比例为[20%,40%)	提高比例为(40%,∞)
12	河流功能状况	栖息地质量	断面形态仅有1种,且为单式断面	断面形态仅有1种,但为复式断面	断面形态有2种,且至少1种为复式断面	断面形态有2种以上,且至少1种为复式断面
13		透明度/cm	[0,10)	[10,20)	[20,25)	[25,∞)或见底
14		悬浮物/(mg/L)	(50,∞)	(30,50]	(20,30]	(0,20]

9.2.3.3 清潩河示范河段修复效果评价结果与分析

对清潩河长葛段进行整体调研评估,修复工程实施后的生态系统现状如图 9-20 所示。

(a)水量恢复好,但流速较缓　　　　　(b)水生植被恢复较好,但生境仍较单一

图 9-20　清潩河修复后河道水生态状况

根据修复效果评价方法,极端流态河流清潩河的修复效果评价结果见表 9-13。

表 9-13　　清潩河各河段修复效果评价结果

各准则层修复效果综合指数值				修复效果综合指数值（RECI）	修复程度
地貌状况	水文水质状况	生物状况	河流功能状况		
0.835 0	1	1	0.890 0	93.125	大部分成功修复

根据表 9-13 可知,在清潩河示范河段内,修复效果评价结果为"大部分成功修复"。修复后河流源头基流及生境空间明显恢复,河流水质能稳定达到地表水Ⅳ类,全段达到景观娱乐用水水质标准,水生植物、底栖动物及鱼类生物多样性提升达 40%以上,河流自净功能全面提升。

然而,修复中仍存在一些不足,由于流域生态补水量有限,而地势坡降较大,所以闸坝调蓄过程中下泄流量较小,受闸坝影响的部分河段仍存在"有水不流"的问题。同时,由于长葛城区段用地空间有限,部分河段硬质化未能进行拆除,紧靠水面原位生态强化净化措施用于保障水质净化和景观娱乐功能。此外,农村河段在选择技术时以近自然、易维护的技术为准,但日常监管尚未形成稳定的机制。

9.2.3.4　示范河段类型河流修复模式完善

由于该示范河段除生态基流匮乏的重点问题外,受外源污染的影响较大,而本次示范选择的技术措施以改善上游无生态基流、提升河流自身自净功能为主,未系统性采取异位污染源控制措施,存在水生态环境改善成效反弹的风险。同时,由于河道行洪要求,未对河流进行系统的多样化生境改造,后续应通过动态调整闸坝及生态补水方式,创造多样化的水文条件,促进生物多样性稳定恢复。同时,建立常态化的河流生态修复工程运维工作机制,保障建设内容稳定运行,实现清水常流。因此,下一步应加快开展对示范河段污染源控制,并实现生态流量调度和运行监管常态化,保障河段生态环境质量持续向好。

9.3　极端流态河流索须河典型河段生态修复案例

9.3.1　索须河水生态状况和需求

索须河属淮河流域贾鲁河上游的主要支流,由索河和须水河汇流而成。索须河属季节性河流,流经郑州市中原区、惠济区入贾鲁河,全长 23.14 km,是郑州市区西北部主要的泄洪排涝河道。其中,索河属淮河流域贾鲁河的二级支流,发源于郑州荥阳市崔庙镇三山西南石岭寨,流经崔庙、乔楼、索河办、城关乡、广武镇并穿越荥阳城区,是荥阳市的"母亲河",在下游惠济区古荥镇附近与须水河汇流,汇流后为索须河。索河(丁店水库–楚楼水库段)位于索河上游(见图 9-21),为极端流态型河段,通过该河段的流域水生态调查结果,判定该河段的主要水生态环境问题如下:

（1）河道内间歇性有水,生态基流匮乏。

（2）水质相对较差。

（3）沉水植物和浮叶植物种类少,生物多样性缺失,结构单一而脆弱。

（4）河道生境类型单一。

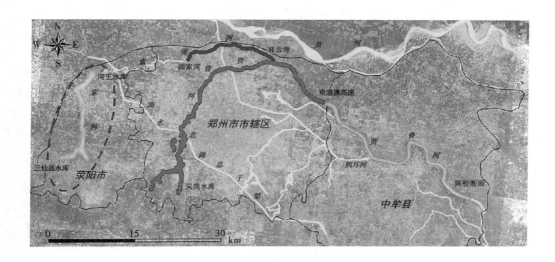

图 9-21　索河水生态调研河段

根据该河段的退化程度诊断结果,该河段退化程度为中度-重度退化,具体表现为河流间歇性有水、水质恶化、生物多样性缺失、生境类型较为单一等多重生态环境问题。

针对索河存在的生态状况,根据河段退化特点和区域的社会需求,该河段栖息地质量最低,属于栖息地破坏型河流,河流类型为水量缺乏-栖息地破坏-生物退化型。

结合修复能力综合指数计算结果,该河段属于强度干预修复类型河段,需要及时开展水量调控-功能恢复-生物多样性提高修复模式进行生态修复。

9.3.2　确定修复模式

根据索河的社会需求和修复目标要求,该河段的生态修复目标见表 9-14。

该河段整体为水量调控-功能恢复-生物多样性提高修复模式,在进行修复技术选择时需要根据河段的生态退化特点,设计相应的修复措施,最终实现示范河段水量调控、生境恢复、生物多样性提高的目的(见表 9-15)。

9.3.3　修复效果评价

修复工程实施半年后,对修复工程河段的水生态状况开展详细调研,通过资料收集、野外实地踏勘、统计分析等手段对修复工程效果进行评价。

表 9-14　索河(丁店水库–楚楼水库段)生态修复目标

序号	准则层	指标层	修复目标
1	地貌状况	纵向连通性	维持现状,无新增闸坝
2		蜿蜒度	维持现状
3		河道改造程度	河道原渠化部分拆除,河流趋向自然状态
4		河岸稳定性	河岸稳定,无明显侵蚀
5		河岸带宽度	河岸带拓宽,大于河宽的 3 倍
6	水文水质状况	生态需水保证率/%	(80,100]
7		断流频率/%	(0,0.2]
8		DO/(mg/L)	[3,∞)
9		COD/(mg/L)	[0,30)
10		氨氮/(mg/L)	[0,1.5)
11		TP/(mg/L)	[0,0.3)
12		浊度/NTU	[0,20)
13		底泥有机质/(mg/kg)	[0,1.39)
14	生物状况	浮游植物多样性指数	[2.5,∞)
15		浮游动物多样性指数	[2.5,∞)
16		固着藻类多样性指数	[2.5,∞)
17		底栖动物物种数	[5,∞)
18	河流功能状况	栖息地质量	[60,∞)
19		景观效应/%	[65,∞)

表 9-15　极端流态型水生态系统修复措施

河段	主要生态问题	修复措施	修复技术
丁店水库出水口—楚楼水库入水口	水量匮乏、生境单一、生物多样性差	①闸坝调控、生态补水;②栖息地构建;③水生生物功能群构建	复式河道生态修复技术、库(塘)坝(堰)生态修复技术、微地形生物塑造技术;挺水植物功能群构建、沉水植物功能群构建、生态岛技术、砾石群

9.3.3.1　修复后生态状况调查

　　在不同工程河段中修复工程上游、修复工程内及修复工程下游分别选择合适点位,对其水质、底泥、栖息地状况进行系统调查,为准确地评价不同修复模式对河流生态的改善效果奠定基础。在极端流态河流索须河水生态修复示范河段,即丁店水库出水口—楚楼水库入水口河段的示范工程,设定了 4 个调查点位,具体点位设置见表 9-16。

表 9-16　调查点位布设

序号	评估河流	位置	纬度	经度	评估修复模式
点位 1		丁店水库出水口	N34°42′29″	E113°22′34″	
点位 2	索河	丁店水库下游河段 1 号坝—坝上区	N34°43′30″	E113°22′48″	水量调控–功能恢复–生物多样性提高修复模式
点位 3		丁店水库下游河段 2 号坝—坝下区	N34°43′55″	E113°22′41″	
点位 4		楚楼水库入水口	N34°45′04″	E113°22′34″	

1. 水质改善结果

在 2015 年 7～12 月的水质调查中,索河各调查点位水质变化情况如图 9-22～图 9-25 所示。根据水质调查结果,调查时间段内,点位 2(丁店水库下游河段 1 号坝—坝上区)除 7 月有水外,点位 3(丁店水库下游河段 2 号坝—坝下区)一直处于无水状态,这两个点位无水时的各项水质指标监测值为 0。

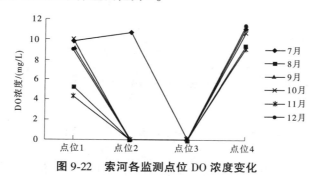

图 9-22　索河各监测点位 DO 浓度变化

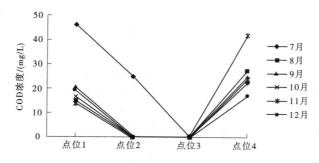

图 9-23　索河各监测点位 COD 浓度变化

从监测时间来看,各点位污染物浓度均呈现出强烈的波动(见图 9-22)。除无水情况外,各监测点位中 DO 浓度的变化范围为 4.3～11.4 mg/L,均在Ⅳ类水质以上。点位 1 的 DO 浓度范围为 4.3～9.88 mg/L,其中 11 月的 DO 监测浓度相对较低,为 4.3 mg/L;点位 4 的 DO 浓度范围为 9.1～11.4 mg/L,均为Ⅰ类水质。

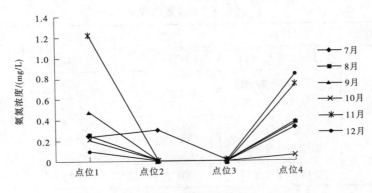

图 9-24 索河各监测点位氨氮浓度变化

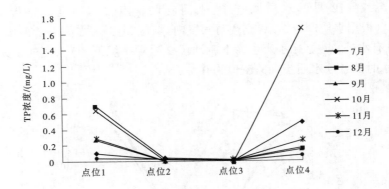

图 9-25 索河各监测点位 TP 浓度变化

如图 9-23 所示,除无水情况外,各监测点位中 COD 浓度的变化范围为 13.8~46.4 mg/L。点位 1 的 COD 浓度范围为 15~46.4 mg/L,其中 7 月的 COD 监测浓度相对较低,除 7 月外,其余月份为Ⅲ类或Ⅳ类水质,污染物浓度基本呈现逐渐降低趋势;点位 4 的 COD 浓度范围为 17.2~41.9 mg/L,其中 11 月的 COD 监测浓度相对较低,除 11 月水质突然恶化外,其余月份为Ⅲ类或Ⅳ类水质。可见,该河段仍需加强污染源控制。

如图 9-24 所示,除无水情况外,各监测点位中氨氮浓度的变化范围为 0.1~1.219 mg/L,点位 1 的氨氮浓度呈波动性变化,点位 4 氨氮浓度呈逐渐上升趋势。点位 1 的氨氮浓度范围为 0.1~1.219 mg/L,其中 11 月的氨氮监测浓度相对较高,除 11 月外,其余月份均为Ⅱ类水质;点位 4 的氨氮浓度范围为 0.33~0.835 mg/L,均为Ⅲ类水质。可见工程实施后,该河段氨氮污染得到有效缓解。

如图 9-25 所示,除无水情况外,各监测点位中 TP 浓度的变化范围为 0.04~1.66 mg/L。点位 1 的 TP 浓度范围为 0.04~0.71 mg/L,其中除 8 月和 10 月的 TP 监测浓度为劣Ⅴ类水质外,其余月份均为Ⅳ类及以上水质;点位 4 的 TP 浓度范围为 0.07~1.66 mg/L,其中除 8 月和 10 月的 TP 监测浓度为劣Ⅴ类水质外,其余月份均为Ⅳ类及以上水质。可见,工程实施后,该河段 TP 污染的处理效果并不稳定,应该加强陆源控制。

2. 底泥监测结果

调查期间,点位 2 和点位 3 河道内无水,未进行底泥采集。通过对点位 1 和点位 4 的底泥理化性质的监测,点位 1 底泥主要由黏土组成,有机质含量为 3.77 g/kg;点位 4 的底泥主要由淤泥组成,有机质含量为 12 g/kg。通过对点位 1 和点位 4 底泥各项污染物含量对比(见表 9-17),点位 4 的有机质和氨氮均比点位 1 含量高,这可能与点位 4 附近钓鱼、餐饮等人类活动干扰有关。

表 9-17　索河各监测点位底泥理化性质　　　　　　　　　　单位:g/kg

监测点位	底泥物理特征	有机质	氨氮	TP	TN
点位 1	以黏土为主,有根丛植物及沉水植物;颜色为褐色	3.77	8.68	497	1.55
点位 2	无水	—	—	—	—
点位 3	无水	—	—	—	—
点位 4	以淤泥为主,没有沉水植物;颜色为黑色	12	34.71	355	1.38

3. 河岸带和栖息地调查结果

根据实地勘察,点位 1 丁店水库附近河岸较不稳定,河道水量较为充足,仅有少量底质裸露,但存在一定的人工渠化现象;河道左右岸均有 30%~50% 的河岸存在侵蚀现象。河岸带宽度范围在 12~18 m,两岸植被覆盖度相对较好,覆盖率达到 75% 左右,但岸边可见垃圾分布(见图 9-26)。河岸带土地利用类型包括人工林、农田、绿化带等,其中北侧多为农田,南侧的景观人工林尚在建设中,目前两岸景观度一般,但由于靠近水库,钓鱼、餐饮等人类活动较为频繁,河岸带草本覆盖受人类活动影响较大。河道内蔽物有水生植被、倒凹堤岸等遮蔽物,有慢-浅和慢-深两种流速。河岸带植物的优势种有苍耳、荨麻,水生植物的优势种为菹草;底栖动物主要有负子蝽、摇尾幼虫、蜻蜓幼虫等。

(a)　　　　　　　　　　　　　　　　　　　(b)

图 9-26　点位 1 河岸带和栖息地调查

点位 2 和点位 3 距离较近,目前河道内均无水,点位 2 处河段河道很宽,河道内水生植物多样性丰富,坝下区有建设生态岛,坝上和坝下的河岸带均有大型石头散布,河道景观效果好,景观工程正在建设中,有鸟类出现(见图9-27)。点位3处河段建设了一个溢流堰,坝上和坝下河道内有少量水覆盖,坝上河道内植被覆盖较好,但坝下植被覆盖相对较差,河道两侧河岸带景观工程正在建设中(见图9-28)。河道内均有多种水生植被,两岸植被覆盖度相对较好,且河道两侧景观建设接近完成,景观度相对较好。河道内蔽物有水生植被、倒凹堤岸、生态岛、碎石等遮蔽物。两个点位的生物类型较为一致,其中河岸带植物主要有薰草(优势种)、水蓼、节节草、钻形紫菀、茅草;水生植物主要有狐尾藻、香蒲;底栖动物主要有轮虫、环棱螺、萝卜螺、背角无齿蚌、扁卷螺、椎实螺、半翅目、蜉蝣目幼虫、蜻蜓目幼虫、双翅目幼虫等。

(a)　　　　　　　　　　　　　　　　　　(b)

图9-27　点位2河岸带和栖息地调查

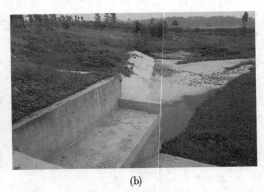

(a)　　　　　　　　　　　　　　　　　　(b)

图9-28　点位3河岸带和栖息地调查

　　点位4附近河岸带两岸为硬质化,水位较低,且河床裸露,入水库河道内无水(河道较窄,有新挖痕迹,见图9-29)。河岸带植被覆盖率较小,为15%～25%,植被覆盖仅在原水位以上可见,水位线以下零星可见;水中无水生植物、岸边大量死鱼和垃圾。50%～70%的河道受人工干扰。河岸带土地利用类型主要为人工林和居民点,河道左侧存在排污口。钓鱼、餐饮等人类活动较为频繁。河岸相对较为稳定,但河道内蔽物几乎不存在,流速以慢-浅为主。河岸带植物主要有苍耳(优势种)、钻形紫菀(优势种)、薰草、水花生、抱茎苦荬菜、薄荷、水蓼等;底栖动物主要有环棱螺、扁卷螺、椎实螺、半翅目、蜻蜓目幼虫、双翅目幼虫等。

图 9-29　点位 4 河岸带和栖息地调查

9.3.3.2　索河示范河段修复效果评价标准

　　根据索河示范河段修复前整体呈现中度退化状态的河流生态状况,以及表 9-14 所示索河的修复目标,以河流退化程度诊断标准为基础,制定索河各指标修复效果评价标准见表 9-18。

表 9-18　索河各指标修复效果评价标准

序号	准则层	指标层	各指标修复效果评价标准			
			0 (未成功修复)	0.33 (部分成功修复)	0.67 (大部分成功修复)	1.0 (成功修复)
1	地貌状况	纵向连通性	评价河段内新修闸坝数量大于 2	—	根据修复工程措施设计,新增闸坝调控水量	维持现状,无新增闸坝
2		蜿蜒度	河道出现人工裁弯取直现象	—	—	维持现状
3		河道改造程度	河道被部分渠化、两岸新筑堤坝	河道出现少量拓宽、挖深河道等现象	河道维持原状	河道趋向自然状态
4		河岸稳定性	河岸较不稳定,中度侵蚀 20%~50%	河岸稳定,少量区域存在侵蚀<20%	河岸稳定,少量区域存在侵蚀<10%	河岸稳定,无明显侵蚀
5		河岸带宽度	河岸带被其他土地利用类型占用	维持原状,无河岸带占用情况	河岸带有一定程度拓宽	河岸带拓宽,大于河宽的 3 倍

续表 9-18

序号	准则层	指标层	各指标修复效果评价标准			
			0 (未成功修复)	0.33 (部分成功修复)	0.67 (大部分成功修复)	1.0 (成功修复)
6	水文水质状况	生态需水保证率/%	(0,70]	(70,75]	(75,80]	(80,100]
7		断流频率/%	(0.45,1]	(0.3,0.45]	(0.2,0.3]	(0,0.2]
8		DO/(mg/L)	[0,2)	[2,2.5)	[2.5,3)	[3,∞)
9		COD/(mg/L)	[40,∞)	[35,40)	[30,35)	[0,30)
10		氨氮/(mg/L)	[2,∞)	[1.8,2)	[1.5,1.8)	[0,1.5)
11		TP/(mg/L)	[0.4,∞)	[0.35,0.4)	[0.3,0.35)	[0,0.3)
12		浊度/NTU	[30,∞)	[25,30)	[20,25)	[0,20)
13		底泥有机质/(mg/kg)	[2.78,∞)	[1.85,2.78)	[1.39,1.85)	[0,1.39)
14	生物状况	浮游植物多样性指数	[0,1.0)	[1.0,1.5)	[1.5,2.0)	[2.0,∞)
15		浮游动物多样性指数	[0,1.0)	[1.0,1.5)	[1.5,2.0)	[2.0,∞)
16		固着藻类多样性指数	[0,1.0)	[1.0,1.5)	[1.5,2.0)	[2.0,∞)
17		底栖动物物种数	[0,2)	[2,3)	[3,4)	[4,∞)
18	河流功能状况	栖息地质量	[0,45)	[45,55)	[55,60)	[60,∞)
19		景观效应/%	[0,40)	[40,50)	[50,65)	[65,∞)

9.3.3.3 索河示范河段修复效果评价结果与分析

对索河修复工程实施后的水生态现状开展调研,修复工程实施后的生态系统现状如图 9-30 所示。

根据修复效果评价方法,极端流态河流索河的修复效果评价结果见表 9-19。

(a)河道内水量缺乏　　　　　　　　　　　　(b)构建的溢流堰

图 9-30　修复后河道水生态状况

表 9-19　索河示范河段修复效果评价结果

各准则层修复效果综合指数值				修复效果综合指数值 （RECI）	修复程度
地貌状况	水文水质 状况	生物状况	河流功能 状况		
0.827 9	0.792 5	0.803 0	1.000	85.76	大部分成功修复

根据表 9-19 可知,在索河示范河段内,修复效果评价结果为"大部分成功修复"。

通过分析各点位修复效果评价情况,索河闸坝分布较为广泛,同时由于该河段常年缺水,为保证河道在枯水期也能维持生态系统部分正常功能的运行,根据修复模式研究,采取了复式断面构建、库(塘)坝(堰)生态修复、分流导流生态修复等技术,造成河道纵向连通性的破坏。所以,其地貌状况修复效果评价指数相对较低。

根据调研,修复工程实施后河道尚存在底泥有机质污染问题,水生生物对底泥污染物的削减作用尚不明显,建议在原有修复模式基础上增加底泥疏浚或微曝气措施。

9.3.3.4　示范河段类型河流修复模式完善

由于该示范河段为极端流态河道中的水量缺乏-栖息地破坏-生物退化型河段,所采取的修复模式为水量调控-功能恢复-生物多样性提高,由于河段生物修复工程完工时间较短,生物多样性恢复需要一定的时间,因此本书研究将对示范河段的生物修复效果进行持续监测,然后根据效果实施情况进行修复模式的调整。根据上文对该河段的修复效果评价结果,该类型河段的水质也有一定程度的污染,所以在其修复中建议增加底泥疏浚或微曝气的修复措施。

第 10 章　　淮河流域(河南段)
河流生态修复范式

10.1　　河流生态修复范式框架

10.1.1　　正常流态河流生态系统修复范式框架构建

　　淮河流域(河南段)正常流态河流存在的主要问题包括河道连通性差、水质污染严重、生物多样性差,以及河流功能不完善等问题。在河流生态修复中,上述问题之间的修复是相辅相成的。根据河流的自然属性指标和社会属性指标进行划分,正常流态河流生态系统在关键退化因子、社会需求性、经济可行性和技术支撑性等因素的共同要求下,将构建针对不同修复等级(强度干预修复、中度干预修复和轻度干预修复)、不同退化程度(极度退化、重度退化、中度退化、轻度退化)的修复范式。针对不同退化程度和不同修复等级的修复范式框架如图 10-1 所示。

10.1.2　　极端流态河流生态系统修复范式框架构建

　　淮河流域(河南段)极端流态河流存在的主要问题包括水量严重不足、水质污染严重、生物多样性差,以及河流功能不完善,其中水量严重不足是关键。因为水是河流生态系统最重要的组成介质,河道内流量不足,不能满足生态基流的要求,河流生态系统必然受损并最终退化。因此,极端流态河流生态系统的修复应该从改善水量不足入手,进一步再考虑水质、生境和生物问题。根据河流自然属性指标和社会属性指标的划分,极端流态河流生态系统在主要退化因素、社会需求性、经济可行性和技术支撑性等因素的共同要求下,将构建针对不同修复等级(强度干预修复、中度干预修复和轻度干预修复)、不同退化程度(极度退化、重度退化、中度退化、轻度退化)的修复范式。针对不同退化程度和不同修复等级的修复范式框架如图 10-2 所示。

10.2　　河流生态修复实施路径

　　根据对淮河流域(河南段)河流生态系统退化程度评价、修复阈值研究、修复模式制定及修复效果评价等的研究,在示范工程实施及修复效果评估的基础上,确定淮河流域(河南段)河流生态系统修复路径如下:

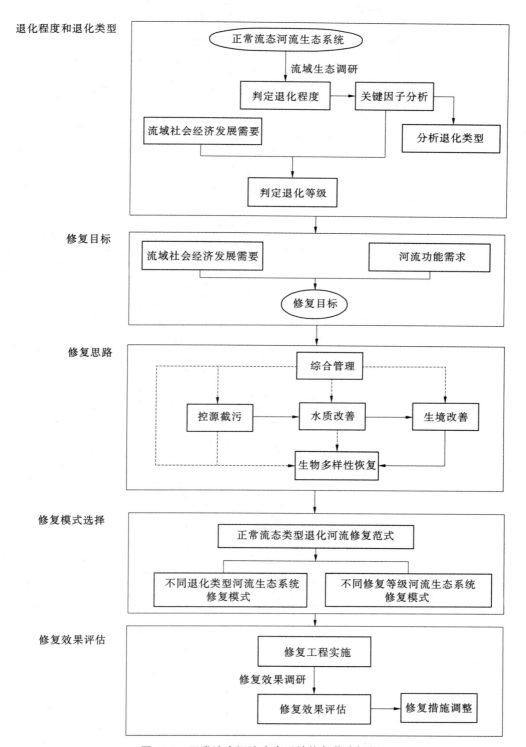

图 10-1　正常流态河流生态系统修复范式框架

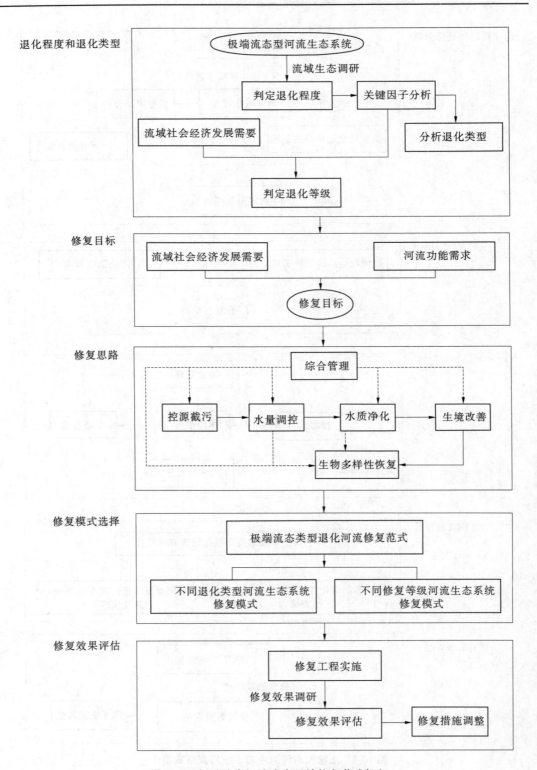

图 10-2 极端流态河流生态系统修复范式框架

(1)调研并分析流域现状。主要包括两方面：①生态环境调研,即对河流水文状况、水环境质量、水生生物状况、河岸带状况、河流栖息地状况等进行实地调研和分析;②社会经济调查,即对河流所在流域对目标河流的环保投入、面源污染强度、单位 GDP 用水量、污水处理水平等进行调查并分析。

(2)判断河流生态系统类型。根据河流水文情况调查,判断河流属于正常流态河流还是极端流态河流。

(3)诊断河流退化程度。在流域现状分析的基础上,根据本书淮河流域(河南段)河流退化程度诊断指标体系和方法体系研究成果,确定目标河流退化程度,若河流诊断为未退化,则通过实施保护措施,不进行以下步骤。

(4)分析河流退化类型。在河流退化程度诊断的基础上,针对目标河流的生态系统类型,利用河流退化类型划分方法,对河流退化类型进行划分。

(5)确定河流修复等级。在河流生态环境和社会经济调查的基础上,根据本书淮河流域(河南段)河流修复阈值指标体系研究成果,计算目标河流修复能力综合计算结果,根据修复等级划分,确定相应的修复等级。

(6)选择修复模式。在河流退化类型分析的基础上,结合河流退化程度和修复等级分析,根据本书淮河流域(河南段)河流修复模式研究成果,选择相应的修复模式。

(7)修复效果评价。修复工程实施后,对河流修复后状况进行调研,并利用本书淮河流域(河南段)河流修复效果评估指标体系和方法体系对其进行修复效果评估,找出修复工程实施中的弱点,并对修复措施进行调整,为河流后续生态修复工程实施提供参考。

河流生态修复实施路径如图 10-3 所示。

10.3 河流生态修复范式构建

10.3.1 流域现状调研

在进行河流生态修复前,根据河流生态修复需求,首先需要对流域生态环境现状和社会经济现状进行调查和分析。

10.3.1.1 生态环境调研

收集河流水文、水质、生物等方面近几年的相关数据,并进行统计分析。同时,分水期针对流域的水文状况、水质状况、水生生物状况、河流水利工程分布和闸坝调控状况、河岸带土地利用情况、河岸带稳定性和覆盖状况、栖息地健康状况以及河流景观状况等的现状情况开展相关调查,充分了解流域的生态系统现状。

10.3.1.2 社会经济调查

收集流域所在行政区域的点源和面源污染物排放情况、水环境功能区划和水功能区划相关要求、单位 GDP 用水量、污染物排放情况、城镇化发展情况等,充分了解流域社会经济发展对河流生态系统的影响。

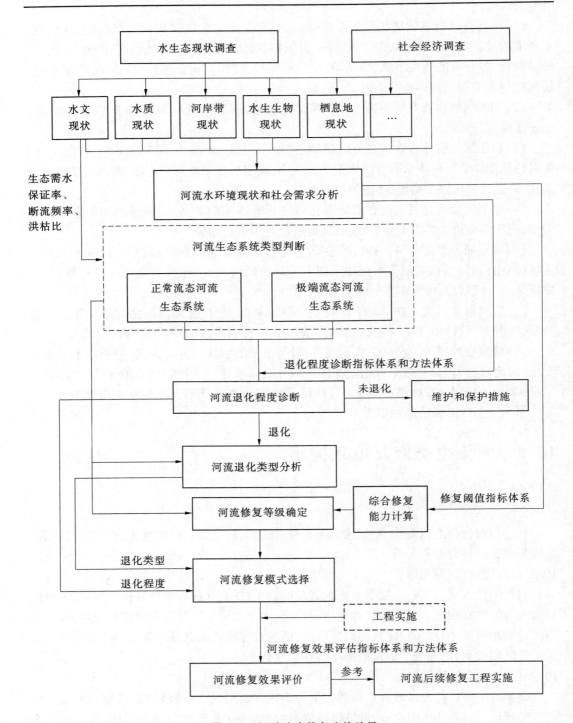

图 10-3　河流生态修复实施路径

10.3.2　河流生态系统类型判断

根据河流长系列水文数据和枯水期、平水期、丰水期 3 个水期水文调查情况,分别计算河流生态需水保证率、断流频率和洪枯比,判断河流类型。若河流生态需水保证率大于等于 48.15% 或年平均断流频率小于等于 40% 或年平均洪枯比小于等于 5,则该河流为正常流态河流生态系统;反之,若河流生态需水保证率小于 48.15% 或年平均断流频率在 40% 以上或年平均洪枯比在 5 以上,则该河流为极端流态河流生态系统。

10.3.3　河流退化程度诊断

在河流水文状况、水质状况、水生生物状况、河流水利工程分布和闸坝调控状况、河岸带土地利用情况、河岸带稳定性和覆盖状况、栖息地健康状况以及河流景观状况等生态环境现状调查的基础上,利用表 10-1 所示河流生态系统各指标退化程度诊断评价标准,分别对河流地貌、水文水质、生物、功能等方面的状况进行评价,然后采用综合指数法根据表 10-2 所示指标权重确定河流退化综合指数。

表 10-1　河流生态系统各指标退化程度评价标准

序号	指标名称	赋分标准				
		0	1 分	2 分	3 分	4 分
		极度退化	重度退化	中度退化	轻度退化	未退化
1	纵向连通性	>3	3	2	1	0
2	蜿蜒度	[1,1.1)	[1.1,1.2)	[1.2,1.4)	[1.4,1.5)	[1.5,∞)
3	河道改造程度	渠化严重,河岸、河床均渠化,河道内生境极大改变	渠化严重,两岸筑有堤坝,河床未经渠化	存在部分渠化,两岸筑有堤坝	存在少量拓宽、挖深河道等现象,无明显渠化	无渠化和淤积,河流保持自然状态
4	河岸带稳定性	河岸极不稳定,绝大部分区域侵蚀 80%~100%	河岸不稳定,极度侵蚀,洪水时存在风险 50%~80%	河岸较不稳定,中度侵蚀 20%~50%	河岸稳定,少量区域存在侵蚀<20%	河岸稳定,无明显侵蚀
5	河岸带宽度*	[0,河宽的 0.25 倍)	[河宽的 0.25 倍,河宽的 0.5 倍)	[河宽 0.5 倍,河宽的 1.5 倍)	[河宽的 1.5 倍,河宽的 3 倍)	[河宽的 3 倍,∞)
6	生态需水保证率/%	(0,50)	[50,65)	[65,75)	[75,80)	[80,100]
7	断流频率/%	[50,100]	[40,50)	[20,40)	[10,20)	[0,10)

续表 10-1

序号	指标名称		赋分标准				
			0	1分	2分	3分	4分
			极度退化	重度退化	中度退化	轻度退化	未退化
8	水质	DO/(mg/L)	(0,2)	[2,3)	[3,5)	[5,6)	[6,∞)
9		COD/(mg/L)	(40,∞)	(30,40]	(20,30]	(15,20]	(0,15]
10		氨氮/(mg/L)	(2.0,∞)	(1.5,2.0]	(1.0,1.5]	(0.5,1.0]	[0,0.5]
11		TP/(mg/L)	(0.4,∞)	(0.3,0.4]	(0.2,0.3]	(0.1,0.2]	[0,0.1]
12		浊度/NTU	(30,∞)	(20,30]	(17.5,20]	(15,17.5]	[0,15]*
13		底泥有机质/(mg/kg)	(3.71,∞)	(2.78,3.71]	(1.85,2.78]	(1.39,1.85]	[0,1.39]
14	浮游植物多样性指数		0	(0,1)	[1,2)	[2,3)	[3,∞)
15	浮游动物多样性指数		0	(0,1)	[1,2)	[2,3)	[3,∞)
16	固着藻类多样性指数		(0,1)	2	3	4	[5,∞)
17	底栖动物物种数		(0,30)	[30,45)	[45,60)	[60,75)	[75,100]
18	栖息地质量		(0,5)	[5,25)	[25,50)	[50,75)	[75,100]
19	景观效应/%		>3	3	2	1	0

注:* 表示表中所列河岸带宽度等级标准是指河流宽度大于 15 m 的情况;当河流宽度小于 15 m 时,按表中退化程度排序,对应标准依次为:<5 m、5~10 m、10~30 m、30~40 m、>40 m。

河流综合指数计算方法如下:

(1)首先对每个准则的多个指标等级分值进行加权求和,计算出各准则层的等级指数,其计算见下式:

$$P_i = \sum_{j=1}^{n} w_{ij} p_{ij} \tag{10-1}$$

式中:P_i 为第 i 个准则层的综合指数;w_{ij} 为第 i 个准则层第 j 个指标的权重;p_{ij} 为第 i 个准则层第 j 个指标的分值;n 为指标个数。

(2)根据各准则层的指数值,计算河段的综合退化指数,其计算见下式:

$$P = \sum_{i=1}^{4} w_i p_i \tag{10-2}$$

式中:P 为评价河段的综合指数;w_i 为第 i 个准则层的权重;p_i 为第 i 个准则层的综合指数值。

表 10-2　河流生态系统退化程度诊断指标权重

目标层	准则层	权重	指标层		相对准则层权重
河流生态系统退化程度诊断指标体系(A)	地貌状况(B1)	0.155	纵向连通性(C1)		0.380
			蜿蜒度(C2)		0.148
			河道改造程度(C3)		0.142
			河岸稳定性(C4)		0.189
			河岸带宽度(C5)		0.141
	水文水质状况(B2)	0.309	水文指标	生态需水保证率(C6)	0.184
				断流频率(C7)	0.199
			水质指标	DO(C8)	0.149
				COD(C9)	0.080
				氨氮(C10)	0.081
				TP(C11)	0.065
				浊度(C12)	0.060
				Cr^{6+}(C13)	0.092
			底泥有机质(C14)		0.090
	生物状况(B3)	0.262	浮游植物多样性指数(C15)		0.212
			浮游动物多样性指数(C16)		0.211
			固着藻类多样性指数(C17)		0.283
			底栖动物物种数(C18)		0.294
	河流功能状况(B4)	0.274	栖息地质量(C19)		0.741
			景观效应(C20)		0.259

　　在退化程度综合评价指数计算的基础上,依据表 10-3 所示河流退化程度诊断标准的基础上,确定河流退化程度。

　　根据河流退化程度诊断,若河流生态环境现状诊断结果为未退化状态,则可对河流采取维护和保护措施;若河流生态环境现状诊断结果为退化状态,则需进行退化类型分析、修复等级确定、河流修复模式选择等河流修复工作。

表 10-3　淮河流域(河南段)退化程度诊断标准

退化程度	特征描述	赋分
未退化	河流生态系统处于原始自然状态,具有稳定的结构和功能,水体清洁,生物种类多,多样性较高,具有良好的美学和景观价值,能满足人们的功能需求,在合理规划下适宜开发和利用	(3.5,4]
轻度退化	河流受到一定程度的破坏,水位下降、水体有轻微污染现状、生物栖息地环境退化、生物多样性降低、功能下降,但消除外界胁迫后,尚能自然修复,合理规划下适度开发	(2.5,3.5]
中度退化	河流进一步受到破坏,但结构尚算完整,水位持续下降,水体污染和富营养化现象加剧,部分功能丧失,自身修复力减退,需人工促进修复来稳定生态系统	(1.5,2.5]
重度退化	河流生态系统受到严重破坏、结构失调、功能严重衰退,水环境污染严重,水面萎缩。河流生态系统本身难以自我维持,无法通过自然方式修复,必须加强保护,采取人为工程措施,促使其逐渐修复	(0.5,1.5]
极度退化	河流生态系统完全破坏,水质严重污染及恶化,几乎无生产力,且通过任何协助也不能修复原样的结构和功能,只能重建生态系统	[0,0.5]

10.3.4　河流退化类型分析

在河流退化程度诊断的基础上,根据河流生态系统类型的初步判断,针对不同的生态系统类型,分别采取不同的方法进行河流退化类型的划分,为河流修复模式的制定奠定基础。

针对正常流态河流生态系统,河流退化类型确定方法如下:

(1)水质污染型河流:指河道内水体受到一定程度污染,丰水期、平水期、枯水期 3 个水期的关键退化因子(氨氮、TP、浊度和底泥有机质)的平均评价指数($q_{水质}$)低于河段综合退化指数,且其平均评价指数($q_{水质}$)最低的河流(河段)。

(2)栖息地破坏型河流:指河道内水质好于水质污染型河段,但丰水期、平水期、枯水期 3 个水期的关键栖息地退化因子(栖息地综合评价指数)的平均评价指数($q_{栖息地}$)低于河段综合退化指数的河流(河段)。

(3)生物退化型河流:指水质平均评价指数和栖息地平均评价指数介于以上两类之间的河流(河段)。

以上划分方法中所提到的平均评价指数(q)具体计算公式如下：

$$q_j = \frac{1}{n}\sum_{i=1}^{n} y_{ij} \tag{10-3}$$

式中：j 表征水质污染型($q_{水质}$)、栖息地破坏型($q_{栖息地}$)、生物退化型($q_{生物}$)等 3 种不同退化类型；i 表征不同类型河流的关键约束因子；y_{ij} 为 i 因子的退化诊断结果值；n 为每种类型中的关键约束因子个数。

以上划分方法中，"平均评价指数最低"是指 $q_{水质}$、$q_{栖息地}$、$q_{生物}$ 三者相比，其指数最低的平均评价指数。

针对极端流态河流生态系统，河流退化类型确定方法如下：

(1)生态基流匮乏型河流：指河流(河段)水量缺乏，生态需水量保证率<50%，河道长期断流(断流频率>40%)，同时由于河流生态需水量长期不足及河道断流造成河道生物类型和数量大量减少(生物多样性评价指数<1.5)，且栖息地严重破坏(栖息地评价指数≤1)的河流(河段)。

(2)水质污染型河流：指河流(河段)水量缺乏，同时水体受到污染，丰水期、平水期、枯水期 3 个水期的关键水质退化因子(COD、氨氮、TP、浊度和底泥有机质)的平均评价指数($q_{水质}$)低于河段综合退化指数，且其不属于生态基流匮乏型河流(河段)。

(3)栖息地破坏型河流：指河流(河段)水量缺乏，造成河流栖息地一定程度的破坏，但其 $q_{水质}$ 高于水质污染型河流 $q_{水质}$ 的河流(河段)。

以上划分方法中所提到的平均评价指数(q)具体计算公式如下：

$$q_j = \frac{1}{n}\sum_{i=1}^{n} y_{ij} \tag{10-4}$$

式中：j 表征生态基流匮乏型($q_{基流}$)、水质污染型($q_{水质}$)、栖息地破坏型($q_{栖息地}$)等 3 种不同退化类型；i 表征不同类型河流的关键约束因子；y_{ij} 为 i 因子的退化诊断结果值；n 为每种类型中的关键约束因子个数。

确定河流生态类型将对后期河流修复模式的选择起到重要作用。

10.3.5　河流修复等级确定

在河流水文状况、水质状况、水生生物状况、河流水利工程分布和闸坝调控状况、栖息地健康状况等的河流生态环境情况，流域所在行政区域的点源和面源污染物排放情况，水环境功能区划和水功能区划相关要求、单位 GDP 用水量、城镇化发展情况等社会经济情况充分调研的基础上，针对河流生态系统类型，利用综合指数法，根据表10-4 或表10-5 所示指标及权重计算河流修复能力。

表 10-4 正常流态河流生态修复阈值指标体系

目标层	因素层	要素层	指标层
河流生态修复阈值	自然属性约束因子	地貌状况	纵向连通性(X_1)
			河道改造程度(X_2)
		水文水质状况	水质:氨氮、TP、浊度($X_3 \sim X_5$)
			底泥有机质(X_6)
		生物状况	底栖动物种类数(X_7)
		功能状况	栖息地综合指数(X_8)
	社会经济属性约束因子	社会状况	河岸人口密度(X_9)
			河岸土地利用类型(X_{10})
		经济发展	单位 GDP 用水量(X_{11})
			面源污染强度(X_{12})
			城市化水平(X_{13})
		环境管理	污水处理率(X_{14})
			环保投资占 GDP 的比例(X_{15})

表 10-5 极端流态河流生态修复阈值指标体系

目标层	因素层	要素层	指标层
河流生态修复阈值	自然属性约束因子	地貌状况	纵向连通性(X_1)
			蜿蜒度(X_2)
			河道改造程度(X_3)
		水文水质状况	生态需水保证率(X_4)
			断流频率(X_5)
			水质:COD、氨氮、浊度($X_6 \sim X_8$)
			底泥有机质(X_9)
		河流功能状况	栖息地综合指数(X_{10})
	社会经济属性约束因子	社会状况	河岸人口密度(X_{11})
			河岸土地利用类型(X_{12})
		经济发展	单位 GDP 用水量(X_{13})
			面源污染强度(X_{14})
			城市化水平(X_{15})
		环境管理	污水处理率(X_{16})

对指标体系中已标准化的指标数据采用 SPSS 软件进行主成分分析,确定进行主成分提取后各个指标被提取的比例,分析提取主成分的个数 n、各个主成分的特征值 y_i 及所有主成分的累积贡献率 W。

各个主成分中指标的特征向量 w_{ij} 为 SPSS 软件提取的各个主成分中各个指标的对应值,由此可确定该主成分评价结果,计算公式如下:

$$Y_{ij} = \sum_{i=1}^{m} w_{ij}x_{ij} \quad (j = 1, 2, \cdots, m) \tag{10-5}$$

式中:Y_{ij} 为各个主成分的评价结果;w_{ij} 为各个主成分中指标的特征向量;x_{ij} 为调查点位的标准化的指标值。

各个主成分的权重为各个主成分的贡献率,其计算公式为 $W_{yj}=y_i/W$,根据各个主成分的评价结果及权重,采用综合指数法计算各个点位的生态修复能力 Q_{ij}:

$$Q_{ij} = \sum_{i=1}^{n} W_{yj}Y_{ij} \tag{10-6}$$

式中:Q_{ij} 为评价河流的修复能力综合指数;W_{yj} 为第 i 个主成分的权重;Y_{ij} 为第 i 个指数的评价值。

在修复能力综合指数计算结果的基础上,查表 10-6 可得河流的修复等级。

表 10-6 河流生态修复等级

等级名称	河流类型	强度干预修复	中度干预修复	轻度干预修复	减轻干扰、自然恢复
修复能力综合指数	正常流态	≥0.486	[0.277,0.486)	[-0.084,0.277)	<-0.084
	极端流态	≥1.738	[0.898,1.738)	[0.232,0.898)	<0.232
特征描述	—	河流生态系统严重破坏,区域社会经济发达,政府对河流水环境管理要求严格,河流生态修复需求强烈,亟须开展河流生态修复工作	生态系统的结构和功能遭受一定程度的破坏,区域社会经济发展程度中等,政府对河流水环境管理及河流修复需求一般,可适度开展生态修复	河流生态系统破坏较轻或者区域社会经济发展和环境管理要求较低,对河流生态修复未有明显需求,可进行轻度人工干预修复	河流生态系统仅有稍许退化,河流社会经济发展较为落后,可通过环境管理,减轻人为干扰,自然恢复河流生态系统状况

10.3.6 河流修复模式选择

河流修复模式的选择首先与河流生态系统类型有关,不同的河流生态系统类型其修复模式不同。同时同一生态系统类型中,退化等级、退化类型和修复等级不同,其修复模式也不同。

在河流选择修复模式前,要根据河流的社会需求和水环境功能要求、水功能要求等确定相应的修复目标,为修复效果的评估提供基础。

正常流态河流和极端流态河流均可根据河流修复等级、退化程度及退化类型选择修复模式。具体可参考第8章中表8-6和表8-10。

10.3.7　河流修复效果评价和修复措施调整

河流根据选择的修复模式实施修复工程后,可进行修复效果评估评价河流修复效果,为后续河流生态修复提供基础。

10.3.7.1　修复效果调研

修复效果评估调研内容为本章第10.3.1节中所示生态环境情况和社会经济情况,修复效果的评价依据河流修复目标的制定情况和修复情况进行判定。

10.3.7.2　修复效果评价指标体系

修复效果评价指标体系中相应指标和权重与退化程度诊断相同,见表10-4。各指标的评价标准将修复目标与河流修复前状况之间的差值划分4个修复等级(见表10-7),分别为"成功""大部分成功""部分成功""未成功",其中达到修复目标为"成功",仍保持河流修复前状态,甚至因为其他要素的修复导致某一要素状况比修复前更差的为"未成功"。"大部分成功"和"部分成功"的状态可根据河流退化程度诊断的标准进行确定。

表 10-7　河流生态系统修复效果评价标准

修复程度	综合评价指数	相关描述
成功	$RECI \geqslant 90$	退化要素基本成功修复,修复技术的实施对河流其他未退化要素的影响较小,基本达到了河流生态系统的修复目标,水生态系统结构完整,具有自动适应和自调控能力,能在人工调节下持续发展,能够发挥正常的生态功能,景观舒适
大部分成功	$60 \leqslant RECI < 90$	河流生态系统结构得到较好修复,但部分功能尚未得到完全修复,少数指标未能够达到河流生态系统的修复目标,尚需进一步消除胁迫因子的影响,促进生态系统的自行修复
部分成功	$30 \leqslant RECI < 60$	河流生态系统的大部分功能尚未得到修复,部分指标未能够达到河流生态系统的修复目标,需要对河流退化特点进行进一步分析,并补充设计相应的修复措施
未成功	$RECI < 30$	生态系统仍处于重度甚至极度退化状态,大部分指标未能够达到河流生态系统的修复目标,需要重新根据河流退化特点设计相应的修复措施

10.3.7.3　修复效果诊断

将评价值与修复效果评价指标体系中各指标的权重相乘,得到水生态修复效果综合评价指数。

各指标层指数值的计算方法如下。

1. 指标层指数值

指标层是河流生态系统修复效果评价的基础,其计算公式如下。

1)地貌类指标

$$G_i = GN_i \times Wg_i \qquad (10\text{-}7)$$

$$G = \sum_{i=1}^{i=n_1} G_i \qquad (10\text{-}8)$$

式中:G 为地貌类指标的综合指数值;G_i 为第 i 种地貌类指标指数值;GN_i 为第 i 种地貌类指标的评价值;Wg_i 为第 i 种地貌类指标的相对权重;n_1 为地貌类指标数量。

2)水文水质类指标

$$Q_i = QN_i \times Wq_i \qquad (10\text{-}9)$$

$$Q = \sum_{i=1}^{i=n_2} Q_i \qquad (10\text{-}10)$$

式中:Q 为水文水质类指标的综合指数值;Q_i 为第 i 种水文水质类指标指数值;QN_i 为第 i 种水文水质类指标的评价值;Wq_i 为第 i 种水文水质类指标的相对权重;n_2 为水文水质类指标数量。

3)生物类指标

$$B_i = BN_i \times Wb_i \qquad (10\text{-}11)$$

$$B = \sum_{i=1}^{i=n_3} B_i \qquad (10\text{-}12)$$

式中:B 为生物类指标的综合指数值;B_i 为第 i 种生物类指标指数值;BN_i 为第 i 种生物类指标的评价值;Wb_i 为第 i 种生物类指标的相对权重;n_3 为生物类指标数量。

4)河流功能类指标

$$E_i = EN_i \times We_i \qquad (10\text{-}13)$$

$$E = \sum_{i=1}^{i=n_4} E_i \qquad (10\text{-}14)$$

式中:E 为河流功能类指标的综合指数值;E_i 为第 i 种河流功能类指标指数值;EN_i 为第 i 种河流功能类指标的评价值;We_i 为第 i 种河流功能类指标的相对权重;n_4 为河流功能类指标数量。

2. 修复效果综合指数值

$$RECI = (G \times W_G + Q \times W_Q + B \times W_B + E \times W_E) \times 100 \qquad (10\text{-}15)$$

式中:RECI 为修复效果综合指数值;W_G、W_Q、W_B、W_E 分别为地貌特征准则层、水文水质特征准则层、生物特征准则层及河流功能特征准则层的权重。

根据计算的修复效果综合评价指数,查表 10-7,确定河流生态系统修复效果。

10.3.7.4 修复措施调整

在河流修复效果评估的基础上,找出河流生态修复过程中的薄弱环节,通过进一步加强相应的修复措施或调整修复措施的选择等方法,继续河流生态修复的进程。

参 考 文 献

[1] 黄奕龙,王仰麟.深圳市河流水质退化及其驱动机制研究[J].中国农村水利水电,2007(7):10-13.

[2] 黄凯,郭怀成,刘永,等.河岸带生态系统退化机制及其恢复研究进展[J].应用生态学报,2007,18(6):1373-1382.

[3] 念宇.淡水生态系统退化机制与恢复研究[D].上海:东华大学,2010.

[4] 包维楷,陈庆恒.生态系统退化的过程及其特点[J].生态学杂志,1999,18(2):36-42.

[5] 冯海云,何利平,常华,等.滨海新区湿地生态系统退化程度诊断分析[J].环境科学与管理,2010,35(9):99-104.

[6] 刘国华,傅伯杰,陈利顶,等.中国生态退化的主要类型、特征及分布[J].生态学报,2000,20(1):13-19.

[7] Mitsch W J, Gosselink J G. Wetlands[M]. 2nd ed. New York: Van Nostrand Reinhold, 1993.

[8] Seilheimer T S, Chow Fraser P. Application of the Wetland Fish Index to Northern Great Lakes Marshes with Emphasis on Georgian Bay Coastal Wetlands[J]. Journal of Great Lakes Research, 2007,33(S3):154-171.

[9] Johnston C A, Bedford B L, Bourdaghs M, et al. Plant Species Indicators of Physical Environment in Great Lakes Coastal Wetlands[J]. Journal of Great Lakes Research, 2007,33(S3):106-124.

[10] An K G, Park S S, Shin J Y. An evaluation of a river health using the index of biological integrity along with relations to chemical and habitat conditions[J]. Environment International, 2002,28(5):411-420.

[11] Young R G, Matthaei C D, Townsend C R. Organic matter breakdown and ecosystem metabolism: functional indicators for assessing river ecosystem health[J]. Journal of the North American Benthological Society, 2008,27(3):605-625.

[12] Pinto U, Maheshwari B L. River health assessment in peri-urban landscapes: an application of multivariate analysis to identify the key variables[J]. Water Research, 2011,45(13):3915-3924.

[13] 陈颖,张明祥.中国湿地退化状况评价指标体系研究[J].林业资源管理,2012(2):116-120.

[14] 王笛.黄河三角洲湿地生态系统退化特征及生态阈值研究[D].泰安:山东农业大学,2012.

[15] 吴阿娜,杨凯,车越,等.河流健康状况的表征及其评价[J].水科学进展,2005,16(4):602-608.

[16] 张可刚,赵翔,邵学强.河流生态系统健康评价研究[J].水资源保护,2005,21(6):4.

[17] 张远,张楠,孟伟.辽河流域河流生态系统健康的多要素评价[J].科技导报,2008(17):36-41.

[18] 杨文慧.河流健康的理论构架与诊断体系的研究[D].南京:河海大学,2007.

[19] 郭坤荣.大汶河生态健康评价研究[D].济南:山东师范大学,2007.

[20] 刘昌明,刘晓燕.河流健康理论初探[J].地理学报,2008,63(7):683-692.

[21] 董哲仁,赵进勇.河流生态系统结构功能整体模型[C]//中国水利水电科学研究院.水利水电百家论坛.2009:285-293.

[22] Robert M M. Thresholds and breakpoints in ecosystems with a multiplicity of stable states[J]. Nature, 1977,6(10):471-477.

[23] Friedel M H. Range condition assessment and the concept of thresholds: A Viewpoint[J]. Journal of Range Management, 1991,44(5):422-426.

[24] Muradian R. Ecological thresholds: a survey[J]. Ecological Economics, 2001,38:7-24.

[25] Bachelet D, Neilson R P, Lenihan J M, et al. Climate change effects on vegetation distribution and carbon budget in the United States[J]. Ecosystems, 2001,4(3):164-185.

[26] Bennett A F, Radford J. Know your ecological thresholds[J]. Thinking Bush, 2003(2):1-3.

[27] Larsson H. Water distribution, grazing intensity and alterations in vegetation around different water points in Ombuga Grassland Northern Namibia [M]. Minor Field Studies International Office, Swedish University of Agricultural Sciences, 2003.

[28] Brown J R, Herrick, Price D. Managing low-output agroecosystems sustainably:the importance of ecological thresholds[J]. CAN J FOREST RES, 1999,29(7):1112-1119.

[29] Groffman P M, Baron J S, Blett T, et al. Ecological Thresholds: The Key to Successful Environmental Management or an Important Concept with No Practical Application? [J]. Ecosystems, 2006,9:1-13.

[30] Scheffer M, Cappenter S, Lenton T M, et al. Anticipating Critical Transitions[J]. Science, 2012,338(6105):344-348.

[31] Hoffmann W A, Geiger E L, Gotsch S G, et al. Ecological thresholds at the savanna-forest boundary: how plant traits, resources and fire govern the distribution of tropical biomes[J]. Ecology Letters, 2012, 15:759-768.

[32] Martin K L, Kirkman L K. Management of ecological thresholds to re-establish disturbance-maintained herbaceous wetlands of the south-eastern USA[J]. Journal of Applied Ecology, 2010,46:906-914.

[33] Daily J P, Hitt N P, Smith D R, et al. Experimental and environmental factors affect spurious detection of ecological thresholds[J]. Ecology, 2012,93(1):17-23.

[34] 骆有庆,宋广巍,刘荣光,等. 杨树天牛生态阈值的初步研究[J]. 北京林业大学学报, 1999(6):49-55.

[35] 白全江,程玉臣,赵存才,等. 春小麦田藜和野燕麦生态经济阈值模型的初步研究[J]. 华北农学报, 2000,15(4):93-98.

[36] 温广玉,柴一新,郑焕能. 兴安落叶松林火灾变阈值的研究[J]. 生物数学学报, 2001(1):78-84.

[37] 李和平,史海滨,郭元裕,等. 牧区水草资源持续利用与生态系统阈值研究[J]. 水利学报, 2005, 36(6):694-700.

[38] 张艳芳,任志远. 区域生态安全定量评价与阈值确定的方法探讨[J]. 干旱区资源与环境, 2006, 20(2):11-16.

[39] 付文斌,汪有奎,孙小霞,等. 云杉幼林地中华鼢鼠防治阈值研究[J]. 北华大学学报(自然科学版), 2000,1(5):439-442.

[40] 曾照芳,罗中函,陈华豪. 影响林火灾变生态阈值数学模拟的潜在因子的数学模型[J]. 生物数学学报, 2000,15(2):250-254.

[41] 韩崇选,杨学军,王明春,等. 林区啮齿动物群落管理中的生态阈值研究[J]. 西北林学院学报, 2005,20(1):156-161.

[42] 柳新伟,周厚诚,李萍,等. 生态系统稳定性定义剖析[J]. 生态学报, 2004,24(11):2635-2640.

[43] 卢辉. 内蒙古典型草原亚洲小车蝗防治经济阈值和生态阈值研究[D]. 兰州:甘肃农业大学,2005.

[44] 余鸣. 草原蝗虫生态阈值研究[D]. 北京:中国农业科学院, 2006.

[45] 刘振乾,王建武,骆世明,等. 基于水生态因子的沼泽安全阈值研究:以三江平原沼泽为例[J].

应用生态学报,2002,13(12):1610-1614.

[46] 崔保山,贺强,赵欣胜.水盐环境梯度下翅碱蓬(Suaeda salsa)的生态阈值[J].生态学报,2008, 28(4):1408-1418.

[47] 侯栋.黄河三角洲天然湿地生态系统演替及生态阈值研究[D].泰安:山东农业大学,2011.

[48] King R S, Richardson C J. Integrating bioassessment and ecological risk assessment: an approach to developing numerical water-quality criteria[J]. Environmental Management, 2003,31(6):795-809.

[49] 倪晋仁,刘元元.论河流生态修复[J].水利学报,2006,37(9):1029-1037.

[50] 胡孟春,张永春,唐晓燕,等.城市河道近自然修复评价体系与方法及其在镇江古运河的应用 [J].应用基础与工程科学学报,2010,18(2):187-196.

[51] 章家恩,徐琪.生态退化研究的基本内容与框架[J].水土保持通报,1997,17(6):46-53.

[52] Seifert A. Naturnaeherer Wasserbau[J]. Deutsche Wasserw Irtschaft, 1983,12(33):361-366.

[53] 汪秀丽.浅议河流生态修复[J].水利电力科技,2010,36(1):6-16.

[54] 高彦华,汪宏清,刘琪璟.生态恢复评价研究进展[J].江西科学,2003,21(3):168-174.

[55] William J Mitsch. Ecological engineering: a new paradigm for engineers and ecologists[M]. Washington: National Academy Press,1996.

[56] Mitsch W J. Ecological engineering : an introduction to ecotechnology[M]. New York:John Wiley & Sons,1989.

[57] 邓红兵,王青春,王庆礼,等.河岸植被缓冲带与河岸带管理[J].应用生态学报,2001,12(6): 951-954.

[58] 刘树坤.刘树坤访日报告:河流整治与生态修复(五)[J].海河水利,2002(5):64-66.

[59] 陈兴茹.国内外河流生态修复相关研究进展[J].水生态学杂志,2011,32(5):122-128.

[60] 董哲仁.生态水工学——人与自然和谐的工程学[J].水利水电技术,2003,34(1):14-16,25.

[61] 董哲仁.生态水利工程与技术[M].北京:中国水利水电出版社,2007.

[62] 董哲仁.河流生态修复[M].北京:中国水利水电出版社,2013.

[63] 封福记,杨海军,于智勇.受损河岸生态系统近自然修复实验的初步研究[J].东北师大学报(自 然科学版),2004,36(1):101-106.

[64] 赵亚楠,杨海军,内田泰三,等.受损河岸生态系统生态修复材料的研究[J].东北师大学报(自 然科学版),2004,36(1):107-113.

[65] 杨海军,内田泰三,盛连喜,等.受损河岸生态系统修复研究进展[J].东北师大学报(自然科学 版),2004,36(1):95-100.

[66] 谷勇峰,李梅,陈淑芬,等.城市河道生态修复技术研究进展[J].环境科学与管理,2013,38 (4):25-29.

[67] 陈兴茹.城市河流的生态保护和修复[J].中国三峡,2013(3):30-35.

[68] 庄需印,刘冬杰,宋斌.城市河流现行治理存在的问题及生态修复技术初探[J].亚热带水土保 持,2013,25(2):67-70.

[69] 覃瑾淞.基于河道治理的河流生态修复[J].城市建筑,2014,24(2):325.

[70] 赵倩.基于流域功能区划的河流综合治理研究[D].大连:大连理工大学,2009.

[71] 阳晓娟.观澜河水质改善及生态修复研究[D].合肥:合肥工业大学,2010.

[72] 涂安国,谢颂华,郑海金,等.江西省污染河流生态修复技术体系研究[J].中国水土保持,2011 (12):29-31.

[73] 王兵.阜阳市河流生态修复技术探讨[J].江淮水利科技,2012(4):15-18.

[74] 胡昱玲. 河流生态修复技术在塘西河治理中的应用[J]. 西安文理学院学报(自然科学版), 2013, 16(3):106-108.

[75] 贾云辉. 马仲河流域污染状况及其生态修复分析[J]. 资源节约与环保, 2014(2):173-175.

[76] 廖平安. 北京市中小河流治理技术探讨[J]. 中国水土保持, 2014(1):11-13.

[77] 戚蓝, 彭晶, 林超, 等. 漳河下游河道生态修复模式研究[J]. 水利水电技术, 2012, 43(9):20-22.

[78] 齐姗姗, 杨雄. 水库网箱养鱼富营养化生态修复模式研究——以青狮潭水库为例[J]. 环境科学与管理, 2012, 37(11):151-154.

[79] 董军. 北方河流生态治理模式研究[C]//辽宁水利学会, 水与技术(第3辑). 沈阳:辽宁科学技术出版社, 2013:375-377.

[80] 金桂琴, 郑凡东. 城市污染河道水生态修复模式探讨——以北京经济技术开发区水生态建设为例[C]//2004北京城市水利建设与发展国际学术研讨会论文集. 北京, 2004:168-171.

[81] 贺金红. 渭河水生态系统修复模式设想[J]. 陕西水利, 2007(6):38-40.

[82] 李文君, 杨艳霞, 于卉, 等. 海河流域河流生态修复思路探讨:中国环境科学学会2009年学术年会论文集[C]//北京:北京航空航天大学出版社, 2009:428-430.

[83] 马新萍. 流域生态修复技术探讨[J]. 地下水, 2011, 33(6):68-69.

[84] 齐安国, 张毅川, 胡国长, 等. 河道生态修复模式研究——以甘肃天水藉河为例[J]. 干旱区研究, 2008, 25(3):353-356.

[85] 薛联青, 吴义锋, 吴春玲, 等. 基于生态系统健康的受损河流组合修复模式设计[J]. 水资源与水工程学报, 2008, 19(6):6-9.

[86] 汪雯, 黄岁樑, 张胜红, 等. 海河流域平原河流生态修复模式研究 I ——修复模式[J]. 水利水电技术, 2009, 40(4):14-19.

[87] 郑良勇, 齐春三, 宋炜. 山东省洙赵新河流域水系生态修复模式研究[J]. 水利规划与设计, 2010(6):23-24.

[88] 陈秀端. 西安市水环境生态修复模式研究[J]. 陕西教育学院学报, 2011, 27(3):63-66.

[89] Bain M B, Harig A L, Loucks D P, et al. Aquatic ecosystem protection and restoration: advances in methods for assessment and evaluation[J]. Environmental Science & Policy, 2000, 3(S1):89-98.

[90] Tompkins M R, Kondolf G M. Systematic Postproject Appraisals to Maximize Lessons Learned from River Restoration Projects: Case Study of Compound Channel Restoration Projects in Northern California[J]. Restoration Ecology, 2007, 15(3):524-537.

[91] Comiti F, Mao L, Lenzi M A, et al. Artificial steps to stabilize mountain rivers: a post-project ecological assessment[J]. John Wiley & Sons, Ltd., 2009, 25:639-659.

[92] Cui B, Yang Q, Yang Z, et al. Evaluating the ecological performance of wetland restoration in the Yellow River Delta, China[J]. Ecological Engineering, 2009, 35(7):1090-1103.

[93] Luderitza V, Speierlb T, Langheinricha U, et al. Restoration of the Upper Main and Rodach rivers-The success and its measurement - ScienceDirect[J]. Ecological Engineering, 2011, 37(12):2044-2055.

[94] Buchanan B P, Walter M T, Nagle G N, et al. Monitoring and assessment of a river restoration project in central New York[J]. River Research & Applications, 2012, 28(2):216-233.

[95] Kristensen E A, Kronvang B, Wiberg-Larsen P, et al. 10 years after the largest river restoration project in Northern Europe: Hydromorphological changes on multiple scales in River Skjern[J]. Ecological Engineering, 2014, 66(3):141-149.

[96] 蔡楠, 杨扬, 方建德, 等. 基于层次分析法的城市河流生态修复评估[J]. 长江流域资源与环境,

2010,19(9):1092-1098.

[97] 王献辉,花剑岚,李萍,等. 水生态保护与修复工程的评估指标研究[J]. 江苏水利,2012(8): 8-10.

[98] 于淼,王明玉,刘佳,等. 人工补水条件下的缺水河流生态修复综合评价方法[J]. 环境科学学报,2013,33(2):626-634.

[99] 韩黎. 生态河道治理模式及其评价方法研究[D]. 大连:大连理工大学,2010.

[100] 曹丽娜. 北方乡村河流生态修复效果评价[D]. 长春:东北师范大学,2013.

[101] 郭维,高甲荣,樊华,等. 北京市转河生态修复评价[J]. 长江科学院院报,2013,30(6):21-26.

[102] 高彦华,汪宏清,刘琪璟. 生态恢复评价研究进展[J]. 江西科学,2003,21(3):168-174.

[103] 吴丹丹,蔡运龙. 中国生态恢复效果评价研究综述[J]. 地理科学进展,2009,28(4):622-628.

[104] 王华. 河流生态系统恢复评价方法及指标体系研究[D]. 上海:华东师范大学,2006.

[105] 李传奇,王薇. 河流生态修复成本效益分析研究[J]. 人民长江,2008,39(5):55-57.

[106] 梁晶,祁毅,曹大贵. 城市内河整治的综合效益评价体系研究[J]. 现代城市研究,2010(9): 63-69.

[107] 曾超. 佛山汾江河综合整治工程后评价研究[D]. 武汉:华中科技大学,2012.

[108] 张林忠,江恩惠,赵新建. 黄河下游游荡型河道整治效果评估[J]. 人民黄河,2010,32(3):21-22,140.

[109] 徐卫东,毛新伟,吴东浩,等. 太湖五里湖水生态修复效果分析评估[J]. 水利发展研究,2012, 12(8):60-63.

[110] 章铭,于谨磊,何虎,等. 太湖五里湖生态修复示范区水质改善效果分析[J]. 生态科学,2012,31 (3):240-244.

[111] 《中国水利百科全书》编辑委员会. 中国水利百科全书[M]. 北京:水利水电出版社,2006.

[112] 董哲仁,孙东亚,赵进勇,等. 河流生态系统结构功能整体性概念模型[J]. 水科学进展,2010, 21(4):550-559.

[113] 董世魁,刘世梁,邵新庆,等. 恢复生态学[M]. 2版. 北京:高等教育出版社,2009.

[114] 邬建国. 生态学范式变迁综论[J]. 生态学报,1996,16(5):449-459.

[115] 张淼,查轩. 红壤侵蚀退化地综合治理范式研究进展[J]. 亚热带水土保持,2009,21(4):34-39.

[116] Koya M, Kotake S. Numerical analysis of fully three-dimensional periodic flows through a turbine stage [J]. Journal of Engineering for Gas Turbines & Power, 1985,1074(4):945-952.

[117] 金家琪,何丙辉,吕树鸣. 长江流域水土保持生态修复及其模式探讨[J]. 贵州林业科技,2005, 33(2):11-14.

[118] 马新萍. 流域生态修复技术探讨[J]. 地下水,2011,33(6):68-69.

[119] 刘建林,茹秋瑾. 丹江流域生态修复模式研究[J]. 水利与建筑工程学报,2012,10(3):96-100.

[120] 李仲辉,王才安. 河南鱼类的地理分布[J]. 新乡师范学院学报(自然科学版),1983(4):69-79.

[121] 周洪炳,崔波. 河南境内大别—桐柏山区水生维管植物[J]. 河南科学,1987(2):65-86.

[122] 李红敬. 河南商城观音山鱼类调查及区系分析[J]. 信阳师范学院学报(自然科学版),2003,16 (1):3.

[123] 夏军,赵长森,刘敏,等. 淮河闸坝对河流生态影响评价研究——以蚌埠闸为例[J]. 自然资源学报,2008,23(1):13.

[124] 张永勇,夏军,程绪水,等. 多闸坝流域水文环境效应研究及应用[M]. 北京:中国水利水电出版社,2011.

[125] 姜加虎,黄群. 洞庭湖区生态环境退化状况及其原因分析[J]. 生态环境,2004,13(2):277-280.

[126] 许朋柱,秦伯强. 太湖湖滨带生态系统退化原因以及恢复与重建设想[J]. 水资源保护,2002(3):31-36.

[127] 张峰. 山西湿地生态环境退化特征及恢复对策[J]. 水土保持学报,2004,18(1):151-153,188.

[128] Leopold L B, Wolman M G. River Channel Patterns-Braided, Meandering and Straight[J]. The Professional Geographer, 1957,9:39-85.

[129] RUST B R. A classification of alluvial channel systems[A]. Miall A D(Ed). Fluvial Sedimentology[C]. Calgary:Canadian Society of Petroleum Geologists (Memoir5),1978:187-198.

[130] Gurnell A M,Angold P,J G K. Classification of river corridors: Issues to be addressed in developing an operational methodology[J]. Aquatic Conservation: Marine and Fresh Water Ecosystems,1994,4(3):219-231.

[131] Angela J D, Angela M G, Patrick D A. Habitat survey and classification of urban rivers[J]. River Research and Applications,2004,20(6):687-704.

[132] James M O. Ecoregions of the Conterminous United States[J]. Annals of the Association of American Geographers,1987,77(1):118-125.

[133] Berman C H. Assessment of Landscape Characterization and Classification Methods[J]. University of Washington Water Center, 2002.

[134] Bunn S E, Arthington A H. Basic principles and ecological consequences of altered flow regimes for aquatic biodiversity[J]. Environmental Management, 2002,30:492-507.

[135] Jones H R, Peters J C, Fao R I F D, et al. Physical and biological typing of unpolluted rivers[J]. 1977.

[136] Poff L R, Ward J V. Implications of Streamflow Variability and Predictability for Lotic Community Structure: A Regional Analysis of Streamflow Patterns[J]. Canadian Journal of Fisheries and Aquatic Sciences, 1989,46(10):1805-1818.

[137] Neil M H, Angela M G, David M H,et al. Classification of river regimes: a context for hydroecology[J]. Hydrological Processes,2000,14(16-17):2831-2848.

[138] 钱宁. 关于河流分类及成因问题的讨论[J]. 地理学报, 1985(1):1-10.

[139] 许新庆, 史传文. 冲积河流河型分类的依据及数学方法分析[J]. 黄河水利职业技术学院学报, 2009,21(1):1-3.

[140] 熊森,刘红,王强,等. 三峡库区东河河流等级及生态结构分析[J]. 重庆师范大学学报(自然科学版), 2011,28(5):29-32.

[141] 谢建丽, 刘圆圆. 甘肃省河流等级划分及特征值分析[J]. 水文, 2012,32(3):83-87.

[142] 邓绶林, 马振仑. 海、滦河流域河流聚类分析[J]. 河北师范大学学报, 1982(1):1-9.

[143] 崔韧刚, 姜志侠. 河流分类的模糊聚类分析[J]. 长春理工大学学报(自然科学版), 2000,23(3):68-70.

[144] 陶沈巍. 河流生态等级划分[J]. 中国水利, 2006(10):9-11.

[145] 石维, 侯思琰, 崔文彦, 等. 基于河流生态类型划分的海河流域平原河流生态需水量计算[J]. 农业环境科学学报, 2010,29(10):1892-1899.

[146] 王书航, 姜霞, 金相灿. 巢湖入湖河流分类及污染特征分析[J]. 环境科学, 2011,32(10):2834-2839.

[147] 倪晋仁, 高晓薇. 河流综合分类及其生态特征分析Ⅰ:方法[J]. 水利学报, 2011,42(9):

1009-1016.

[148] WRIGHT J F, SUTCLIFFE D W, FURSE M T. Assessing the biological quality of freshwaters: RIVPACS and other techniques[M]. Ambleside: The Freshwater Biological Association, 2000:1-24.

[149] Richard H N, Martin C T. What is river health? [J]. Freshwater Biology, 1999,41(2):197-209.

[150] 董哲仁. 河流生态系统研究的理论框架[J]. 水利学报, 2009,40(2):129-137.

[151] 高永胜. 河流健康生命评价与修复技术研究[D]. 北京:中国水利水电科学研究院, 2006.

[152] 林木隆, 李向阳, 杨明海. 珠江流域河流健康评价指标体系初探[J]. 人民珠江, 2006(4):1-3.

[153] 刘建设. 水生态系统及其指标体系[J]. 中国给水排水, 2007,23(6):19-22.

[154] 任海, 彭少麟, 陆宏芳. 退化生态系统恢复与恢复生态学[J]. 生态学报, 2004(8):1760-1768.

[155] 王秀英, 王东胜, 梁洪华. 城市河流生态恢复能力评价指标[J]. 武汉大学学报(工学版), 2011, 44(6):691-695.

[156] 赵彦伟, 杨志峰. 城市河流生态系统健康评价初探[J]. 水科学进展, 2005,16(3):349-355.

[157] 郑丙辉, 张远, 李英博. 辽河流域河流栖息地评价指标与评价方法研究[J]. 环境科学学报, 2007,27(6):928-936.

[158] 雷坤, 孟伟, 郑丙辉, 等. 渤海湾海岸带生境退化诊断方法[J]. 环境科学研究, 2009,22(12): 1361-1365.

[159] 刘保. 南渡江下游河流生态系统健康评价研究[J]. 人民珠江, 2008(6):43-45.

[160] 毛明海, 王亦宁. 桐庐县分水江河流健康评价[J]. 科技通报, 2008,24(2):277-282.

[161] 申艳萍. 城市河流生态系统健康评价实例研究[J]. 气象与环境科学, 2008,31(2):13-16.

[162] 石瑞花, 许士国. 河流功能综合评估方法及其应用[J]. 大连理工大学学报, 2010,50(1): 131-136.

[163] 王镜植. 哈尔滨城市河道生态健康快速评价[D]. 长春:东北师范大学, 2011.

[164] 熊文, 黄思平, 杨轩. 河流生态系统健康评价关键指标研究[J]. 人民长江, 2010,41(12):7-12.

[165] 杨馥. 基于复杂性理论的城市生态系统评价与规划[D]. 长沙:湖南大学, 2008.

[166] 艾学山, 王先甲, 范文涛. 健康河流评价与水库生态调度模式集成研究[C]//中国系统工程学会. 和谐发展与系统工程——中国系统工程学会第十五届年会论文集. 香港:上海系统科学出版社, 2008.

[167] 蔡楠, 杨扬, 方建德, 等. 基于层次分析法的城市河流生态修复评估[J]. 长江流域资源与环境, 2010,19(9):1092-1098.

[168] 耿雷华, 刘恒, 钟华平, 等. 健康河流的评价指标和评价标准[J]. 水利学报, 2006(3):3-8.

[169] 王华. 河流生态系统恢复评价方法及指标体系研究[D]. 上海:华东师范大学, 2006.

[170] 颜雷, 田庶慧. 水生态环境修复研究综述[J]. 水利科技与经济, 2011,17(9):73-75.

[171] 徐菲, 王永刚, 张楠, 等. 河流生态修复相关研究进展[J]. 生态环境学报, 2014,23(3): 515-520.

[172] 施稳萍, 刘凌, 王哲. 太湖苕溪流域河流生态修复体系研究[J]. 水生态学杂志, 2010,31(1): 121-124.

[173] 汤金顶, 严杰. 浙江省平原河道生态修复模式初步研究[J]. 浙江水利科技, 2011(3):1-2.

[174] 王宁, 盛连喜, 张雪花, 等. 二龙湖生态系统退化及生态工程修复分析[J]. 东北师大学报(自然科学版), 2004(4):122-127.

[175] 张晶, 董哲仁, 孙东亚, 等. 基于主导生态功能分区的河流健康评价全指标体系[J]. 水利学报, 2010,41(8):833-892.

[176] 张鹏. 基于主成分分析的综合评价研究[D]. 南京:南京理工大学, 2004.

[177] 周钧. 江苏水生态修复中的新技术应用[J]. 水利技术监督, 2004,12(2):49-51.

[178] 吴明隆. 问卷统计分析实务:SPSS 操作与应用[M]. 重庆:重庆大学出版社,2010.

[179] Nienhuis P H,Leuven R S E W. River restoration and flood protection: controversy or synergism? [J]. Hydrobiologia, 2001,444:85-99.

[180] 杨俊鹏, 王铁良, 范昊明, 等. 河流生态修复研究进展[J]. 水土保持研究, 2012,19(6): 299-304.